KURZWELLENTHERAPIE

VON

JOSEF· KOWARSCHIK
WIEN

FÜNFTE AUFLAGE

MIT 132 TEXTABBILDUNGEN

WIEN
SPRINGER-VERLAG
1945

ISBN-13:978-3-211-80019-5   e-ISBN-13:978-3-7091-7697-9

DOI: 10.1007/978-3-7091-7697-9

Vorwort zur fünften Auflage.

Nach der stürmischen Entwicklung, welche die Kurzwellentherapie in den ersten Jahren zeigte, ist nun eine gewisse Ruhe eingetreten. Die Hochflut von wissenschaftlichen und nichtwissenschaftlichen Arbeiten, welche uns diese Zeit brachte, ist verebbt. Viele Fragen, die jahrelang heiß umstritten waren, wie die athermische Behandlung, die spezifisch elektrischen Effekte, die therapeutische Eigenart bestimmter Wellenlängen, sind aus der Diskussion ausgeschieden und heute gegenstandslos geworden. Warum? Weil sie im Grund genommen gar keine wissenschaftlichen Probleme waren, sondern nur von einzelnen Autoren zu solchen aufgebauscht wurden, die es für ihre Zwecke als dienlich erachteten, einfache Dinge zu komplizieren, klare physikalische Begriffe zu verwirren, Abgründe dort zu sehen, wo sie nicht vorhanden waren, um so aus der Kurzwellentherapie eine möglichst sensationelle Angelegenheit zu machen.

Auch die Gegensätze, wie der zwischen den Vertretern der Röhren- und Funkenapparate, der starren und weichen Elektroden, sind heute beigelegt. Damit ist die Entwicklung der Kurzwellentherapie im wesentlichen zum Abschluß gekommen. Das wird auch dadurch bestätigt, daß die Literatur der letzten Jahre, soweit sie mir infolge des Krieges zugänglich war, grundsätzlich nichts Neues mehr brachte, sondern nur bereits Bekanntes bestätigte. Die fünfte Auflage hat daher auch gegenüber der vierten nur geringfügige Änderungen erfahren.

Ich habe mich wie schon früher bemüht, nur das theoretisch Wesentliche und das praktisch Wichtige zu bringen und dieses so knapp und gebunden als möglich darzustellen. Da mancher Leser vielleicht den Wunsch haben dürfte, sich über einzelne Dinge genauer zu unterrichten, wurde jedem Abschnitt ein Verzeichnis der Arbeiten beigegeben, die im Text verwertet wurden. Allerdings konnten in dieses auch nicht alle Autoren, die im Vorausgehenden genannt wurden, Aufnahme finden, da sonst das Schriftenverzeichnis zu umfangreich geworden wäre. Es sind daher in diesem nur die wichtigsten richtungweisenden Arbeiten vertreten. Um die monographischen Darstellungen über Kurzwellentherapie nicht immer wieder anführen zu müssen, wurden sie in einem besonderen Verzeichnis am Ende des Buches zusammengestellt.

Wien, im November 1945.

J. Kowarschik.

Inhaltsverzeichnis.

I. Die Physik der Kurzwellen.

Grundbegriffe aus der Schwingungslehre.

Elektrische und mechanische Schwingungen. Wir unterscheiden zwei Formen des elektrischen Stromes, den Gleichstrom und den Wechselstrom. Beim Gleichstrom bewegt sich die Elektrizität, deren Träger die Elektronen sind, andauernd in der gleichen Richtung, beim Wechselstrom dagegen wechselt die Richtung der Elektronenbewegung, d. h. die Elektronen führen keine stetig fortschreitende, sondern eine hin und her gehende, wir können auch sagen, schwingende Bewegung aus. Wir nennen daher die Wechselströme auch Schwingungsströme und sprechen häufig kurzweg von elektrischen Schwingungen.

Der Begriff der Schwingung ist aus der Mechanik übernommen. Das bekannteste Beispiel eines solchen Schwingungsvorganges sind die Schwingungen, wie sie ein Pendel vollzieht. Genau so wie ein Pendel um seine Ruhelage hin und her pendelt oder hin und her schwingt, müssen wir uns auch die Bewegung der Elektronen in einem Leiter beim Wechselstrom vorstellen.

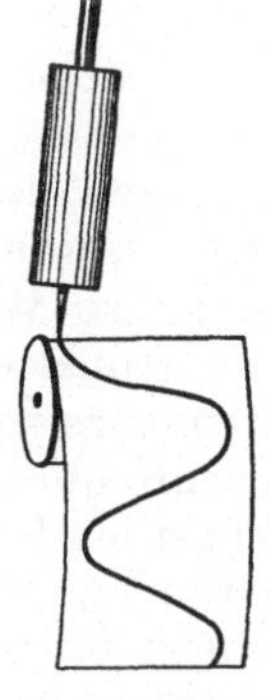

Abb. 1. Schwingendes Pendel mit Schreibvorrichtung.

Die mechanischen wie die elektrischen Schwingungen lassen sich demzufolge auch durch die gleichen Mittel graphisch darstellen. Wir wollen annehmen, daß ein Uhrpendel, das schwingt, an seiner Spitze einen Schreibstift trägt. Lassen wir nun senkrecht zur Schwingungsebene des Pendels einen Papierstreifen abrollen, der von der Spitze des Schreibstiftes berührt wird, so wird dieser auf dem Papier eine Wellenlinie zeichnen, welche den Bewegungsausschlag (Amplitude) wie die Bewegungsrichtung des Pendels in jedem Zeitmoment wiedergibt (Abb. 1). Man kann so den Bewegungsvorgang zeichnerisch festhalten. Eine ganz ähnliche Kurve würden wir erhalten, wenn wir den Schwingungsvorgang der Elektronen im Leiter aufzeichnen wollten.

Schwingungszeit und Schwingungszahl (Frequenz). Betrachten wir diese Kurve (Abb. 2) näher, so sehen wir zuerst den Ausschlag des Pendels nach der einen Seite, seine Rückkehr zur Ruhelage, den Ausschlag nach der anderen Seite und wieder die Rückkehr zur Ruhelage. Diesen Vorgang, der aus zwei Halbwellen, einem Wellenberg und einem Wellental, besteht, nennen wir eine Schwingung oder eine Periode. Die

Zeit, welche zum Ablauf einer solchen Schwingung notwendig ist, nennen wir Schwingungszeit oder Periodenzeit (*T*). Diese Zeit kann natürlich sehr verschieden lang sein, denn die Schwingungen können langsam, sie können aber auch sehr rasch erfolgen. Ein langes Pendel wird langsam, ein kurzes rascher schwingen. Ähnliches gilt für die Schwingungszeit der Elektronen. Die Zahl der Schwingungen, die ein Pendel oder ein elektrischer Strom in 1 Sekunde aufweisen, nennen wir seine Schwingungszahl oder Frequenz (*v*). Es ist aus dieser Definition ohne weiteres klar, daß wir die Schwingungszeit *T* erhalten, wenn wir 1, d. h. 1 Sekunde, durch die Frequenz dividieren. $T = \dfrac{1}{v}$. Schwingungszeit und Frequenz sind daher reziproke Werte. Je größer die Schwingungszeit, desto kleiner die Frequenz und umgekehrt. Dem Zahlenwert für die Frequenz eines Wechselstromes fügt man in Erinnerung an den großen Physiker H. Hertz meist das Wort Hertz (Hz) bei. 1 Mill. Hz heißen auch 1 Mega-Hz.

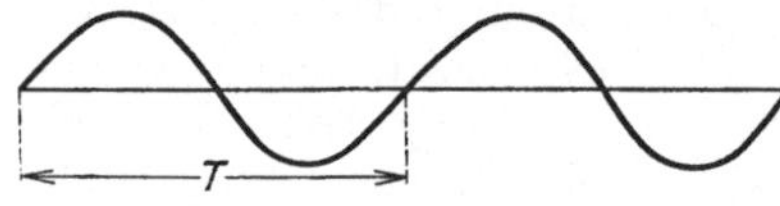

Abb. 2. Schwingungskurve eines Pendels.

Nieder- und hochfrequente Wechselströme. Die Frequenz der Wechselströme, wie sie zur Beleuchtung und anderen technischen Zwecken dienen, beträgt meistens 50 Hz. Die Frequenz der Wechselströme, wie sie der Rundfunk benützt, geht in die Millionen Hz. Es gibt also Wechselströme mit kleiner oder niedriger und Wechselströme mit großer oder hoher Frequenz. Die letzten nennt man kurzweg Hochfrequenzströme. Da es eine natürliche Grenze zwischen nieder- und hochfrequenten Strömen nicht gibt, so war man gezwungen, eine solche künstlich festzulegen. Wir Mediziner nehmen diese Grenze aus biologischen Gründen mit 100000 Hz an und nennen alle Ströme, die eine kleinere Frequenz haben, niederfrequente, alle, deren Frequenz darüber hinausgeht, hochfrequente Ströme.

Hochfrequente Ströme wurden zuerst von Arsonval therapeutisch verwendet, weshalb man ihre Verwendung in der Heilkunde ihm zu Ehren als Arsonvalisation bezeichnet. Arsonval verwendete Ströme mit einer Frequenz von etwa $^1/_2$—1 Million Hz. Ihre Stärke (gemessen in Ampere) war verhältnismäßig gering, ihre Spannung dagegen (gemessen in Volt) sehr groß. Später verminderte man die Spannung dieser Ströme, erhöhte aber dafür ihre Stromstärke. So wurde eine neue wertvolle Methode der Hochfrequenztherapie, die Diathermie, möglich. In den letzten Jahren ist man nun darangegangen, die Frequenz der Ströme zu erhöhen und kam dadurch zu einer dritten Entwicklungsstufe der Hochfrequenztherapie, der Kurzwellenbehandlung. Während Arsonvalisation und Diathermie Wechselströme verwenden, deren Frequenz 1 Million Hz nicht überschreitet, steigt diese bei der Kurzwellentherapie auf 10—100 Millionen Hz. Man könnte diese Ströme daher auch als über- oder ultrafrequente Ströme bezeichnen. Warum man sie Kurzwellenströme oder einfach Kurzwellen nennt, werden wir später erörtern.

Wir haben in diesem Abschnitt den Begriff der elektrischen Schwingung kennengelernt. Bevor wir auf das Wesen dieses Vorganges näher eingehen, ist es notwendig, uns mit zwei wichtigen Wirkungen der Elektrizität, dem elektrischen und magnetischen Feld, vertraut zu machen.

Das elektrische Feld (Kondensatorfeld).

Das elektrische Feld. Verbinden wir zwei Metallplatten, die einander parallel gegenüberstehen, mit den beiden Polen eines Straßennetzes, das eine Gleichspannung von 220 Volt aufweist, so nehmen die Platten dieselbe Spannung an, wie ein mit ihnen verbundenes Elektrometer durch seinen Ausschlag beweist (Abb. 3). Die eine Platte ladet sich dabei positiv, die andere negativ auf. Diese Ladung und damit der Ausschlag des Spannungsmessers bleiben überraschenderweise auch dann noch bestehen, wenn wir die Verbindung mit dem Straßennetz lösen (Abb. 4). Das rührt daher, daß sich die entgegengesetzt elektrischen Ladungen der Platten gegenseitig anziehen und dadurch binden. Es besteht zwischen den beiden Platten eine Kraft, die wir als elektrische Kraft oder elektrische Spannung bezeichnen. Der Raum zwischen den Platten, in dem diese Kraft zur Auswirkung kommt, heißt elektrisches Feld.

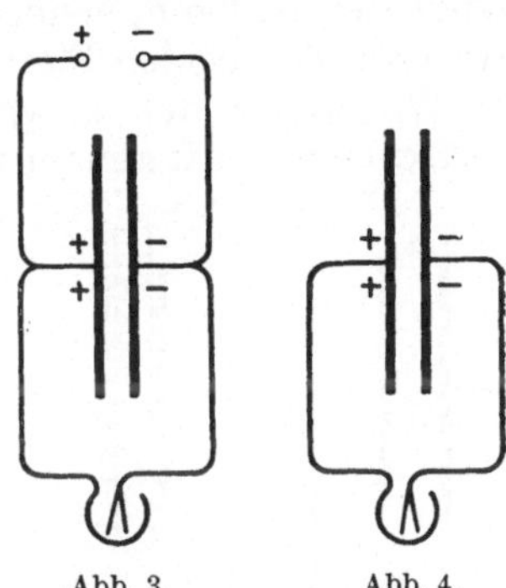

Abb. 3.   Abb. 4.

Die an ein Gleichstromnetz angeschlossenen Platten laden sich auf. Die Ladung bleibt auch dann noch bestehen, wenn die Verbindung mit dem Netz getrennt wird.

Wir können uns die in dem Feld herrschende Kraft in anschaulicher Weise vor Augen führen, wenn wir die zwei Platten statt mit dem Straßennetz mit einer Stromquelle von hoher Spannung, etwa den Polen einer Influenzmaschine, in Verbindung bringen. Dadurch steigt die zwischen ihnen herrschende Spannung auf einige tausend Volt an. Bringen wir nun zwischen die beiden Platten feinste Watteflöckchen, so werden diese sogleich von ihnen angezogen und festgehalten, wobei sich ihre Faserchen sträuben. Gelegentlich fliegt eines dieser Flöckchen auch von einer Platte zur anderen. Wir sehen also, daß zwischen den beiden Metallplatten eine Kraft besteht, die vor der Ladung nicht vorhanden war.

Das elektrische Feld zwischen den zwei Platten ist ein konstantes oder stationäres. Wir nennen es darum elektrostatisches Feld. Schließen wir die Platten statt an eine Gleichstromquelle an eine Wechselstromquelle an, dann werden die Vorzeichen der Ladungen sich fortwährend ändern, sie werden abwechselnd positiv und negativ, und zwar genau in dem gleichen Rhythmus, welcher der Frequenz des Wechselstromes entspricht. Wir sprechen dann von einem elektrischen Wechselfeld. Erfolgt der Wechsel mit der Frequenz eines Kurzwellenstromes, so haben wir ein Kurzwellenfeld vor uns.

Abb. 5.

Kraftlinien. Die in einem elektrischen Feld herrschende Kraft können wir uns durch Kraftlinien veranschaulichen, die von einer Platte zur anderen ziehen (Abb. 5). Sie haben bei kleinem Plattenabstand im wesentlichen einen parallelen Verlauf und zeigen nur an den Rändern eine Ausbiegung. Diese Kraftlinien stellen gleichzeitig die Bahnen dar, in denen sich elektrisch geladene Teilchen, wie etwa unsere Watteflöckchen, von einer Platte zur anderen bewegen.

Der Kondensator. Ein Gebilde, wie wir es oben beschrieben haben, bestehend aus zwei Platten oder, ganz allgemein ausgedrückt, aus zwei leitenden Körpern, zwischen denen ein elektrisches Feld besteht oder erzeugt werden kann, nennen wir einen Kondensator. Das elektrische Feld zwischen den beiden Platten heißt darum auch Kondensatorfeld.

Wir wollen nun untersuchen, wovon die in einem Kondensatorfeld herrschende Kraft abhängt. Dabei können wir drei Feststellungen machen:

1. Nähern wir die Platten einander, so sinkt die Spannung, die uns das Elektrometer anzeigt. Wir müssen neue Elektrizität nachfüllen, um die frühere Spannung wieder zu erreichen. Das Aufnahmevermögen des Kondensators für Elektrizität oder, wie wir sagen, die Kapazität des Kondensators ist also um so größer, je kleiner der Plattenabstand ist.

2. Die Kapazität wächst auch mit der Vergrößerung der Plattenoberfläche. Ein großflächiger Kondensator kann also mehr Elektrizität aufnehmen, in gleicher Weise wie ein großes Gefäß mehr Flüssigkeit faßt als ein kleines.

3. Von Einfluß auf die Kapazität ist ferner das Medium, das sich zwischen den beiden Platten befindet. Dieses muß begreiflicherweise ein Isolator sein, denn wäre es ein Leiter, so würden sich die entgegengesetzten Ladungen sofort ausgleichen. Dieses isolierende Medium heißt Dielektrikum. Wir haben bisher angenommen, daß dieses Dielektrikum Luft sei. Es hat sich zeigen lassen, daß sich an den beschriebenen Versuchen nichts Wesentliches ändert, wenn man sie statt in Luft in einem luftleeren Raum, also im Vakuum, vornimmt. Anders wird die Sache, wenn man zwischen die beiden Platten an Stelle der Luft eine Glasscheibe bringt (Abb. 6). Jetzt sinkt die Spannung der Platten auf etwa den fünften Teil ihres früheren Wertes herab, mit anderen Worten, die Kapazität des Kondensators ist um das Fünffache vergrößert worden. Nimmt man an Stelle von Glas eine Scheibe von Paraffin, so vermindert sich die Spannung nur auf die Hälfte, die Kapazität steigt somit auf das Doppelte.

Die Kapazität eines Kondensators wird also ersichtlich von der stofflichen Eigenart des Dielektrikums beeinflußt. Für jeden Stoff gibt es eine bestimmte Zahl, welche angibt, um wieviel größer die Kapazität eines Kondensators wird, wenn man an Stelle von Luft diesen Stoff als Dielektrikum verwendet. Diese Zahl heißt Dielektrizitätskonstante. Da wir sie auf Luft beziehen, so setzen wir die Dielektrizitätskonstante der

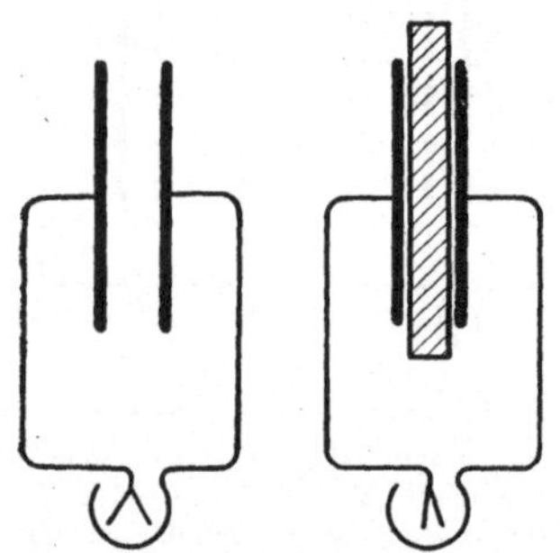

Abb. 6. Die Luft zwischen den Kondensatorplatten wird durch eine Glasscheibe ersetzt. Die Spannung sinkt.

Luft gleich 1. Die folgende Tabelle gibt die Dielektrizitätskonstanten einer Reihe wichtiger Stoffe an.

Luft 1	Hartgummi . . 2,3—3,5	Gläser . . 5—8
Lufthaltiger Gummi < 1,3	Weichgummi 3,5	Pertinax . 4,8
Filz 1,5	Zelluloid 4,1	Glimmer . 6—8
Paraffin . . . . 2,0—2,5	Porzellan 4,5	Wasser . . 81

Wegen des hohen Wassergehaltes, den die meisten tierischen Gewebe, mit Ausnahme von Knochen und Fettgewebe, aufweisen, können wir die Dielektrizitätskonstante dieser gleich der des Wassers annehmen.

Die Dielektrizitätskonstante ist ein Maß für die Durchlässigkeit des betreffenden Körpers dem elektrischen Feld gegenüber. Wenn wir sagen, die tierischen Gewebe haben die Dielektrizitätskonstante 81, so heißt das, sie sind für das elektrische Feld 81mal leichter durchgängig als die Luft.

Fassen wir das Gesagte zusammen, so können wir festlegen: **Die Kapazität eines Kondensators ist um so größer: 1. je kleiner der Abstand der Platten ist; 2. je größer deren Oberfläche ist; 3. je größer die Dielektrizitätskonstante des Zwischenmediums ist.**

Kondensator in einem Leitungsstrom. Schaltet man in einem Gleichstromkreis einen Kondensator ein, so sperrt dieser dem Strom den Weg, weil das Dielektrikum des Kondensators für den Gleichstrom ein unüberwindliches Hindernis darstellt. Einzig und allein in der Zeit, die zur Aufladung des Kondensators notwendig ist, das sind aber nur Bruchteile einer Sekunde, ist eine Strombewegung wahrnehmbar. Ein in den Kreis eingeschlossener Stromanzeiger wird für einen Moment einen Ausschlag geben, dann hört der Stromfluß auf.

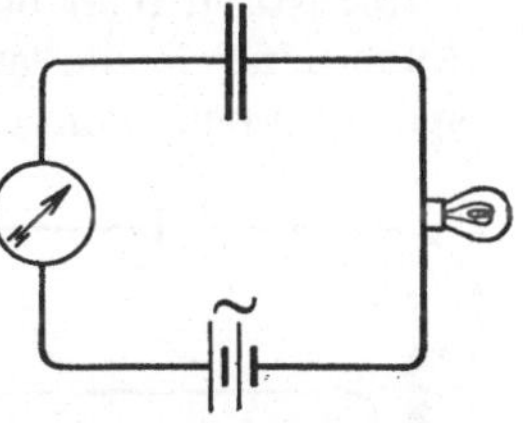

Abb. 7. Ein Kondensator in einem Wechselstromkreis bedeutet keine Unterbrechung, sondern nur einen Widerstand (kapazitiver Widerstand).

Anders sind die Verhältnisse, wenn man einen Kondensator in einen Wechselstromkreis legt (Abb. 7). Befindet sich in diesem Kreis ein Strommesser, so wird er andauernd einen Strom anzeigen, ein kleines Glühlämpchen wird andauernd leuchten. Das ist zunächst auffallend und überraschend, ist aber im Grunde genommen nicht schwer zu verstehen. Dadurch, daß der Wechselstrom fortwährend seine Richtung wechselt, kommt es zu einem abwechselnden Laden und Entladen des Kondensators, was natürlich mit einer Elektrizitäts- oder Strombewegung im Kreis verbunden ist. Es fließt somit trotz Vorhandensein des Kondensators im Kreis ein Wechselstrom. Allerdings ist der Strom kleiner, als wenn der Kondensator nicht vorhanden wäre. Der Kondensator wirkt also wie ein Widerstand. Einen derartigen Widerstand, wie ihn ein Kondensator einem Wechselstrom bietet, nennen wir kapazitiven Widerstand.

Dieser Widerstand macht sich um so weniger bemerkbar, je größer die Kapazität des Kondensators ist, denn um so größer sind die Elektrizitätsmengen, die bei seiner Ladung und Entladung hin und her fluten. Der Widerstand nimmt auch ab, wenn die Frequenz des Stromes steigt, denn mit zunehmender Frequenz wird die durch irgendeinen Querschnitt

in 1 Sekunde verschobene Elektrizitätsmenge — und das ist nichts anderes
als die Stromstärke — größer.

Der kapazitive Widerstand wird also um so kleiner, je
größer die Kapazität des Kondensators und je größer die
Frequenz des ihn durchsetzenden Stromes ist.

Diathermieströme mit einer Frequenz von $1/2$—1 Million Hz vermögen nur verhältnismäßig kleine kapazitive Widerstände zu überwinden.
Anders Kurzwellenströme, deren Frequenz 10—100mal größer ist. Für
sie bedeuten Kondensatoranordnungen viel kleinere Widerstände. Solche
Ströme vermögen dielektrische Schichten von Luft, Glas, Gummi oder
anderen Isolatoren ohne besondere Schwierigkeit zu überbrücken. Darum
ist es z. B. in der Kurzwellentherapie nicht mehr nötig, die Metallelektroden
unmittelbar an den Körper anzulegen; sie können vielmehr durch einen
Luftabstand oder eine andere isolierende Schicht von ihm getrennt sein.
Auch eine Reihe anderer, höchst auffallender Erscheinungen, die wir
später noch kennenlernen werden, ist auf diese besondere Eigenschaft der Kurzwellenströme zurückzuführen.

Das kapazitive Durchdringungs-
vermögen ist für die Kurzwellenströme charakteristisch und unterscheidet sie von den Diathermieströmen und allen anderen Stromformen,
die wir in der Heilkunde verwenden.

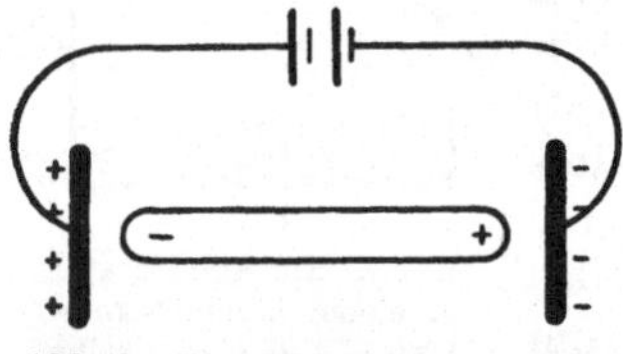

Abb. 8. Ein Metallstab wird im
elektrischen Feld „influenziert".

Leiter im elektrischen Feld. Bringen wir
einen Leiter, etwa einen Metallstab, in ein
konstantes elektrisches Feld, so werden nach den bekannten Gesetzen
der Influenz die in ihm vorhandenen Elektrizitäten voneinander getrennt,
wobei die positive Elektrizität gegen die negative Platte, die negative gegen
die positive Platte hin verschoben wird (Abb. 8). Die Verschiebung
elektrischer Ladungen innerhalb eines Leiters ist aber nichts anderes als
ein elektrischer Strom. Es entsteht also durch die Ladungstrennung ein
ganz kurz dauernder elektrischer Strom in dem Leiter.

Diesen Vorgang können wir beliebig oft wiederholen, wenn wir den
Leiter in ein elektrisches Wechselfeld bringen, das dann vorhanden ist,
wenn die Kondensatorplatten mit den Polen einer Wechselstromquelle
verbunden sind. In einem solchen Feld wird es zu fortwährenden Umladungen kommen, bei jedem Polwechsel wird sich der Influenzvorgang
wiederholen, bei jedem Polwechsel werden daher die elektrischen Ladungen
in entgegengesetztem Sinn verschoben werden. Das heißt mit anderen
Worten: In dem Körper fließt nunmehr ein Wechselstrom von der gleichen
Periodenzahl oder Frequenz, wie sie der Ladestrom des Kondensators
aufweist.

Die Stärke des influenzierten Stromes hängt wesentlich von der
Frequenz des Ladestromes ab. Betrüge die Periodenzahl 50, so würden
50 Ladungen und ebenso viele Umladungen in der Sekunde stattfinden.
Der Influenzvorgang wird sich also 100mal in der Sekunde (entsprechend
der sogenannten Wechselzahl) wiederholen. Der daraus resultierende

Strom wird also 100mal so stark sein als bei einer einmaligen Verschiebung. Wir verstehen ja unter Stromstärke, wie bereits oben erwähnt, die Elektrizitätsmenge, die in einer Sekunde durch irgendeinen Querschnitt des Leiters verschoben wird.

Wir können die Stärke des Influenzstromes noch weiter erhöhen, wenn wir die Platten des Kondensators an einen Diathermieapparat anschließen. Dadurch wird die Frequenz auf etwa das 10000fache gesteigert. Wir können schließlich noch weitergehen, indem wir die Platten an die Pole eines Kurzwellengenerators legen. Das ist eine Maschine, die Wechselströme mit einer Frequenz von 10—100 Millionen Schwingungen in der Sekunde erzeugt. Jetzt wird auch in dem Leiter, der sich zwischen den Kondensatorplatten befindet, ein Hochfrequenzstrom der gleichen Periodenzahl pulsieren, wie ihn der Kurzwellengenerator erzeugt. Das will sagen, in dem im Feld befindlichen Leiter fließt genau der gleiche Strom wie in den zu den Kondensatorplatten führenden Leitungen. Das alles, ohne daß zwischen den Platten, die wir in der Therapie Elektroden nennen, und dem Körper eine unmittelbare Berührung besteht. Daß der im Feldobjekt influenzierte Strom, wie jeder andere Strom, in dem Leiter, den er durchfließt, Wärme erzeugt, ist selbstverständlich. Die dadurch entstandene Wärme heißt Stromwärme oder Joulesche Wärme.

Wir können also gleich hier feststellen: **Das therapeutisch Wirksame bei der Kurzwellentherapie ist wie bei der Diathermie ein elektrischer Strom, und zwar ein Hochfrequenzstrom. Der Unterschied zwischen beiden Methoden liegt ausschließlich darin, daß die Frequenz des Kurzwellenstromes 10 bis 100mal höher ist als die des Diathermiestromes.** Daß bei der Diathermie die Elektroden anliegen, bei der Kurzwellenbehandlung dagegen nicht, ist ein technisches Detail, welches das Wesen der Sache in gar keiner Weise berührt. Wenn wir bei der Diathermie noch mit anliegenden Elektroden arbeiten, so geschieht es nur darum, weil die Frequenz der hierbei verwendeten Ströme noch zu gering ist, um einen hinreichend starken Influenzstrom und damit eine hinreichend starke Erwärmung des im Feld befindlichen Leiters zu erzeugen.

Nichtleiter im elektrischen Feld. Ein Leiter unterscheidet sich von einem Nichtleiter dadurch, daß in diesem die elektrischen Ladungen nicht frei verschieblich sind. Sie sind vielmehr an die Moleküle gebunden. Nichtsdestoweniger wirkt die elektrische Spannung auch auf diese Ladungen ein und verschiebt sie, soweit dies möglich ist, innerhalb des Moleküls. Nach elektrostatischen Gesetzen wird die positive Ladung gegen die negative Belegung, die negative Ladung gegen die positive Belegung des Kondensators hin gedreht (Abb. 9 u. 10). Es kommt also zu einer Influenzwirkung auf die Moleküle, die wir als dielektrische Polarisation bezeichnen.

Die Moleküle mancher Stoffe, wie z. B. die der Eiweißkörper, haben überdies schon eine gewisse symmetrische Anordnung der positiven und negativen Ladungen, indem das eine Ende des Moleküls vorwiegend positiv, das andere vorwiegend negativ geladen ist. Wir können uns diese

Moleküle wie kleine hantelförmige Gebilde vorstellen, die man Dipole genannt hat (Abb. 11). Wirkt nun ein elektrisches Wechselfeld auf diese Dipole ein, so werden sie alle gleichgerichtet (Abb. 12). Ist die Spannung des Feldes eine wechselnde, so kommt es zu andauernden Verdrehungen der Moleküle in der wechselnden Richtung des Feldes.

Es spielen sich also in einem Nichtleiter unter dem Einfluß des elektrischen Feldes gewisse molekulare Vorgänge ab, die in einer Verzerrung,

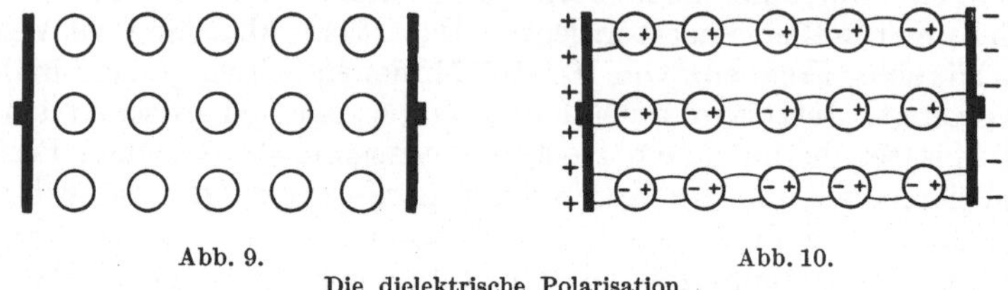

Abb. 9.   Abb. 10.

Die dielektrische Polarisation.

Verdrehung oder Verschiebung elektrischer Ladungen, zum Teil der Moleküle selbst bestehen. Diesen Vorgang hat C. Maxwell als Verschiebungsstrom (displacement current) bezeichnet. Dazu gehören im weiteren Sinn auch jene Vorgänge, welche in der im Feld befindlichen Luft, ja selbst im Vakuum auftreten und sich durch wechselnde Spannungen des Äthers charakterisieren. Das Wort „Verschiebungsstrom" klingt für denjenigen, der es erstmalig hört, etwas befremdend. Wir haben uns unter

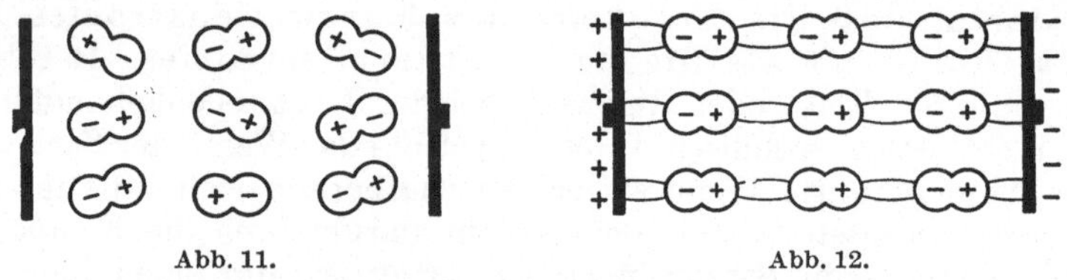

Abb. 11.   Abb. 12.

Die richtende Wirkung des elektrischen Feldes auf Dipole.

Strom doch bisher etwas anderes vorgestellt, nämlich das Wandern oder ganz allgemein die Bewegung elektrischer Ladungen. Nunmehr sollen wechselnde Ätherspannungen auch einen Strom darstellen. Das ist eine sprachliche Härte, die gewiß nicht leicht zu überwinden ist. Die Bezeichnung Verschiebungsstrom vermittelt uns aber eine sehr wichtige und erkenntnistheoretisch ungemein fruchtbare Vorstellung, es ist die: **Alle Ströme fließen in geschlossenen Kreisen, auch wenn diese anscheinend durch das Dielektrikum eines Kondensators unterbrochen sind, denn überall, wo der Leitungsstrom aufhört, setzt ihn der Verschiebungsstrom fort, und wo dieser endet, beginnt wieder der Leitungsstrom.**

Da die Hin- und Herbewegung der Dipole im Kurzwellenfeld nicht ganz reibungslos erfolgt, so geht ein Teil der elektrischen Energie dabei verloren und verwandelt sich in Wärme. Wir sprechen in diesem Sinn von einem dielektrischen Verlust. Doch ist dieser in einem Nichtleiter zustande kommende Verlust und die dabei auftretende Wärme im Vergleich zu der in einem Leiter umgesetzten Strom- oder Jouleschen Wärme so gering, daß sie praktisch vernachlässigt werden kann.

Wir können daher die für unsere weiteren Ausführungen wichtige Tatsache festlegen: **In einem Leiter erzeugt das Kurzwellenfeld einen Leitungsstrom, der sich in Wärme umsetzt und dadurch den Leiter erwärmt. Ein Nichtleiter dagegen wird von dem Feld verlustlos, d. h. ohne Wärmebildung, durchsetzt.**

Das magnetische Feld (Spulenfeld).

Das magnetische Feld. Oerstedt (1821) beobachtete eines Tages in seinem Laboratorium, wie eine Magnetnadel, die sich in der Nähe eines stromführenden Leiters befand, aus ihrer Nord-Süd-Richtung abgelenkt wurde. Da eine solche Ablenkung nur durch magnetische Kräfte möglich ist, schloß er daraus, daß der elektrische Strom magnetische Kräfte zu erzeugen vermag. Diese Annahme erwies sich als richtig. Jeder stromführende Leiter ist von einem Magnetfeld umgeben.

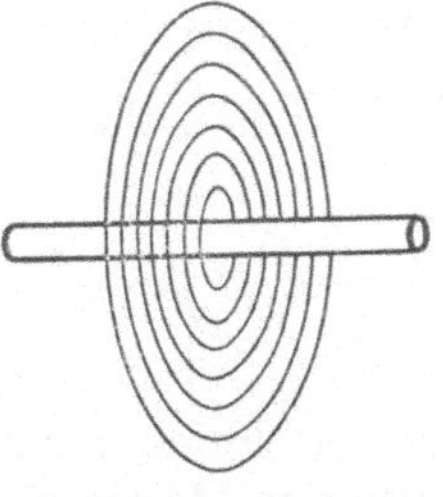

Abb. 13. Ein stromführender Leiter ist von Magnetlinien umgeben, die ihn kreisförmig umschließen.

Um von vornherein keine Unklarheit aufkommen zu lassen, sei festgestellt, daß elektrische und magnetische Kräfte, sowie auch elektrische und magnetische Felder, zwei grundsätzlich verschiedene Dinge sind, obwohl sie in ihren Kraftäußerungen, besonders was Anziehung und Abstoßung betrifft, eine gewisse Ähnlichkeit miteinander haben.

Untersuchen wir nun das Magnetfeld eines geradlinigen Leiters, der von einem Gleichstrom durchflossen wird, indem wir z. B. eine nach jeder Richtung frei bewegliche Magnetnadel im Kreis um den Leiter herumführen, so stellt sich die Magnetnadel überall tangential zu diesem Kreis ein. Wir folgern daraus, daß der stromführende Leiter

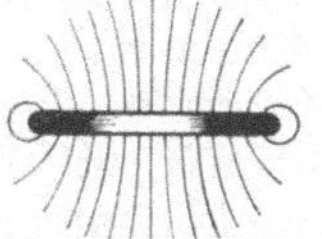

Abb. 14. Das Magnetfeld eines ringförmigen Leiters.

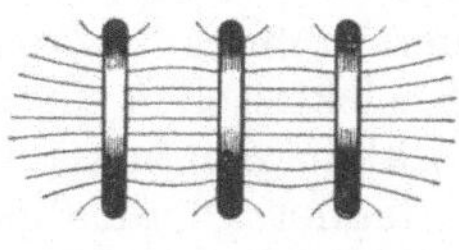

Abb. 15. Das Magnetfeld dreier ringförmiger Leiter.

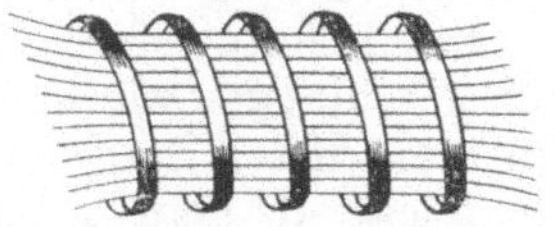

Abb. 16. Das Magnetfeld einer Spirale (Solenoid).

von kreisförmig ihn umgebenden Magnetlinien umschlossen wird (Abb. 13). Hat der Leiter eine ringförmige Gestalt, so verdichten sich die Magnetlinien im Innern des Ringes (Abb. 14). Haben wir nicht einen, sondern drei nebeneinander liegende Ringe oder Kreise, von denen jeder für sich von einer Stromquelle gespeist wird, so wird das Magnetfeld eines

Kreises durch das des benachbarten Kreises nicht nur verstärkt, sondern gewissermaßen aufgenommen und weitergeführt (Abb. 15). Liegt eine größere Anzahl von Ringen nahe aneinander, so verlaufen die Magnetlinien im Innern der Ringe fast parallel. Es entsteht ein sogenanntes homogenes Magnetfeld. Schließen wir die Ringe zu einer Spirale zusammen und legen die Enden dieser an eine Stromquelle, so ist der Erfolg der gleiche (Abb. 16).

Eine solche Spirale, auch Solenoid genannt, verhält sich im übrigen genau so wie ein Stabmagnet. Sie hat einen Nord- und einen Südpol, stellt sich, wenn sie frei beweglich ist, in die Nord-Süd-Richtung ein usw. Welches der Nord- und welches der Südpol ist, hängt davon ab, in welcher Richtung der Strom die Spule durchfließt. Ist der durchfließende Strom ein konstanter Gleichstrom, also von andauernd gleicher Richtung und Stärke, so ist auch sein Magnetfeld ein konstantes. Ändert der Strom dagegen seine Richtung und Stärke, wie das beim Wechselstrom der Fall ist, so ändert sich auch die Richtung und Stärke des Magnetfeldes. Wir haben es mit einem magnetischen Wechselfeld zu tun.

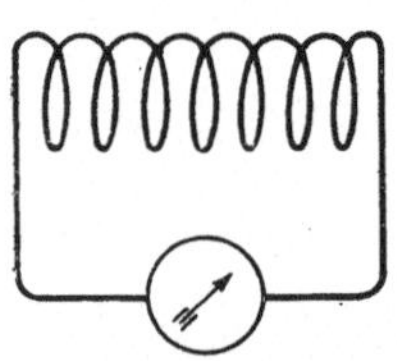
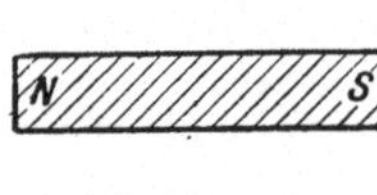

Abb. 17. Induktion durch einen Stabmagneten.

Das magnetische Feld einer Spule können wir wesentlich verstärken, wenn wir in ihr Inneres einen Eisenkern bringen. Das Eisen ist für Magnetlinien mehr als tausendmal leichter durchlässig als Luft, setzt also den Magnetlinien einen geringeren Widerstand entgegen. Solche von einem Eisenkern erfüllte Spulen nennen wir Elektromagnete.

Wenn uns ein Plattenkondensator die Möglichkeit bietet, ein geschlossenes elektrisches Feld zu erzeugen, so haben wir in dem Solenoid ein Mittel gefunden, ein geschlossenes Magnetfeld herzustellen.

Die Induktion. Nachdem Oerstedt gefunden hatte, daß ein stromführender Leiter magnetische Kräfte ausübt, daß man also mit Hilfe eines elektrischen Stromes Magnetismus erzeugen kann, war es naheliegend, das Problem umzukehren und zu versuchen, mit Hilfe eines Magneten einen elektrischen Strom zu erzeugen. Die Lösung dieses Problems gelang dem berühmten englischen Physiker Faraday. Faraday konnte zeigen, daß man in einer Spule, deren Enden zu einem Kreis geschlossen waren, einen elektrischen Strom hervorrufen kann, wenn man dieser Spule einen Stabmagneten nähert (Abb. 17). In dem Augenblick, wo man mit dem Magnet an die Spule herankommt, gibt ein in den Spulenkreis eingeschlossener Stromanzeiger einen kurzen Ausschlag. Das gleiche ist der Fall, wenn man den Magnet wieder entfernt. Nur erfolgt diesmal der Ausschlag in entgegengesetzter Richtung. Das will sagen, durch die Annäherung und die Entfernung eines Magneten können in einer Spule Strombewegungen in wechselnder Richtung, mit anderen Worten, ein Wechselstrom erzeugt werden.

Wie kommt dieser Wechselstrom zustande? Zweifellos durch das Kraftfeld unseres Magneten. Wenn die Spule von den Kraftlinien des

Magneten getroffen wird, entsteht ein elektrischer Strom, aber auch ebenso, wenn die Kraftlinien wieder verschwinden. Ganz allgemein können wir sagen: Jedes Entstehen und Vergehen eines magnetischen Kraftfeldes löst in Leitern, welche im Bereiche dieses Kraftfeldes liegen, elektrische Kräfte aus. Diese Erscheinung bezeichnet man als Induktion und den so erzeugten Strom als Induktionsstrom.

An Stelle eines Stabmagneten kann man auch einen Elektromagneten verwenden (Abb. 18). Schließe ich den Stromkreis dieses Magneten, so wird durch das entstehende Magnetfeld in der benachbarten Spule ein Strom induziert. Die Richtung dieses Stromes ist der des induzierenden Stromes entgegengesetzt. Öffne ich den Stromkreis des Elektromagneten, so wird das nunmehr verschwindende Kraftfeld neuerlich einen Stromstoß in der Spule erzeugen. Dieser hat jetzt die gleiche Richtung wie der Strom des Magneten. Eine solche Einrichtung ist uns allen als faradischer Induktionsapparat bekannt.

Wesentlich ist es, zu merken, daß ein elektrischer Strom in der zweiten Spule nur dann induziert wird, wenn das Magnetfeld der ersten Spule sich ändert, d. h. zu- oder abnimmt, nicht aber dann, wenn es konstant bleibt. Daher kann ein konstanter Gleichstrom keine Induktion bewirken. Nur seine Öffnung oder Schließung wirken

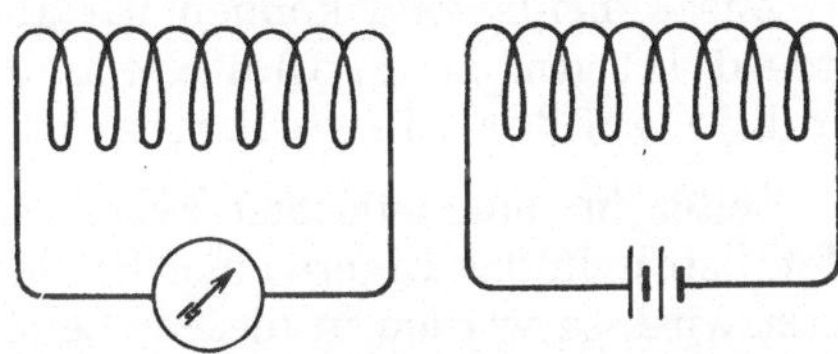

Abb. 18. Induktion durch das Magnetfeld einer stromführenden Spule (Elektromagnet).

induzierend. Anders der Wechselstrom, bei dem sich die Stärke des Magnetfeldes dauernd ändert, der also auch andauernd induzierend wirkt.

Die Selbstinduktion. So wie ein Strom durch sein wechselndes Magnetfeld auf benachbarte Stromkreise induzierend wirkt, so erzeugt er auch Induktionsströme auf seiner eigenen Bahn. Diese heißen Selbstinduktionsströme. Schließen wir einen Stromkreis, so ist der dabei entstehende Selbstinduktionsstrom dem primären Strom entgegengerichtet. Er wird daher die Kraft des ihn erzeugenden Stromes schwächen und bewirken, daß dieser seine volle Stärke nicht plötzlich, sondern nur allmählich erreicht. Umgekehrt ist bei der Öffnung eines Stromkreises der Selbstinduktionsstrom dem unterbrochenen Strom gleichgerichtet. Er wird dadurch das plötzliche Verschwinden dieses verhindern und ihn so verlängern. Die Selbstinduktion kommt damit der Trägheit gleich, indem sie der jeweiligen Bewegungsänderung entgegenwirkt.

Spule in einem Leitungskreis. Hat der Leiter die Form einer Spule oder Spirale (Solenoid), so liegen besonders günstige Verhältnisse für die Selbstinduktion vor. Der in eine Windung der Spule eintretende Strom induziert in den benachbarten Windungen entgegenlaufende Ströme. Handelt es sich um einen Wechselstrom, dessen Stärke ständig zu- und abnimmt, so wiederholt sich dieser Vorgang andauernd und die Stärke des Stromes wird dadurch merkbar vermindert. Das erweckt den Eindruck, als ob der Strom auf seinem Weg einem Widerstand begegnen würde. Diesen allerdings nur scheinbaren Widerstand nennen wir induktiven Widerstand.

Die Größe dieses Widerstandes ist von verschiedenen Bedingungen
abhängig. Er ist um so größer, je mehr Windungen die Spule aufweist.
Er ist weiters von der Frequenz abhängig, und zwar nimmt er in dem Maß
zu, als die Frequenz des Wechselstromes steigt. Das hat zur Folge, daß
Wechselströme von sehr hoher Frequenz, wie es die Kurzwellenströme
sind, schon in Spulen mit verhältnismäßig wenigen Windungen einem so
hohen Widerstand begegnen, daß sie durch diese unter Umständen gar
nicht mehr hindurchkommen. Der induktive Widerstand dieser Spulen
ist für solche Ströme unendlich groß. Sie sperren dem Strom den Weg
und heißen in diesem Sinn auch Drosselspulen. Das ist auch der Grund,
weshalb man eine Kurzwellenbehandlung im Spulenfeld ursprünglich
für unmöglich gehalten hat.

Zusammenfassend können wir also sagen: Der induktive Widerstand ist um so größer, je größer die Frequenz des Stromes
und je größer die Selbstinduktivität des Leitungsweges ist.

Leiter im magnetischen Feld. Bringen wir einen Leiter, z. B. einen
Metallstab, in das Innere einer Spule, die von einem Wechselstrom durchsetzt wird, so werden in diesem Leiter Wechselströme induziert. Diese in
sich selbst kurzgeschlossenen Ströme heißen Wirbelströme oder Foucaultsche Ströme. Sie setzen sich in Wärme um und erzeugen dadurch
eine Erwärmung des Leiters. Da die Wirbelströme um so stärker sind,
je besser das Leitvermögen des im Feld befindlichen Körpers ist, so werden
sich gute Leiter mehr erwärmen als schlechte.

Die Verknüpfung von elektrischen und magnetischen Feldern.

Das elektromagnetische Feld. Wir haben bisher das elektrische und
magnetische Feld für sich allein betrachtet, in Wirklichkeit sind diese
beiden fast immer miteinander verknüpft, denn ein elektrisches Feld
für sich allein kommt nur einer elektrostatischen Ladung, ein magnetisches
Feld für sich allein nur einem Magneten zu. Jede Veränderung oder
Verschiebung einer elektrischen Ladung, wie das beim elektrischen Strom
geschieht, läßt sofort ein Magnetfeld entstehen.

Das ergibt sich in anschaulicher Weise aus folgendem Versuch. Eine
elektrisch geladene Kugel hat wohl ein elektrostatisches, aber kein magnetisches
Feld, wirkt daher nicht auf eine Magnetnadel. Wenn man diese Kugel aber im
Kreis etwa an einer Schnur rasch um die Magnetnadel herumbewegt, so bekommt sie auch ein magnetisches Feld und lenkt die Nadel aus ihrer Nord-Süd-
Richtung ab.

Andererseits löst jede Veränderung eines magnetischen Feldes elektrische Kräfte aus, wie wir im vorigen Abschnitt auseinandergesetzt haben.
Wir haben es fast immer mit der Kombination von einem elektrischen und
magnetischen Feld, einem sogenannten elektromagnetischen Feld, zu tun.
Nichtsdestoweniger kann in einem bestimmten Feld die elektrische Energie,

in einem anderen die magnetische Energie weit vorherrschen. Ersteres ist im Kondensatorfeld, letzteres im Spulenfeld der Fall.

Der Träger des elektrischen wie des magnetischen Feldes ist der Äther. Wir nehmen an, daß dieser gleichzeitig zwei Zustandsänderungen erleiden kann, eine, welche die elektrischen, und eine zweite, welche die magnetischen Erscheinungen bewirkt.

Die elektromagnetische Welle. Jedes elektromagnetische Feld nimmt seinen Ausgangspunkt von einer elektrischen Ladung bzw. von dem Träger dieser Ladung, dem stromführenden Leiter. Dementsprechend geht auch jede Änderung des Feldes von dem Leiter aus. Die Feldänderung pflanzt sich von diesem aus nach allen Richtungen in den Raum fort, und zwar mit der Geschwindigkeit des Lichtes, d. i. 300000 km in der Sekunde. Wir nennen diese fortschreitende Zustandsänderung, die im Äther abläuft, eine

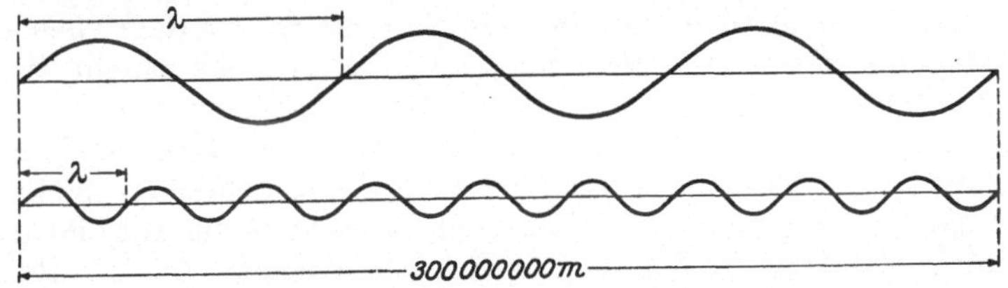

Abb. 19. Begriff der Wellenlänge.

elektromagnetische Welle. Es liegt hier der Vergleich mit einer Wasserwelle nahe, die entsteht, wenn wir auf einen ruhenden Wasserspiegel einen Stein werfen. Von dem Störungspunkt ausgehend, pflanzt sich eine Welle kreisförmig nach allen Richtungen fort.

Die Störung des elektromagnetischen Feldes kann eine einmalige, vorübergehende sein, wie das z. B. beim Öffnen oder Schließen eines Gleichstromes der Fall ist. Sie kann sich aber auch in einer bestimmten Periode wiederholen, wie das durch einen Wechselstrom geschieht. Mit der Frequenz des Wechselstromes eilen dann fortlaufend elektromagnetische Wellen durch den Raum. Eine solche periodische Wellenbewegung nennen wir auch elektromagnetische Strahlung.

Zusammenfassend wollen wir feststellen: Der Ausgangspunkt jeder elektromagnetischen Strahlung ist die Elektronenbewegung in einem Leiter. Diese erzeugt im umgebenden Äther Zustandsänderungen, die sich mit Lichtgeschwindigkeit ausbreiten. Beide Vorgänge, Elektronenbewegung im Leiter und elektromagnetische Strahlung, sind eng miteinander verknüpft. Trotzdem darf der Strom im Leiter mit den von ihm ausgelösten Vorgängen im Äther nicht identifiziert werden.

Die Wellenlänge. Unter Wellenlänge versteht man jene Wegstrecke, die eine einzelne elektromagnetische Welle, bestehend aus Wellenberg und Wellental, während ihres Ablaufes zurücklegt. Da alle elektromagnetischen Schwingungen, ob sie rasch oder langsam erfolgen, in 1 Sekunde einen Weg von 300000 km oder 300 Millionen m durcheilen und in derselben Zeit so viele

Wellen ablaufen, als der Frequenz des sie erzeugenden Stromes entspricht, so erhalten wir die Länge einer einzelnen Welle (λ) gemessen in Metern dadurch, daß wir 300 Millionen durch die Frequenz (ν) teilen. $\lambda = \dfrac{300\,000\,000}{\nu}$.

Daraus ergibt sich: $\lambda\nu = 300\,000\,000$. Wellenlänge mal Frequenz ergeben stets die Lichtgeschwindigkeit (Abb. 19). Demnach stehen Wellenlänge und Frequenz zueinander in einem umgekehrten Verhältnis, je größer die Frequenz, um so kleiner die Wellenlänge und umgekehrt. Aus der Formel ist leicht ersichtlich, daß den folgenden Frequenzen die nebenstehenden Wellenlängen entsprechen:

Frequenz   1 Million Hz   Wellenlänge 300 m
,,   10 Millionen Hz   ,,   30 ,,
,,   100   ,,   ,,   ,,   3 ,,

Unter elektrischen Wellen versteht man alle elektromagnetischen Schwingungen, angefangen von der Wellenlänge ∞, die dem Gleichstrom entspricht, bis herab zur Wellenlänge von 1 mm, die einem Wechselstrom mit einer Frequenz von $3 \cdot 10^{11}$ Hz zukommen würde. Wellen unter 50 m nennt man im Rundfunk **Kurzwellen**. Kurz sind sie wohl nur in bezug auf die bisher im Rundfunk gebräuchlichen Wellen, die eine Länge von einigen 100 m haben, nicht aber in bezug auf alle anderen elektromagnetischen Wellen, wie z. B. die Wärme-, Licht-, Röntgen- und Radiumstrahlen, deren Längen insgesamt viel kürzer sind.

Man spricht nicht selten auch von Ultrakurzwellen. Dabei kann man jedoch feststellen, daß manche Autoren die Ultrakurzwellen mit 15 m, andere mit 10 m und andere wieder mit 8 m beginnen lassen. Macht man schon einen Unterschied zwischen Kurzwellen und Ultrakurzwellen, dann muß man sich an die im Rundfunk übliche Nomenklatur halten.

Auf der Weltnachrichtenkonferenz in Kairo im Jahre 1938 wurden die folgenden Abgrenzungen festgelegt:

Langwellen .... 30 000—3000 m
Mittelwellen .... 3 000— 300 ,,
Grenzwellen .... 200— 50 ,,
Kurzwellen .... 50— 12 ,,
Ultrakurzwellen .... von 12 m abwärts

Anfangs glaubte man, das Gebiet der Ultrakurzwellen in der Nachrichtentechnik dadurch definieren zu können, daß man in ihm alle jene Wellen zusammenfaßte, für welche die Beugung am optischen Horizont des Senderaufstellungspunktes zu vernachlässigen wäre und für die auch eine Reflexion an den hohen Atmosphärenschichten nicht mehr auftrete. Die Erfahrung der letzten Jahre hat jedoch gezeigt, daß sowohl die Beugung über den optischen Horizont hinaus, als auch die Reflexion an den hohen Atmosphärenschichten nicht unbeträchtliche Werte erreichen können.

Die Bemühungen einzelner Autoren, zwischen Kurzwellen- und Ultrakurzwellentherapie eine scharfe Grenze zu ziehen, sind bisher erfolglos geblieben und werden es wohl auch bleiben, weil der Übergang zwischen beiden nicht nur physikalisch, sondern auch medizinisch ein durchaus fließender ist.

Rundfunk und Kurzwellentherapie. Der Rundfunk benützt bekanntlich die von einer Antenne ausgestrahlten elektromagnetischen Wellen zur Übertragung von Nachrichten, Musik u. a. Wenn wir in der Therapie von kurzen und langen Wellen sprechen, so erweckt dies die Vorstellung, als ob wir uns in der Heilkunde der gleichen elektrischen Wellen bedienen würden, wie es der Rundfunk tut. Diese Vorstellung ist falsch, denn wir verwenden in der Kurzwellentherapie nicht die elektromagnetischen Wellen, die ein Hochfrequenzstrom ausstrahlt, sondern diesen Strom selbst. Der Strom ist es, den wir mit Hilfe von Elektroden durch den Körper leiten. Es ist daher physikalisch unrichtig, von einer Bestrahlung mit Kurzwellen zu sprechen.

Kurzwellen bedeutet in der Therapie nichts anderes als die Abkürzung für Kurzwellenstrom. An Stelle dessen würden wir richtiger von sehr hochfrequenten oder überfrequenten Strömen sprechen. Wenn wir das nicht tun, so geschieht es nur darum, weil es einfacher und bequemer ist, zu sagen: ein Strom mit einer Wellenlänge von 3 m, als ein Strom mit einer Frequenz von 100 Mill. Hz. Da jeder Frequenz eine bestimmte Wellenlänge zugeordnet ist, so bleibt es sich schließlich gleich, ob wir einen Hochfrequenzstrom durch seine Frequenz oder durch die dieser Frequenz zugeordnete Wellenlänge charakterisieren.

Die elektromagnetische Schwingung.

Der elektrische Schwingungskreis. Nun sind wir so weit, das Wesen der elektrischen Schwingung verstehen zu können. Legen wir an die Platten eines Kondensators, der aufgeladen ist, die Enden einer In-

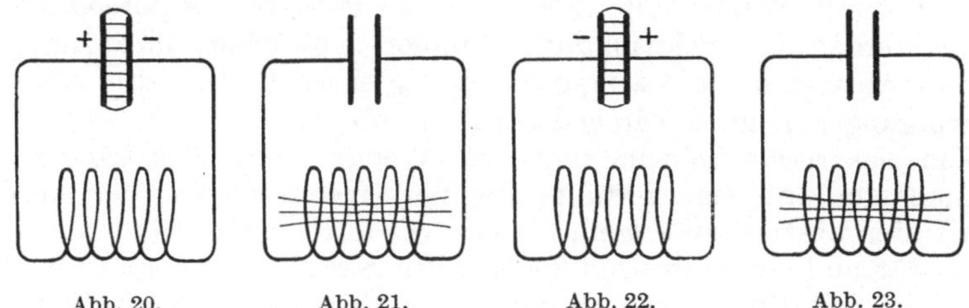

Abb. 20.   Abb. 21.   Abb. 22.   Abb. 23.

Das Zustandekommen elektrischer Schwingungen.

duktionsspule an, so wird sich der Kondensator durch die Spule entladen (Abb. 20). Das elektrische Feld des Kondensators zerfällt und es entsteht an dessen Stelle ein elektrischer Strom, der nach unserer alten Vorstellung von der positiven zur negativen Belegung hin gerichtet ist. Dieser Strom baut sich im Innern der Spule, deren Windungen er durchfließt, ein magnetisches Feld auf (Abb. 21). Der Strom und sein magnetisches Feld haben ihre größte Stärke dann erreicht, wenn die Spannung des Kondensators auf Null gesunken ist, wenn der Kondensator also vollkommen entladen ist. Sein elektrisches Feld ist verschwunden und an seiner Stelle ist ein magnetisches Feld aufgetreten. Dieser Zustand ist aber natürlich kein dauernder. Da die Kraft, welche den Strom erzeugte, zu wirken aufgehört hat, muß natürlich auch der Strom aufhören. Er hört aber nicht plötzlich auf, denn mit seinem Schwächerwerden erzeugt das schwindende Magnetfeld einen Selbstinduktionsstrom in der Spule, der die gleiche Richtung hat wie der ursprüngliche Strom, diesen also fortsetzt. Die Trägheit des Stromes und seines Magnetfeldes bewirken es, daß der Strom in der gleichen Richtung weiterfließt und so den Kondensator neuerlich aufladet, aber nunmehr so, daß die frühere negative Belegung jetzt positiv wird und umgekehrt. In dem Maß, als das magnetische Feld der Spule absinkt, wird das elektrische Feld des Kondensators wiederhergestellt (Abb. 22). Aber auch dieser Zustand ist nicht bleibend. Da die Platten des Kondensators durch die leitende Spule dauernd miteinander verbunden sind, setzt das Spiel von neuem, aber diesmal in entgegengesetzter Richtung, ein (Abb. 23).

Auf diese Weise verwandelt sich die elektrische Energie abwechselnd in magnetische Energie, die magnetische Energie wieder in elektrische. Diesen periodischen Vorgang bezeichnen wir als elektrische Schwingung. Der Kondensator und die Induktionsspule sind gleichsam zwei

Abb. 24. Gedämpfte Schwingungen.

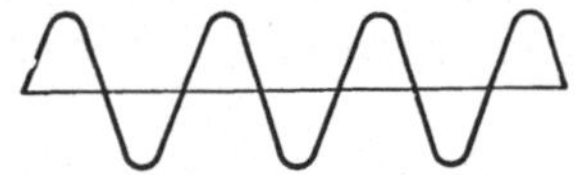

Abb. 25. Ungedämpfte Schwingungen.

Energiespeicher, zwischen denen es zu einem andauernden Energieaustausch kommt. Dieser Austausch würde in alle Ewigkeit andauern, wenn bei diesem Wechsel der Kräfte nicht ein Teil der Energie hauptsächlich durch Wärmebildung auf dem Leitungsweg verlorenginge. Dadurch werden die Schwingungen immer schwächer, ihre Amplituden nehmen ab und der Schwingungsvorgang erlischt. Derartig verlaufende Schwingungen nennen wir gedämpfte (Abb. 24).

Um elektrische Schwingungen zu erzeugen, brauchen wir also einen Kondensator und eine Induktionsspule. Wenn wir für den konkreten Begriff den abstrakten setzen, können wir auch sagen, wir brauchen eine Kapazität und eine Selbstinduktion. Ein Kreis, der aus einer Kapazität und einer Selbstinduktion besteht, ist zu elektrischen Schwingungen befähigt. Wir nennen ihn einen elektrischen Schwingungskreis.

Die elektrischen Schwingungen haben eine weitgehende Ähnlichkeit mit mechanischen Schwingungen, wie sie z. B. ein Pendel ausführt. Heben wir ein Pendel aus seiner Ruhelage, so erteilen wir ihm damit eine gewisse Menge potentieller Energie (Energie der Lage). Lassen wir das Pendel los, so sucht es in seine Ruhelage zurückzukehren. Die potentielle Energie verwandelt sich in kinetische Energie (Energie der Bewegung). Diese hat in dem Augenblick ihren Höchstwert erlangt, wo das Pendel die Ruhelage erreicht hat. Dem Gesetz der Trägheit folgend, schwingt das Pendel über die Ruhelage hinaus, wobei sich die kinetische Energie wieder in potentielle Energie zurückverwandelt. Der Schwingungsvorgang wiederholt sich. Auch hier haben wir den wechselnden Austausch zwischen zwei verschiedenen Formen der Energie. Auch bei diesem Austausch geht ein Teil der schwingenden Energie durch Reibung am Aufhängepunkt und den Luftwiderstand verloren, so daß die Schwingungen allmählich erlöschen.

Gedämpfte und ungedämpfte Schwingungen. Schwingungen, wie sie ein frei schwingendes Pendel vollzieht, bei denen die Ausschläge stetig abnehmen, heißen wir gedämpfte (Abb. 24). Wollen wir, daß die Schwin-

gungen dauernd die gleiche Amplitude haben, dann müssen wir die durch
Reibung und Luftwiderstand verlorengegangene Energie fortlaufend ersetzen. Das geschieht beim Uhrpendel durch den Zug eines Gewichtes
oder die Spannung einer Feder. Solche Schwingungen nennen wir ungedämpfte (Abb. 25).

Auch elektrische Schwingungen, wie sie durch die Entladung eines
Kondensators zustande kommen, sind gedämpft, weil ein Teil der elektrischen, bzw. magnetischen Energie auf dem Leitungsweg sich in Wärme
umsetzt oder durch Raumstrahlung verlorengeht. Wenn wir durch eine
geeignete Einrichtung (Elektronenröhre) diesen Energieverlust decken,
so können wir auch hier ungedämpfte Schwingungen erzielen.

Schwingungszeit und Schwingungszahl (Frequenz). Wir haben über
den Begriff der Schwingungszeit und Schwingungszahl bereits auf S. 2
gesprochen. Wovon hängen nun diese beiden Größen ab? Bei dem
Pendel wird die Schwingungsdauer durch seine Länge bestimmt. Ein
langes Pendel schwingt langsamer, ein kurzes rascher. Die einem bestimmten Pendel zukommende Schwingungszeit ist so konstant, daß sie
zur Zeitmessung benützt werden kann.

Für die Dauer einer elektrischen Schwingung ist in erster Linie die
Menge der schwingenden Elektrizität entscheidend. Diese wird durch die
Kapazität des Kondensators bestimmt. Je größer diese, um so mehr
Elektrizität vermag er aufzunehmen, um so langsamer ist also die
Schwingung. Weiterhin kommt für die Schwingungszeit die Größe der
Selbstinduktion in Betracht. Diese wirkt gleich der Trägheit, sie ver-
zögert also die Bewegung. Die elektrischen Schwingungen werden dem-
nach um so langsamer erfolgen, je größer die Selbstinduktion des
Schwingungskreises ist.

Kapazität (C) und Selbstinduktion (L) bestimmen somit die Schwingungszeit T. Nach der Formel von W. Thomson und Kirchhoff beträgt
$T = 2\pi \sqrt{CL}$. Die Schwingungszeit wächst also mit zunehmender
Kapazität und Selbstinduktion. Da sie durch das Produkt aus diesen
beiden Größen gegeben wird, bleibt es sich gleich, ob man in einem
Schwingungskreis eine größere Kapazität mit einer kleineren Selbstinduktion oder eine kleinere Kapazität mit einer größeren Selbstinduktion
vereinigt. Durch die Wahl einer geeigneten Kapazität und Selbstinduktion
kann man einen Schwingungskreis auf jede gewünschte Periode abstimmen.

Dieselbe Überlegung gilt auch für die Wellenlänge, da diese im
gleichen Verhältnis mit der Schwingungszeit wächst. Wollen wir sehr
kurze Wellen erhalten, so müssen wir die Kapazität und Induktivität
des Schwingungskreises auf möglichst kleine Werte herabdrücken. So
wird z. B. für eine Wellenlänge von 3—4 m schon eine einzige Draht-
windung als Selbstinduktion genügen.

Nach unseren Ausführungen auf S. 2 ist die Frequenz der reziproke
Wert der Schwingungszeit. $T = \dfrac{1}{\nu}$ oder $\nu = \dfrac{1}{T}$, die Frequenz eines
Schwingungskreises errechnet sich daher aus der Formel $\nu = \dfrac{1}{2\pi\sqrt{CL}}$.

Die Verbindung zweier Schwingungskreise. Man kann die Schwingungen eines Kreises auch auf einen zweiten Kreis übertragen. Zu diesem Zweck müssen die beiden Kreise irgendwie miteinander in Verbindung stehen. Diese Verbindung, die wir Koppelung nennen, kann eine verschiedene sein. Gewöhnlich unterscheidet man drei Arten der Koppelung, die galvanische, induktive und kapazitive. Sind die beiden Kreise durch eine metallische Leitung miteinander verbunden, so daß die Schwingungen des einen Kreises unmittelbar auf den anderen übergeleitet werden, so heißt dies eine galvanische Koppelung (Abb. 26). Erfolgt die Übertragung der Schwingungen durch das Magnetfeld eines Kreises, wobei die Magnetlinien dieses Kreises den anderen schneiden und auf ihn induzierend wirken, so nennen wir das eine magnetische oder induktive Koppelung (Abb. 27). Geschieht dagegen die Übertragung

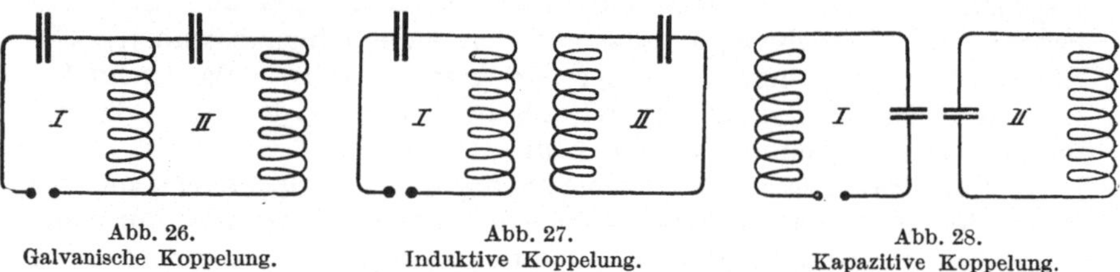

<table>
<tr><td align="center">Abb. 26.
Galvanische Koppelung.</td><td align="center">Abb. 27.
Induktive Koppelung.</td><td align="center">Abb. 28.
Kapazitive Koppelung.</td></tr>
</table>

durch das elektrische Feld eines Kondensators, so ist das eine kapazitive Koppelung (Abb. 28). In der Praxis werden diese Koppelungsarten vielfach miteinander kombiniert. So gibt es z. B. eine induktiv-galvanische oder eine kapazitiv-galvanische Koppelung.

Von den beiden Kreisen, die in der einen oder anderen Art aufeinander einwirken, nennen wir denjenigen, in welchem die Schwingungen erzeugt werden, den primären, auch den Erreger- oder Generatorkreis, den zweiten Kreis, auf welchen die Schwingungen übertragen werden, den sekundären oder Resonanzkreis.

Resonanz und Abstimmung. Der sekundäre Kreis wird auf den primären dann am besten ansprechen, wenn die beiden Kreise die gleiche Eigenfrequenz, mit anderen Worten die gleiche Wellenlänge haben. Das trifft nach der Formel von W. Thomson und Kirchhoff dann zu, wenn das Produkt aus Kapazität (C) und Selbstinduktion (L) in beiden Kreisen das gleiche ist. In diesem Fall besteht zwischen beiden Kreisen Resonanz. Der Begriff der Resonanz ist aus der Akustik übernommen. Zwei Stimmgabeln stehen dann miteinander in Resonanz, wenn beide die gleiche Schwingungszahl (Frequenz) oder, wie man in der Akustik sagt, die gleiche Tonhöhe haben. Ist das der Fall, dann werden die Schwingungen der einen Gabel von der anderen mit der größten Lautstärke übernommen.

Haben wir einen Generatorkreis, der mit einer bestimmten Wellenlänge schwingt, so können wir einen anderen Kreis auf diesen in zweierlei Weise abstimmen. Entweder dadurch, daß wir seine Kapazität, oder dadurch, daß wir seine Selbstinduktion so lange ändern, bis die Wellenlänge in beiden Kreisen die gleiche ist.

Besteht zwischen zwei Kreisen Resonanz, dann erfolgt die Übertragung der Schwingungen von dem einen auf den anderen in vollkommenster Weise, mit dem geringsten Energieverlust.

Woran erkennt man nun die Resonanz? Man erkennt sie daran, daß in dem abgestimmten Kreis die Schwingungen ein Maximum der Spannung und Stromstärke erreichen. Ein guter Indikator für die vorhandene Spannung ist ein mit Neongas gefülltes Glasröhrchen. Es leuchtet in orangefarbigem Licht auf, und zwar um so stärker, je größer die Spannung ist. Einen Maßstab für die Stromstärke geben uns kleine Glühlämpchen, die um so mehr strahlen, je stärker der sie durchfließende Strom ist. Dem gleichen Zweck dienen auch Hitzdrahtamperemeter, deren Ausschlag bei Resonanz einen Höchstwert erreicht.

II. Die Kurzwellenapparate.

Kurzwellenströme können wir genau so wie Diathermieströme in zweierlei Weise erzeugen: 1. durch die Entladung von Kondensatoren über Funkenstrecken; 2. durch Elektronenröhren. Darnach können wir die Apparate in Funkenstrecken- und Röhrenapparate unterscheiden. Die Apparate mit Funkenstrecke sind derzeit allerdings kaum mehr in Gebrauch. Nichtsdestoweniger seien sie hier kurz beschrieben mit Rücksicht darauf, daß die Funkenstrecke der erste und lange Zeit der einzige Generator für hochfrequente Schwingungen war und heute noch alle Diathermieapparate mit Funkenstrecke arbeiten.

Die Funkenstreckenapparate.

Die Funkenstrecke als Schalter. Wir haben auf S. 15 auseinandergesetzt, daß durch die Entladung eines Kondensators über eine In-

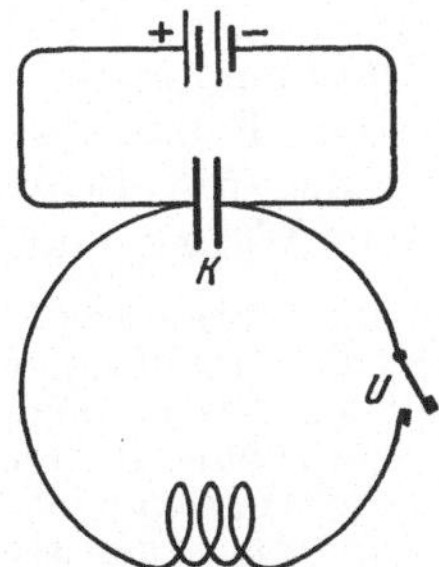

Abb. 29. Schwingungskreis mit Handunterbrecher.

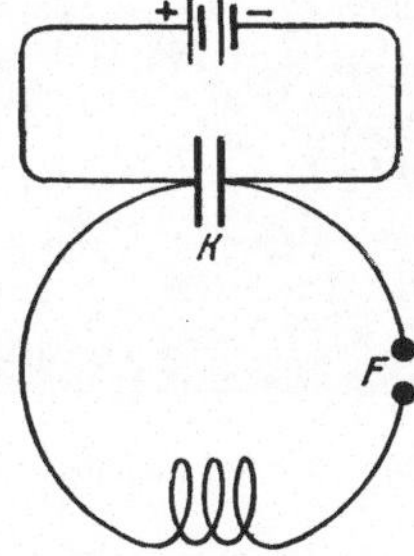

Abb. 30. Schwingungskreis mit Funkenstrecke.

duktionsspule elektrische Schwingungen zustande kommen, die rasch abklingen und somit gedämpft sind. Mit ein paar in Bruchteilen einer Sekunde abklingenden Schwingungen können wir in der Therapie nichts anfangen. Wollen wir weitere Schwingungen haben, so müssen wir den

Kondensator wieder neu aufladen. Das ist aber so lange nicht möglich, als dessen Belegungen durch die Induktionsspule miteinander verbunden sind, denn jede an die Kondensatorbelegungen angelegte Spannung würde sich sofort über den metallischen Bogen der Spule ausgleichen. Wir müssen also, um den Kondensator zu laden, die Spule vorerst abschalten. Erst nach der Ladung dürfen wir sie wieder mit den Kondensatorbelegungen verbinden. Das kann mit Hilfe eines Unterbrechers U geschehen, den wir an irgendeiner Stelle des Kreises einbauen und mit der Hand abwechselnd öffnen und schließen (Abb. 29).

Viel einfacher und besser können wir das gleiche durch eine Funkenstrecke erreichen (Abb. 30). Es ist dies nichts anderes als eine kleine Luftunterbrechung im Schwingungskreis. Sie gestattet uns, den Kondensator zu laden. Haben seine Belegungen eine gewisse Spannung erreicht, dann wird die Unterbrechungsstelle durch einen Funken überbrückt. Dieser macht die Funkenstrecke infolge der dabei entstehenden Hitze durch Ionisierung der Luft und Erzeugung von Metalldämpfen für

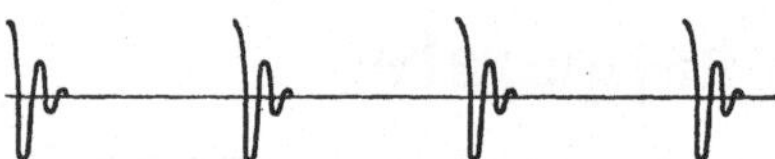

Abb. 31. Gedämpfte Schwingungen, erzeugt durch eine Funkenstrecke.

kurze Zeit leitend. Über diese glühende Brücke verlaufen nun die Schwingungen. Mit dem Erlöschen des Funkens ist die Unterbrechung wiederhergestellt, die Ladung des Kondensators kann von neuem erfolgen. Die Funkenstrecke ist also nichts anderes als eine automatische Schaltvorrichtung, welche in rascher Folge die Spule mit dem Kondensator verbindet und wieder von ihm trennt.

Diese Verhältnisse bedingen es, daß der von einem solchen Funkenstromkreis gelieferte Hochfrequenzstrom aus einzelnen, durch verhältnismäßig lange Pausen voneinander getrennten Schwingungsgruppen besteht, die jede für sich stark gedämpft verlaufen (Abb. 31). Die Dämpfung kommt vor allem durch den Funken selbst zustande, der die Schwingungsenergie in Wärme umformt.

Um die Stärke und damit die Leistung der Hochfrequenzströme zu erhöhen, ist es notwendig, möglichst viele Funken in einer Sekunde zu erhalten, denn jeder Funke liefert ja eine gewisse Menge

Abb. 32. Löschfunkenstrecke.

schwingender Energie. Das geschieht 1. dadurch, daß wir den Abstand der Funkenelektroden möglichst klein halten. Auf diese Weise entstehen mehr, allerdings auch kleinere Funken, die dafür aber rascher erlöschen (Löschfunken). 2. Dadurch, daß wir für eine möglichst gute Kühlung der Funkenstrecke Sorge tragen, denn je rascher die Abkühlung erfolgt, um so früher kommt es zu einer Neuaufladung des Kondensators. Die Kühlung suchen wir durch die Anbringung von Kühlrippen, Ventilatoren u. dgl. zu erreichen. 3. Dadurch, daß wir nicht eine, sondern eine größere Zahl von Funkenstrecken benützen, die hintereinander geschaltet sind. Die Kurzwellenapparate haben deren meist 10—20.

Durch diese Maßnahmen ist es heute bereits gelungen, die Funkenzahl über 100000 in der Sekunde zu steigern und dadurch die Pausen zwischen den einzelnen Schwingungsgruppen wesentlich zu verkürzen.

Abb. 32 zeigt eine solche Funkenstrecke mit Kühlrippen. Die isolierende Luftschicht ist nur Bruchteile eines Millimeters breit. Die einander zugekehrten Metallflächen der Funkenstrecke, Funkenelektroden genannt, bestehen aus Wolfram, das als das am schwersten schmelzbare Metall (Schmelzpunkt 3380°C) der Zerstörung durch die Funken einen sehr großen Widerstand entgegensetzt.

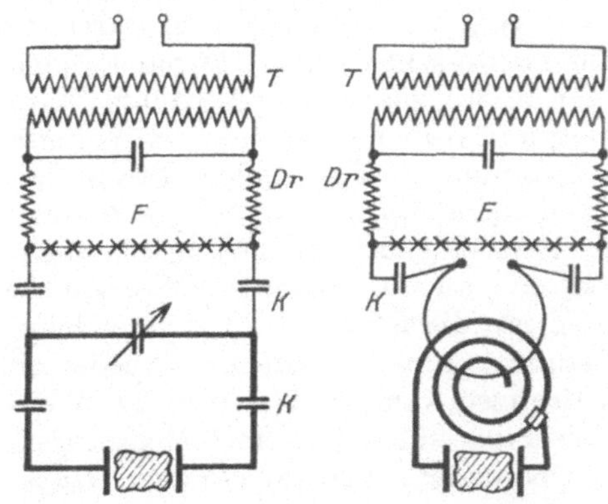

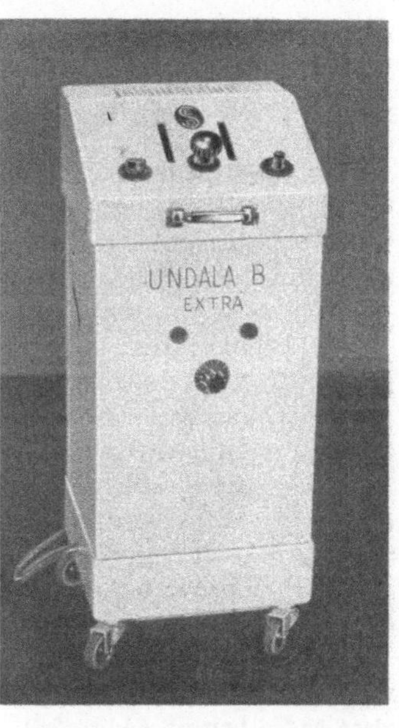

Abb. 33. Schaltbild eines Funkenstreckenapparates mit galvanisch. Koppelung (Koch u. Sterzel).

Abb. 34. Schaltbild eines Funkenstreckenapparates mit induktiver Koppelung (Koch u. Sterzel).

Abb. 35. Funkenstreckenapparat (Undala B der Elektrizitätsgesellschaft Sanitas).

Der Bau eines Funkenstreckenapparates. Die Abb. 33 u. 34 geben die Schaltbilder zweier Funkenstreckenapparate wieder. Der von der Zentrale gelieferte Wechselstrom wird zunächst einem Transformator T zugeführt, der seine Spannung auf 3000—4000 Volt erhöht. Ein solcher Transformator besteht aus einem Eisenrahmen, der zwei Spulenwicklungen trägt. In die sogenannte primäre Spule fließt der Strom der Zentrale. Er induziert in der benachbarten sekundären Spule einen hochgespannten Strom. Die höhere Spannung wird dadurch erreicht, daß die sekundäre Spule eine größere Zahl von Windungen hat als die primäre. Die Spannung des induzierten Stromes wird nämlich in dem gleichen Verhältnis höher, als die Windungszahl der sekundären Spule größer ist als die der primären.

Der hochgespannte Strom dient zur Aufladung der Kondensatoren K. Diese sind wie bei den Diathermieapparaten meist geschichtete Plattenkondensatoren, deren Dielektrikum aus Glimmerscheiben besteht. Die Entladung der Kondensatoren erfolgt über eine Reihe hintereinander geschalteter Funkenstrecken F. Dadurch kommt der Erreger- oder Generatorkreis ins Schwingen. Er überträgt seine Schwingungen auf den Therapie- oder Patientenkreis (in den Abbildungen dick gezeichnet), der mit dem ersten Kreis entweder galvanisch oder induktiv gekoppelt ist.

Die Abstimmung des Therapiekreises erfolgt entweder durch einen verstellbaren Kondensator (Abb. 33) oder durch eine veränderbare Selbstinduktion (Abb. 34). Damit die Hochfrequenzenergie, die in dem Generatorkreis entsteht, nicht zurück in den Transformator fließt, ist dieser durch zwei Drosselspulen *Dr* gegen den Generatorkreis abgeriegelt. Gegen die niederfrequente Hochspannung des Transformators ist der Patient durch vorgeschaltete Kondensatoren geschützt. Die Abb. 35 zeigt die äußere Ansicht eines Funkenapparates.

Die Röhrenapparate.

Die Funktion eines Röhrenapparates.

Die Elektronen- oder Glühkathodenröhre. Legt man an eine Crooksche oder Hittorfsche Röhre, das ist eine Glasröhre, die mit verdünnter Luft gefüllt ist und in welche zwei Elektroden eingeschmolzen sind, eine genügend hohe Spannung an, so fließt ein Strom durch die Röhre, wobei gleichzeitig Lichterscheinungen auftreten. Wenn man nun die Luft in der Röhre zunehmend verdünnt, dann wird der Strom schwächer, und bei einem bestimmten Vakuum ist keine noch so hohe Spannung imstande, einen Strom auszulösen. Dies darum, weil keine Luftionen mehr vorhanden sind, welche den Elektrizitätstransport übernehmen könnten. Wenn man aber die Elektrode, an welche der negative Pol der Stromquelle angeschlossen ist, die Kathode *K*, in irgendeiner Weise bis zum Glühen erhitzt, dann tritt plötzlich wieder ein Strom auf. Ein solches Erhitzen kann praktisch in der Weise erfolgen, daß man der Elektrode die Form eines Metallfadens gibt, den man durch eine besondere Stromquelle zum Glühen bringt (Abb. 36).

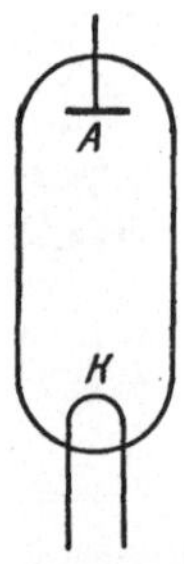

Abb. 36. Elektronen- oder Glühkathodenröhre.

Wodurch kommt jetzt ein Strom zustande? Durch die Erhitzung des Metalls werden aus diesem Elektronen frei, sie verdampfen gleichsam und umhüllen wie eine Wolke die Elektrode. Verbindet man nun die Röhre mit einer Stromquelle hoher Spannung, und zwar so, daß die Glühelektrode Kathode wird, so werden die Elektronen, die alle negativ geladen sind, von dem positiven Pol, der Anode, angezogen. Es fließt ein Strom, bestehend aus reinen Elektronen, von der Kathode zur Anode. Er heißt Anodenstrom. Seine Stärke kann mittels eines Galvanometers gemessen werden. Eine derartige Röhre heißt daher Elektronen- oder Glühkathodenröhre.

Der beschriebene Versuch mißlingt begreiflicherweise, wenn man die zum Glühen gebrachte Elektrode mit der Anode der Stromquelle verbindet, weil die austretenden negativen Elektronen von dem jetzt gegenüberliegenden negativen Pol, der Kathode, abgestoßen werden. In einer solchen Röhre kann daher nur in einer Richtung, von der Kathode zur Anode, ein Strom fließen, in entgegengesetzter Richtung ist der Weg für den Strom gesperrt. Wird eine Wechselspannung an die Röhre angelegt, so werden nur jene Halbwellen hindurchgelassen, die so gerichtet sind, daß für sie die glühende Elektrode Kathode ist, die entgegengesetzt laufenden Halbwellen werden unterdrückt. Mit Rücksicht auf diese Ventilwirkung spricht man daher auch von einer Ventilröhre.

Die Stärke des Anodenstromes hängt von zwei wesentlichen Bedingungen ab: 1. Von der Temperatur des Elektrodenmetalls, mit anderen Worten von der Stärke der Heizung. Je stärker diese, um so mehr Elektronen werden frei, um so stärker wird der Strom. 2. Von der angelegten Spannung. Die Stromstärke wächst unter sonst gleichen Bedingungen mit zunehmender Spannung, jedoch nur bis zu einer bestimmten Höhe, dann bleibt sie gleich, auch wenn man die Spannung noch weiter erhöht. Dieser Gleichgewichtszustand wird dann erreicht, wenn alle aus der Kathode austretenden Elektronen von der Spannung erfaßt und bis zur Anode gebracht werden. Dieser nicht mehr zu verstärkende Strom wird Sättigungsstrom genannt.

Die Dreielektrodenröhre oder Triode. Dadurch, daß man zwischen Anode und Kathode eine dritte Elektrode in Form eines Gitters (G in

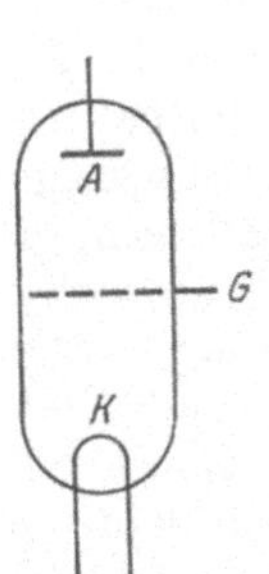
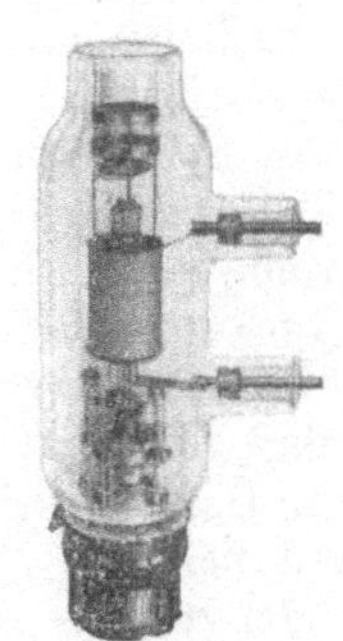
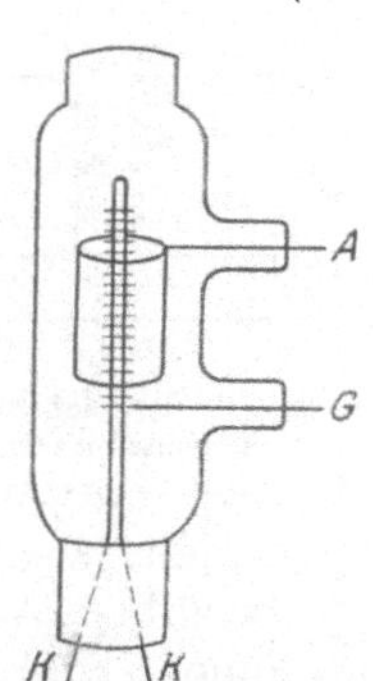

Abb. 37. Dreielektrodenröhre oder Triode.

Abb. 38. Ansicht einer Elektronenröhre (Siemens-Reiniger-Werke).

Abb. 39. Schematische Darstellung einer Elektronenröhre.

Abb. 37) anbringt, läßt sich eine Elektronenröhre auch zur Erzeugung ungedämpfter Schwingungen verwenden. Ein solches Gitter stört, solange es elektrisch nicht geladen ist, die Elektronenbewegung von der Kathode zur Anode in keiner Weise. Die Elektronen fliegen durch die Maschen des Gitters ungehindert hindurch. Ladet man das Gitter positiv auf, also in dem gleichen Sinne wie die Anode, so wird die Anziehung dieser durch das Gitter unterstützt, der Strom wird verstärkt; umgekehrt, wenn das Gitter negativ geladen ist. Die negative Ladung wirkt der positiven Ladung der Anode entgegen, vermindert also den Strom. Ist die Ladung des Gitters eine genügend starke, so kann sie den Strom auch vollkommen unterdrücken. Die Röhre ist für den Stromdurchgang gesperrt. Wechselt die Ladung des Gitters in rascher Folge zwischen einem bestimmten positiven und negativen Wert, so ist die Röhre für den Stromdurchtritt abwechselnd offen und geschlossen. Da die Elektronen eine verschwindend kleine Masse haben, so arbeitet dieser Mechanismus so gut wie trägheitslos. Er kann also auch den schnellsten Schwingungen folgen.

Abb. 38 zeigt die Ansicht einer solchen Röhre, wie sie für medizinische Zwecke verwendet wird. Abb. 39 erläutert in schematischer Darstellung den Bau einer solchen Röhre. Die Glühkathode wird durch einen in der Röhrenachse gespannten Faden aus schwer schmelzbarem Metall gebildet. Das Gitter umschließt in Form einer Spirale in zahlreichen Windungen den Heizfaden. Die Anode schließlich ist ein Metallzylinder, der konzentrisch Kathode und Gitter umfaßt.

Die Dreielektrodenröhre als Schwingungserreger. Eine Gitterröhre kann in besonderer Schaltung zur Erzeugung von ungedämpften Schwingungen dienen. In Abb. 40 sieht man, durch starke Zeichnung hervorgehoben, einen elektrischen Schwingungskreis, bestehend aus einem Kondensator C_1 und einer Selbstinduktionsspule L_1. In diesem Kreis entstehen Schwingungen in der bereits beschriebenen Weise, wenn sich der Kondensator über die Induktionsspule entladet. Diese Schwingungen würden aber sehr bald abklingen und erlöschen. In der Elektronenröhre haben wir nun ein Mittel, das Erlöschen der Schwingungen zu verhüten. Mit ihrer Hilfe können wir dem Schwingungskreis andauernd Energie nachliefern, um die verlorengegangene Energie zu ersetzen. Es wäre dies etwa dem Vorgang vergleichbar, daß man ein Pendel dauernd in Schwingung erhält, wenn man ihm z. B. mit der Hand immer wieder kleine

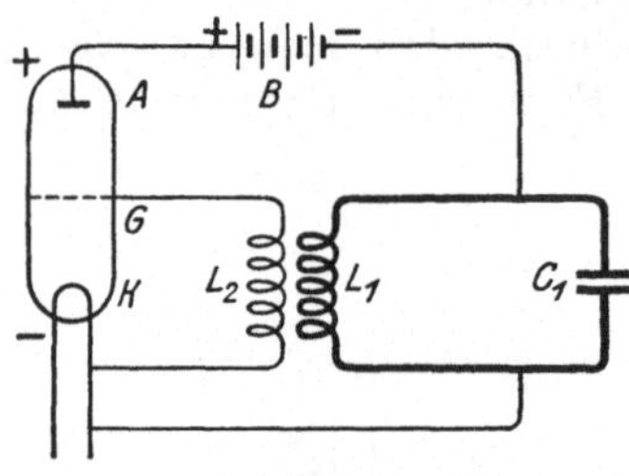

Abb. 40. Die Dreielektrodenröhre als Schwingungserreger.

Impulse gibt. Wesentlich ist dabei nur, daß die Impulse im richtigen Zeitmoment und im gleichen Rhythmus mit den Pendelschwingungen erfolgen. Dieser mit den Schwingungen synchrone Energieersatz wird nun bei den elektrischen Schwingungen durch die Elektronenröhre besorgt. Zu diesem Zweck wird die Röhre in der in Abb. 40 ersichtlichen Weise geschaltet. Die Energiequelle, das ist eine Hochspannungsbatterie B, ist mit ihrem negativen Pol direkt an die eine Kondensatorbelegung angeschlossen, der positive Pol führt über die Röhre. Eine Ladung oder Nachladung des Kondensators kann daher nur in jener Phase erfolgen, wo ein Strom zwischen Anode und Kathode fließt, anderenfalls ist der Röhrenkreis blockiert.

Das Öffnen und Schließen des Kreises wird nun durch den Schwingungskreis selbst besorgt, und zwar in folgender Weise. Die in dem Schwingungskreis $C_1 L_1$ erregten Schwingungen wirken auf einen zweiten Kreis, der mit dem ersten induktiv oder in anderer Weise gekoppelt ist und innerhalb der Röhre vom Gitter G zur Kathode K verläuft. Er heißt Gitterkreis. Dieser Gitterkreis kommt ins Mitschwingen und erzeugt am Gitter wechselnde Spannungen, durch die der Anodenstrom einmal geöffnet und einmal geschlossen wird. Auf diese Weise steuert der Schwingungskreis selbst in der Frequenz der eigenen Schwingungen die Ein- und Ausschaltung der Batterie, welche die Nachlieferung der Energie besorgt. Die Röhre wirkt somit wie ein selbsttätiger Schalter, der im richtigen Moment die Batterie mit dem Kondensator verbindet. Diese zuerst von A. Meissner angegebene Schaltung bezeichnet man als Rückkoppelung.

Der Bau eines Röhrenapparates.

Die Röhrenapparate besitzen so wie die Funkenapparate zwei Schwingungskreise, einen Generatorkreis und einen Patienten- oder Therapiekreis.

Der Generatorkreis. Will man Kurzwellenströme erzeugen, dann müssen die Kapazität und die Induktivität des Generatorkreises möglichst

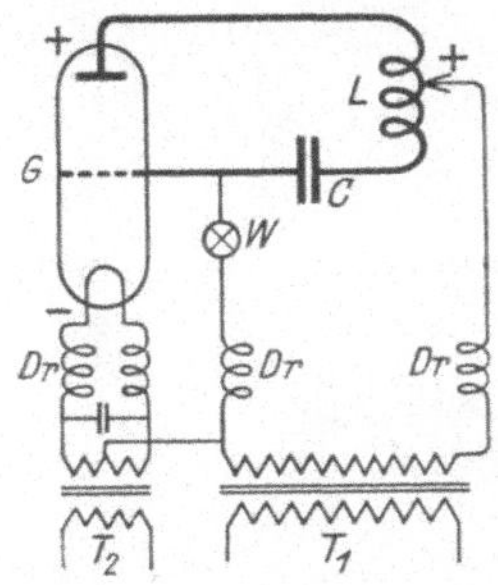

Abb. 41. Schaltbild eines Röhrenapparates.

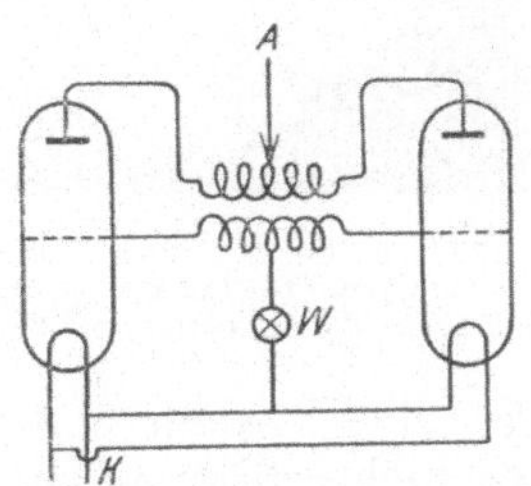

Abb. 42. Gegentaktschaltung zweier Röhren.

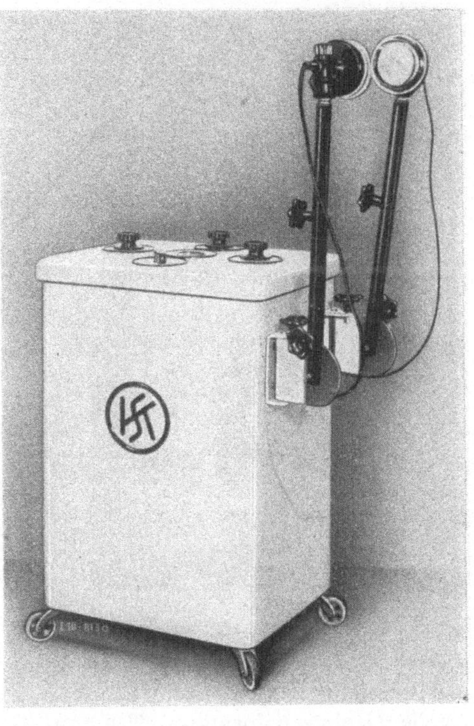

Abb. 43.
Röhrenapparat (Thermidion von Koch u. Sterzel).

klein gehalten werden. Bei Wellenlängen, wie wir sie therapeutisch benützen, genügt schon die sogenannte innere Kapazität der Röhre, die dadurch gegeben ist, daß zwischen Anode und Gitter eine Potentialdifferenz besteht und beide durch das Vakuum der Röhre getrennt sind. Die beiden Belegungen dieses „Röhrenkondensators", Anode und Gitter, werden durch eine Induktionsspule L von wenigen Windungen miteinander verbunden, wodurch der primäre Schwingungskreis gebildet wird (Abb. 41). Für sehr kurze Wellen genügt ein einfacher Metallbügel.

Zum Betrieb der Röhre benötigen wir einen hochgespannten Strom, über dessen Erzeugung wir noch später sprechen werden. Der eine Pol der Hochspannungsquelle T_1 ist über die Induktionsspule mit der Anode verbunden, der andere liegt an der Glühkathode. Damit die Hochspannung nicht auch in das Gitter einbricht, ist vor dieses ein **Blockkondensator** C gelegt, der wohl für den hochfrequenten, nicht aber für den niederfrequenten oder Gleichstrom durchlässig ist.

Die Kapazität dieses Kondensators ist im Verhältnis zur Röhrenkapazität sehr groß. Da bei der Hintereinanderschaltung von Kapazitäten nach physikalischen Gesetzen stets die kleinste Kapazität für die Frequenz der Schwingungen ausschlaggebend ist, so nimmt dieser Kondensator keinen Einfluß auf die Wellenlänge.

Abb. 44. Röhrenapparat (Ultratherm der Siemens-Reiniger-Werke).

Abb. 45. Kurzwellenapparat für 1 m Wellenlänge und 700 Watt Leistung (Siemens-Reiniger-Werke).

Der Heizfaden der Kathode wird durch eine besondere Stromquelle (Heiztransformator T_2) zum Glühen gebracht. Die Stärke der Heizung kann an einem Volt- oder Amperemeter kontrolliert werden. Zwischen Kathode und Gitter befindet sich noch ein sehr hoher Widerstand W, der die Aufgabe hat, die am Gitter hängenbleibenden Elektronen zur Kathode zurückzuleiten, um dadurch eine bleibende zu hohe negative Ladung des Gitters zu verhüten. Er heißt darum **Gitterableitungswiderstand**.

In die beiden Enden des Heizfadens sowie an die Zuleitung zur Anode sind **Drosselspulen** Dr eingebaut (s. S. 12). Sie sollen verhindern, daß Hochfrequenzenergie aus dem Schwingungskreis abfließt und so verlorengeht. An Stelle von Drosselspulen kann man auch **Sperrkreise** verwenden, bestehend aus einem Kondensator und einer Spule in Parallelschaltung. Drosselspulen und Sperrkreise müssen auf die Wellenlänge des Schwingungskreises genauestens abgestimmt werden, nur dann halten sie dicht.

Zum Betrieb einer Elektronenröhre sollte eigentlich hochgespannter Gleichstrom verwendet werden, da die Röhre ja eine bestimmte Polarität besitzt. Da es aber viel leichter ist, einen Wechselstrom als einen Gleichstrom auf eine hohe Spannung zu bringen, werden die medizinischen Kurzwellenapparate fast durchwegs zum Anschluß an ein Wechselstromnetz gebaut. Mit Hilfe eines Transformators wird der Strom der Zentrale auf eine Spannung von 3000—5000 Volt gebracht. Infolge der Ventilwirkung der Röhre (s. S. 23) wird beim Wechselstrombetrieb jedoch nur die eine Halbwelle verwendet. Der Hochfrequenzstrom weist daher entsprechend den ausgefallenen Halbwellen Pausen auf. Wollte man einen pausenlosen Strom, dann müßte man einen hochgespannten Wechselstrom, bevor man ihn in die Röhre führt, gleichrichten, d. h. in einen pulsierenden Gleichstrom verwandeln. Das kann mit Hilfe von Gleichrichterröhren geschehen. Das gleiche Ziel kann man erreichen, wenn man statt einer zwei Elektronenröhren im Generatorkreis verwendet, die so geschaltet sind, daß die erste Röhre die eine, die zweite Röhre die andere Halbwelle aufnimmt und verwertet. Man nennt dies Gegentaktschaltung (Abb. 42).

Der Behandlungskreis. Dieser ist mit dem Generatorkreis induktiv gekoppelt. Er besteht im wesentlichen aus dem Behandlungskondensator, das sind die Elektroden und der dazwischengeschaltete Körperteil, und den Zuleitungen (Kabel).

Die Abb. 43—45 zeigen Ansichten von Röhrenapparaten.

Die Charakteristik eines Kurzwellenapparates.

Hochspannungs- und Strahlenschutz. Die erste Forderung ist, daß der Apparat hochspannungssicher ist, d. h. daß alle Hochspannung führenden Teile gegen eine zufällige Berührung gesichert sind. Das gilt in gleicher Weise für den Generator- wie den Behandlungskreis. Da der Generatorkreis, der eine niederfrequente Hochspannung von 3000 bis 5000 Volt führt, in das Innere des Apparates verlegt ist, so kommt eine Berührung nur dann in Frage, wenn der Apparat geöffnet wird. Es soll daher das Öffnen des Apparates nur mittels Werkzeuges möglich sein oder eine Einrichtung bestehen, die bei der Öffnung den Strom selbsttätig ausschaltet.

Auch der Behandlungskreis führt einen hochgespannten Strom. Da dieser gleichzeitig hochfrequent ist, ist er zwar nicht lebensgefährlich, immerhin aber erzeugt die Berührung seiner Leitungen, falls sie blank sind, einen Funkenübergang und damit eine Verbrennung. Es müssen daher alle stromführenden Teile, das sind Elektroden, Kabel und ihre Anschlüsse, allseits isoliert sein. Nirgends dürfen metallisch blanke Teile der Berührung zugänglich sein.

Da die elektromagnetische Strahlung der Kurzwellenapparate bei dazu disponierten Personen bisweilen nervöse Erscheinungen auslöst (s. S. 74), so müssen der Arzt und das Bedienungspersonal gegen diese Strahlung gesichert werden. Das geschieht am besten dadurch, daß der Apparat in ein nach allen Seiten geschlossenes Metallgehäuse eingebaut wird, das geerdet wird. Allerdings kann dieses Gehäuse nicht alle Hochspannung führenden Teile umschließen, da ja die Elektroden und Kabel außerhalb der Metallumhüllung liegen müssen. Ihre Strahlung kann als unschädlich angesehen werden. Wenigstens sind Schädigungen des Bedienungspersonals, selbst wenn es stundenlang dieser Strahlung ausgesetzt war, bisher nicht bekanntgeworden.

Die Leistung der Apparate. Hier unterscheiden wir die Eingangsleistung von der Ausgangsleistung. Unter Eingangsleistung verstehen wir die vom Apparat aufgenommene Energie, gemessen in Watt, unter Ausgangsleistung die vom Apparat im Therapiekreis abgegebene Hochfrequenzenergie, also jene Leistung, die zur therapeutischen Verfügung steht. Wir nennen sie auch Nutzleistung. Das Verhältnis zwischen Eingangs- und Ausgangsleistung bezeichnen wir als den Wirkungsgrad des Apparates. Er ist natürlich um so besser, je mehr von der aufgenommenen Energie in Nutzleistung umgesetzt wird.

Ein großer Teil der primären Energie wird in der Röhre selbst in Wärme umgewandelt, teils dadurch, daß die Kathode zum Glühen gebracht wird, teils dadurch, daß die auf die Anode auftreffenden Elektronen plötzlich gebremst werden, wodurch sich ihre kinetische Energie in Wärme umformt. Das Anodenblech kommt auf diese Weise gleichfalls zum Glühen. Den so entstandenen Energieverlust bezeichnen wir als Anodenverlust.

Der primäre Wattverbrauch der Kurzwellenapparate hängt natürlich von der Größe und dem Bau der Apparate, insbesondere von der Zahl der Funkenstrecken, der Zahl und Größe der Röhren ab. Ganz große Apparate nehmen bis zu 3000 Watt auf, kleinere 800—1500 Watt. Der Wattverbrauch der Röhrenapparate ist jedoch kein konstanter, er hängt vielmehr von der im Therapiekreis verbrauchten Hochfrequenzleistung ab.

Was die Hochfrequenzleistung betrifft, so bestehen für deren Messung noch keine bestimmten Normen. Es sind daher die von den einzelnen Firmen angegebenen Leistungen, die sogenannten Nennleistungen, nicht ohne weiteres miteinander vergleichbar. Im allgemeinen werden von den für örtliche Behandlungen bestimmten Apparaten durchschnittlich 300 Watt, für Allgemeinbehandlungen 600—800 Watt verlangt.

Die Messung der Hochfrequenzleistung. Diese kann in verschiedener Weise erfolgen.

1. Kalorimetrisch. Mit Hilfe eines Wasserkalorimeters wird eine bestimmte Wassermenge eine bestimmte Zeit lang erwärmt. Aus dem erreichten Temperaturanstieg läßt sich leicht die Kalorienmenge entnehmen, die dann in Watt umgerechnet wird. 0,24 große Kalorien entsprechen 1000 Watt.

2. Photometrisch mit Hilfe eines Photowattmeters. Dieses besteht aus einem Lampenphantom, gebildet aus einer Kohlenfadenlampe bestimmter Stärke, die mit zwei Metallplatten verbunden ist, und einer lichtelektrischen Zelle, die sich in einem bestimmten Abstand von dem Glühfaden der Lampe befindet. Die Stärke des auf die Photozelle fallenden Lichtes kann am Instrument in Lux abgelesen werden. Aus einer der Meßanordnung beigegebenen Eichkurve findet man die absolute Angabe der Leistung in Watt. Die Messungen werden natürlich im verdunkelten Raum ausgeführt.

Der Wirkungsgrad der Apparate, das ist das Verhältnis zwischen aufgenommener und im Therapiekreis abgegebener Leistung, hängt ab:

1. Von der Wellenlänge. Der Wirkungsgrad der Apparate nimmt mit der Wellenlänge des erzeugten Stromes ab. Er ist für längere Wellen

größer, für kürzere Wellen kleiner. Bei einer Wellenlänge von 6 m erhält man durchschnittlich eine Nutzleistung von 25%, bei einer von 3 m dagegen nur mehr 16%. Apparate mit größerer Wellenlänge arbeiten daher ökonomischer.

2. Von der primären Wattaufnahme. Der Wirkungsgrad steigt ferner mit der Heizspannung der Röhre an. Er wird also mit zunehmender Energieentnahme besser.

3. Von der Behandlungstechnik. Der Wirkungsgrad ist um so größer, je größer die verwendeten Elektroden und je geringer deren Abstand vom Körper ist. Er nimmt mit zunehmendem Elektrodenabstand rasch ab. Bei gleichem Elektrodenabstand ist er von der Dielektrizitätskonstante des Zwischenmediums abhängig. Er ist für Luft kleiner als für irgendeinen festen Stoff.

4. Von dem Ohmschen Widerstand des Behandlungsobjektes. Es ist bekannt, daß auch die Leistung der Diathermieapparate, ausgedrückt in Watt, bei verschiedenen Körperwiderständen verschieden groß ist. Man kann diese Abhängigkeit der Leistung von dem Widerstand in einer Kurve, einer sogenannten Kennlinie, wiedergeben.

Abb. 46 zeigt die Kennlinie zweier Kurzwellenapparate gleicher Wellenlänge, deren Leistung durch die Erwärmung verschieden konzentrierter Kochsalzlösungen gemessen wurde. Man erkennt, daß die Leistung der Apparate bei sehr hohen Widerständen fast gleich ist. Bei kleineren Widerständen gehen die beiden Kurven aber stark auseinander. Der Apparat I gibt eine wesentlich größere Leistung als der Apparat II. Es wird Aufgabe der Technik sein, die Leistung der Apparate bei den in der Therapie am häufigsten vorkommenden Widerständen möglichst hoch zu halten.

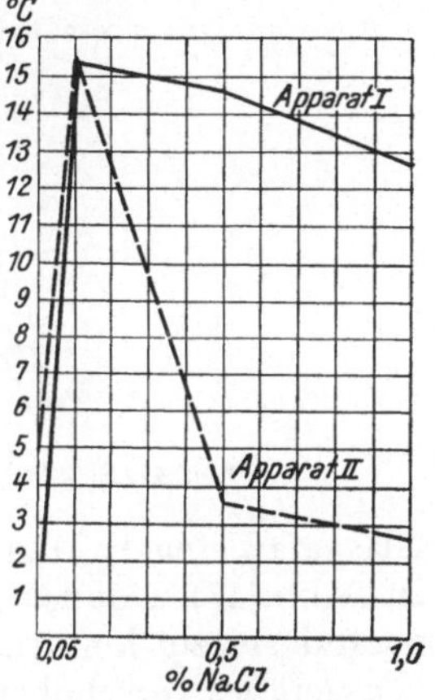

Abb. 46. Leistungskurven zweier Kurzwellenapparate.

Die Wellenlänge. Die derzeit in der Heilkunde verwendeten Wellen haben eine Länge von 1—25 m. Die Apparate werden heute auf eine bestimmte Wellenlänge fest eingestellt, wobei sich in Deutschland die Wellenlänge von 6 m einer besonderen Beliebtheit erfreut. Apparate mit nach Wahl verstellbarer Wellenlänge, wie sie früher gebaut wurden, haben sich als überflüssig erwiesen, da für die Annahme einer spezifisch therapeutischen Wirkung bestimmter Wellenlängen bisher kein Beweis erbracht werden konnte.

Es ist bekannt, daß Röhrenapparate auf eine ganz bestimmte Wellenlänge abgestimmt werden können. Das ist bei den Funkenapparaten nicht der Fall. Sie liefern stets ein Band verschieden langer Wellen, wenn aus diesen auch eine bestimmte Wellenlänge in besonderer Weise hervortritt. Die Röhrenapparate sind monofrequent, die Funkenapparate polyfrequent.

Die Elektroden.

Man unterscheidet zwei Arten von Elektroden, die starren und die biegsamen.

1. **Die starren Elektroden.** Die von Schliephake angegebene Form besteht aus runden Metallplatten, die zum Zweck der Isolierung in ein

Abb. 47. Elektroden nach Schliephake (Siemens-Reiniger-Werke).

Glasgefäß eingebaut sind, das durch einen Hartgummideckel verschließbar ist (Abb. 47). Um den Abstand der Elektroden vom Körper nach Wunsch verändern zu können, kann die Metallplatte parallel zum Boden des Glasgefäßes verschoben und in jedem Abstand von diesem fixiert werden.

Abb. 48. Elektroden nach Kowarschik (L. Schulmeister, Wien).

Eine andere Art starrer Elektroden wurde von Kowarschik angegeben (Abb. 48). Sie sind allseits durch Plexiglas isoliert. In der Mitte besitzen sie eine kleine Durchbohrung, durch welche ein Distanzstab vorgeschoben werden kann. Dieser trägt eine Zentimeterteilung, die es gestattet, den gewünschten Körperabstand genau einzustellen.[1]

---

[1] Erzeugt von L. Schulmeister, Wien IX.

2. **Die biegsamen Elektroden.** Sie bestehen aus einem biegsamen Metallblech oder Metallnetz, das zwischen zwei Weichgummiplatten einvulkanisiert ist (Abb. 49). Um ihren Abstand vom Körper vergrößern zu können, benützt man siebartig durchlochte Filzplatten, die in ein- oder mehrfacher Lage zwischen Körper und Elektrode eingeschoben werden. Auch Schwamm- oder Moosgummiplatten kann man für diesen Zweck verwenden. Aus Reinlichkeitsgründen werden die Elektroden mit ihren Zwischenlagen in waschbare Leinenüberzüge eingeschlossen. Weichgummielektroden lassen sich auch in Form von Binden herstellen, wie sie zur Behandlung im Spulen- oder Ringfeld benötigt werden.

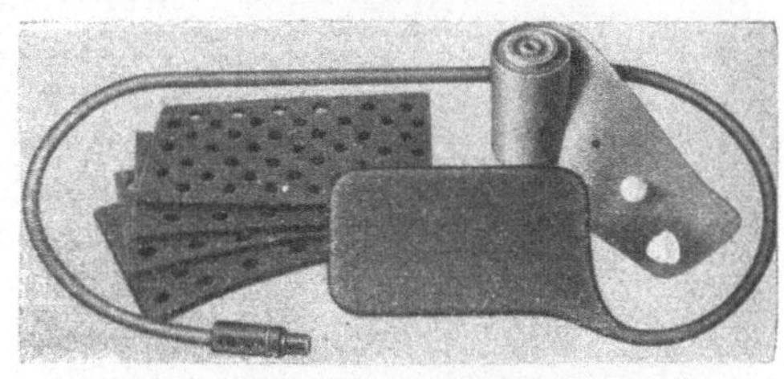

Abb. 49. Weichgummielektrode mit Filzunterlagen und Befestigungsbinde (Siemens-Reiniger-Werke).

Über die Vor- und Nachteile der starren und weichen Elektroden werden wir an späterer Stelle sprechen. Da für manche Zwecke die eine, für andere Zwecke die andere Form sich brauchbarer erweist, wird man in der Praxis wohl beide Arten von Elektroden benötigen.

III. Die Technik der Kurzwellenbehandlung.

Einleitung.

Es gibt drei verschiedene Möglichkeiten, die Kurzwellen therapeutisch anzuwenden:

1. **Die Behandlung im Kondensatorfeld.** Sie wird auch Behandlung im elektrischen Feld genannt. Diese Methode wurde über Vorschlag Esaus von Schliephake in die Therapie eingeführt, nachdem sie schon vorher von Schereschewsky (1926) für biologische Versuche verwendet worden war. Dabei befindet sich der behandelte Körperteil zwischen zwei Elektroden, die jedoch nicht wie bei

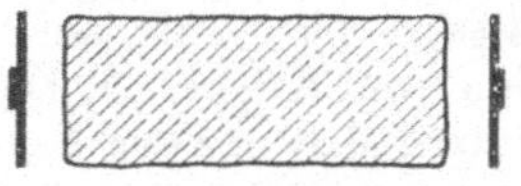

Abb. 50. Behandlung im Kondensatorfeld.

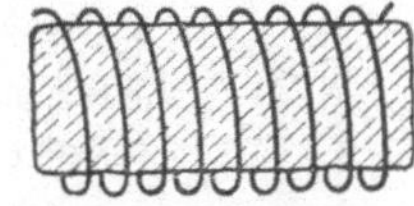

Abb. 51. Behandlung im Spulenfeld.

der Diathermie unmittelbar der Haut aufliegen, sondern von ihr durch eine nicht leitende Zwischenschicht von Luft, Weichgummi, Filz u. dgl. getrennt sind (Abb. 50).

2. **Die Behandlung im Spulenfeld.** Hierbei wird der Körper in das Innere einer von einem Kurzwellenstrom durchflossenen Spule (Solenoid) gebracht (Abb. 51). Diese Behandlungstechnik wurde von Arsonval schon vor mehr als 40 Jahren unter dem Namen Autokonduktion in die Hoch-

frequenztherapie eingeführt. Zur therapeutischen Anwendung von Kurzwellen hielt man sie ursprünglich aus theoretischen Überlegungen (S. 12) für ungeeignet. Kowarschik konnte jedoch zeigen, daß dieses Verfahren auch für die Kurzwellentherapie durchaus brauchbar ist. Unabhängig davon haben fast gleichzeitig die Amerikaner Merriman, Holmquest und Osborne die Kurzwellenbehandlung im Spulenfeld in Vorschlag gebracht.

3. **Die Behandlung im Strahlenfeld.** Man kann dieses Verfahren auch Behandlung im elektromagnetischen Feld nennen. Hier kommen wirkliche „Kurzwellen“ zur Anwendung, also jene elektromagnetischen Wellen, die von der Antenne eines Kurzwellensenders ausgestrahlt, zur Übermittlung von Nachrichten, Musik, Bildern usw. dienen. Diese Technik wird heute noch nicht therapeutisch verwertet, sie ist vorderhand noch eine Methode der Zukunft, da sie nur für Wellenlängen in der Größenordnung von Zentimetern in Frage kommt. Nichtsdestoweniger wurde ihre Brauchbarkeit bereits versuchsweise festgestellt. Abb. 52 zeigt eine solche von H. E. Hollmann angegebene Einrichtung zur örtlichen Bestrahlung. Sie besteht aus einem elliptisch geformten Reflektor, der an seiner Innenseite den strahlenden Dipol trägt.

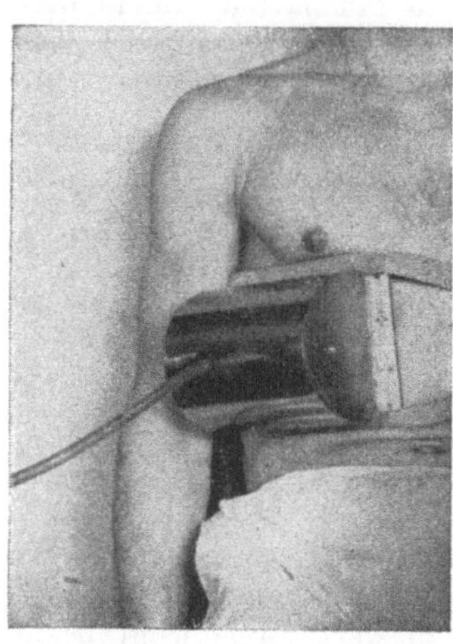

Abb. 52. Behandlung im Strahlenfeld nach H. E. Hollmann.

Die Behandlung im Kondensatorfeld.

Allgemeines.

Wollen wir die Kurzwellentherapie richtig anwenden, dann müssen wir vor allem die Bedingungen kennen, von denen die Erwärmung des Behandlungsobjektes, abgesehen von der Feldstärke, abhängt. Es sind dies: 1. Die Größe der Elektroden. 2. Der Abstand der Elektroden vom Körper. 3. Die Einstellung des Behandlungsobjektes zur Richtung des Feldes.

Bevor wir jedoch auf jede einzelne dieser drei Bedingungen näher eingehen, noch einige Worte über

Feldstärke und Erwärmung. Die Feldlinien geben uns ein Bild von der Verteilung der elektrischen Energie im Feld. Je dichter sie verlaufen, um so größer ist die Stärke des Feldes. Verlaufen sie alle parallel, so ist die Feldstärke überall die gleiche. Ein solches Feld bezeichnen wir als homogen (Abb. 53). Es ist nur dort vorhanden, wo der Plattenabstand klein ist gegenüber der Plattengröße. Das trifft aber in der Kurzwellentherapie nie zu. Hier ist der Abstand der Elektroden im Ver-

Abb. 53. Homogenes elektrisches Feld.

gleich zu ihrer Oberfläche verhältnismäßig groß. In solchen Feldern kommt es immer zu einer Divergenz oder Streuung der Feldlinien, so daß ihre Dichte in der Mitte des Feldes geringer ist als an den Elektroden (Abb. 54). Auch bei einem in das Feld eingebrachten Körper ist die Felddichte an seiner Oberfläche größer als in seinem Innern. Die Erwärmung kann infolgedessen keine gleichmäßige sein. Sie ist an der Oberfläche des Körpers größer als in seiner Mitte.

Es ist wichtig zu wissen, daß die Erwärmung eines Körpers im Feld mit der Dichte der Feldlinien nicht in einem einfachen, sondern in einem quadratischen Verhältnis steigt. Wir haben also hier die gleichen Verhältnisse wie bei der Diathermie, bei welcher die Erwärmung auch im quadratischen Verhältnis mit der Strom-

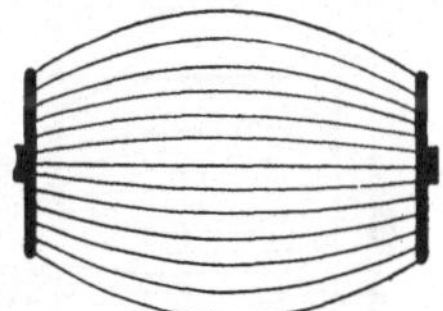

Abb. 54. Inhomogenes elektrisches Feld.

liniendichte, d. h. mit der Stromstärke zunimmt (Joulesches Gesetz). Ist die Dichte der Kraftlinien in der Mitte des Behandlungsobjektes nur halb so groß wie an der Oberfläche, so beträgt die Erwärmung in der Tiefe nur den vierten Teil der Erwärmung an der Oberfläche. Das Verhältnis, **relative Tiefenwirkung** genannt, wäre also in diesem Fall $1/4$ oder 25%.

Die Streuung im Diathermie- und Kurzwellenfeld. Es muß hier auf einen Irrtum aufmerksam gemacht werden, der vielfach verbreitet ist. Es besteht nämlich der Glaube, daß die Feldlinien bei der Diathermie eine größere Streuung aufweisen als die der Kurzwellen. Man sieht bisweilen phantasievolle Darstellungen, auf denen die Kraftlinien des Kurzwellenfeldes eine ideal parallele Anordnung zeigen, während die des Diathermiefeldes in weitem Bogen ausholen. Das ist unrichtig. Die Streuung des Kurzwellenfeldes ist ganz genau die gleiche, wie sich leicht an der Erwärmung eines homogenen Körpers, etwa eines feuchten Tonmodells, zeigen läßt. Der Unterschied liegt vielmehr darin, daß in einem zusammengesetzten Leiter, wie es z. B. der menschliche Körper ist — und nur in einem solchen läßt sich überhaupt ein Unterschied feststellen —, die Kraftlinien des Kurzwellenfeldes durch nicht- oder schlechtleitende Schichten, wie etwa Knochen, von ihrer Richtung nicht so stark abgelenkt werden wie die Kraftlinien der Diathermie. Während diese um den Knochen herumlaufen, durchsetzt das Kurzwellenfeld diesen wenigstens zum Teil direkt. Ein anderer Teil weicht allerdings auch hier dem Knochen aus, wie sich durch thermoelektrische Messungen an der Leiche unschwer feststellen läßt. Bei der queren Durchwärmung eines Oberschenkels zeigt sich nämlich, daß auch bei der Kurzwellenbehandlung zu beiden Seiten des Oberschenkelknochens eine größere Erwärmung auftritt als unmittelbar vor oder hinter dem Knochen (Kowarschik).

Die Größe der Elektroden.

Der Einfluß auf die erwärmte Körpermasse. Von der Größe der beiden einander gegenüberstehenden Elektroden hängt in erster Linie die Größe bzw. die Masse des Körperteiles ab, die von dem Feld erfaßt wird. Wir werden also um so größere Elektroden wählen, je größer der Körperabschnitt ist, den wir behandeln wollen. Sehr häufig wird der Fehler gemacht, daß man zu kleine Elektroden nimmt. Es ist ein Irrtum, wenn man glaubt, das Feld müsse möglichst auf dem Krankheitsherd (Furunkel, Gallenblase, Prostata usw.) beschränkt bleiben und dürfe nicht in das Gesunde übergreifen.

Der Einfluß auf die Tiefenwirkung. Wie wir einleitend festgestellt haben, ist das Feld um so homogener, je kleiner der Plattenabstand im Verhältnis zur Plattengröße ist. Infolgedessen wird bei einem gegebenen Abstand das Feld und damit die Durchwärmung um so gleichmäßiger sein, je größer die einander gegenüberstehenden Elektro-

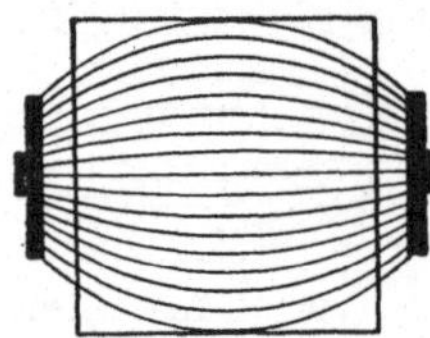

Abb. 55. Die Oberfläche der Elektroden ist kleiner als der Querschnitt des Behandlungsobjektes. Tiefenwirkung kleiner als 100%.

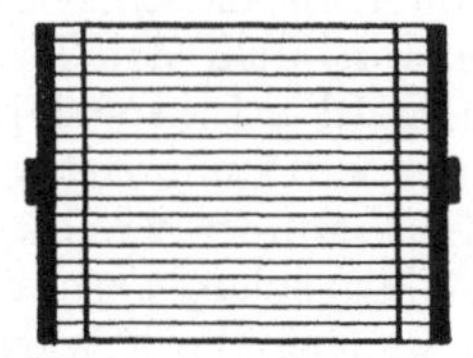

Abb. 56. Die Oberfläche der Elektroden ist gleich dem Querschnitt des Behandlungsobjektes. Tiefenwirkung gleich 100%.

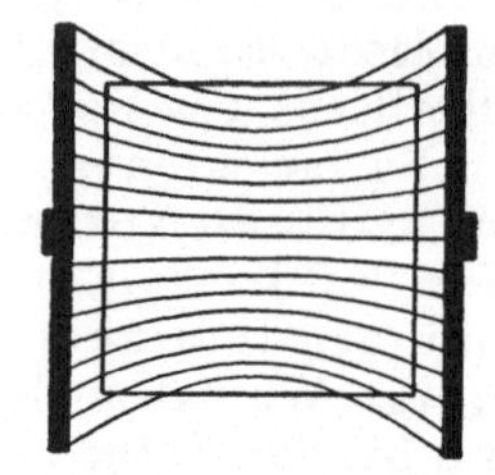

Abb. 57. Die Oberfläche der Elektroden ist größer als der Querschnitt des Behandlungsobjektes. Tiefenwirkung größer als 100%.

den sind. Es gilt also für die Kurzwellenbehandlung ganz das gleiche, was Kowarschik vor fast 30 Jahren für die Diathermie festgelegt hat.[1] Diese Beziehung zwischen Elektrodengröße und Tiefenerwärmung ist so wichtig, daß sie durch einen Versuch illustriert werden soll.

Wir durchwärmen im Kurzwellenfeld ein feuchtes Tonmodell prismatischer Form (Basis 10 × 10 cm, Höhe 20 cm) quer zu seiner Längsachse mit abstehenden runden Elektroden verschiedener Größe (Abb. 55—57). Das Ergebnis der thermoelektrischen Messungen zeigt die Tabelle 1.

Man sieht, daß mit wachsendem Elektrodendurchmesser die relative Tiefenwirkung steigt und bei einem Durchmesser von 10 cm (das ist auch der Durchmesser des Modells) bereits 100% erreicht. Die Feldliniendichte ist also an der Oberfläche und in der Mitte des Modells die gleiche (Abb. 56). Bei einem

Tabelle 1. Einfluß der Elektrodengröße auf die relative Tiefenwirkung bei einem Elektrodenabstand von 2 cm.

Elektrodendurchmesser cm	Relative Tiefenwirkung %	Elektrodendurchmesser cm	Relative Tiefenwirkung %
6	58,7	10	100,0
8	71,2	15	114,0

Elektrodendurchmesser von 15 cm steigt die relative Tiefenwirkung bis auf 114% an, das will sagen, die Erwärmung in der Tiefe des Modells ist größer als an seiner Oberfläche (Abb. 57).

Überschreitet der Durchmesser der Elektroden den Querschnitt des Behandlungsobjektes, so kommt es nicht mehr zu einer Streuung, sondern zu einer Konvergenz der Feldlinien. Dadurch wird ihre Dichte in der Körpermitte größer als an der Oberfläche und im gleichen Sinn auch die Erwärmung. Die Konvergenz der Feldlinien wird durch folgende Überlegung verständlich. Die Gewebe des menschlichen Körpers haben eine Dielektrizitätskonstante von etwa 80, sie sind also für das elektrische Feld 80mal durchlässiger als Luft. Es ist begreiflich, daß das Feld diesen beque-

---

[1] Die Diathermie, 1. Aufl. 1913.

men Weg bevorzugt und ihn gleichsam als Brücke von einer Elektrode zur anderen benützt. Wir können also unter gegebenen Bedingungen die Tiefenwirkung verbessern, wenn wir größere Elektroden nehmen. Das ist praktisch von hoher Bedeutung und sollte uns gleichfalls dazu veranlassen, eher größere als kleinere Elektroden zu verwenden.

Ist der Durchmesser der Elektroden größer als der Durchmesser des behandelten Körperteiles und somit die Erwärmung in der Tiefe größer als an der Haut, so ist die Möglichkeit einer Tiefenschädigung nicht ausgeschlossen. Glücklicherweise wird die Gefahr einer solchen Schädigung fast immer durch das Auftreten eines Schmerzgefühles angekündigt. Jeder, der selbst einmal seine Hand oder sein Handgelenk längere Zeit in ein starkes, konzentrisch verlaufendes Kondensatorfeld gehalten hat, wird dieses Schmerzgefühl wahrgenommen haben, das nichts mit Hitzeempfindung zu tun hat, sondern eher mit dem Gefühl eines starken Druckes oder einer Quetschung vergleichbar ist (Abb. 58). Es bleibt auch nach dem Aussetzen des Versuches noch eine Zeit

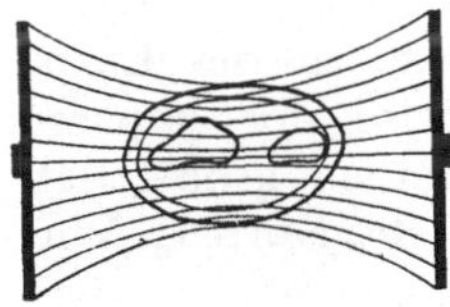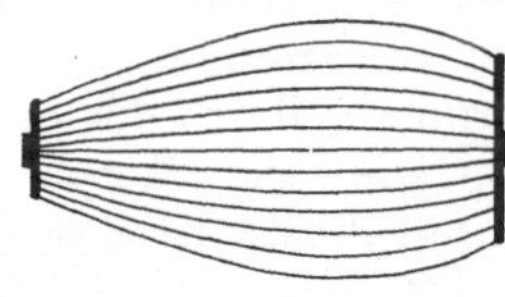

<table>
<tr><td>Abb. 58. Verdichtung des Feldes im Querschnitt eines Handgelenkes.</td><td>Abb. 59. Feldlinienverlauf bei verschieden großen Elektroden.</td><td>Abb. 60. Feldlinienverlauf bei der unipolaren Behandlung.</td></tr>
</table>

bestehen, um dann langsam abzuklingen. **Wird daher von einem Kranken während der Behandlung ein Schmerzgefühl angegeben, so ist das stets eine dringende Aufforderung, mit der Stromstärke herunterzugehen,** wenn man es nicht vorzieht, die Behandlung zu unterbrechen.

Behandlung mit zwei ungleich großen Elektroden. Verwendet man zwei ungleich große Elektroden bei gleichem Körperabstand, so ist genau so wie bei der Diathermie die Felddichte und damit die Erwärmung unter der kleineren Elektrode größer (Abb. 59). Man kann also auch hier die kleinere als aktive, die größere als inaktive Elektrode bezeichnen. Wenn die inaktive Elektrode auch nicht unmittelbar an der Erwärmung beteiligt ist, so hat sie doch einen richtenden Einfluß auf die von der aktiven Elektrode ausgehenden Feldlinien.

Die Behandlung mit einer Elektrode (unipolare Behandlung). Man kann auch die inaktive Elektrode ganz weglassen und nur mit einer einzigen Elektrode arbeiten. Da der Körper eine nicht unbeträchtliche Kapazität gegenüber der Umgebung besitzt, wird es bei der Verwendung einer Elektrode zu einer dauernden Ladung und Entladung des Körpers und dadurch zu einem Stromfluß kommen. Wir sprechen dann von einer unipolaren Behandlung. In diesem Fall wird die Felddichte und damit die Erwärmung an der Eintrittstelle des Stromes in den Körper, das ist unter der Elektrode, am stärksten sein. Da die Kraftlinien im Körperinneren alsbald nach allen Seiten auseinanderweichen, ist die relative Tiefenwirkung eine sehr geringe (Abb. 60).

Neigung der Elektrodenflächen zueinander. Haben wir zwei Elektroden, deren Flächen nicht parallel zueinander stehen, sondern miteinander einen Winkel bilden, so tritt neben der Streuung noch ein zweiter Faktor auf, der das Feld inhomogen gestaltet. Zwischen den einander näherliegenden Rändern werden infolge des geringeren Widerstandes die Kraftlinien gedrängter verlaufen als zwischen den weiter voneinander entfernten Rändern (Abb. 61).

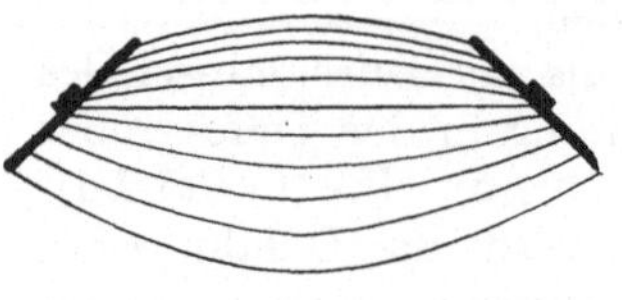

Abb. 61. Feldlinienverlauf bei geneigten Elektroden.

Wir haben also auch hier ähnliche Verhältnisse wie bei der Diathermie. Daraus ergibt sich für die Praxis die Folgerung, mit Rücksicht auf die gleichmäßigere Durchwärmung die Elektrodenflächen möglichst parallel zu stellen.

Der Abstand der Elektroden.

Der Einfluß auf die absolute Erwärmung. Je näher wir die Elektroden an den Körper heranbringen, desto kleiner wird der kapazitive Widerstand zwischen Elektrode und Körper, um so größer ist infolgedessen die Feldstärke und mit ihr die Erwärmung des Körpers. Wir können also durch Annäherung der Elektroden an den Körper die Heizwirkung verstärken.

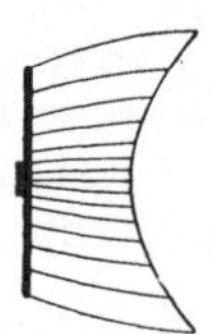

Abb. 62. Geradflächige Elektrode gegenüber einem gewölbten Körperteil.

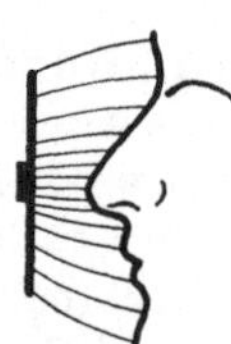

Abb. 63. Spitzenwirkung.

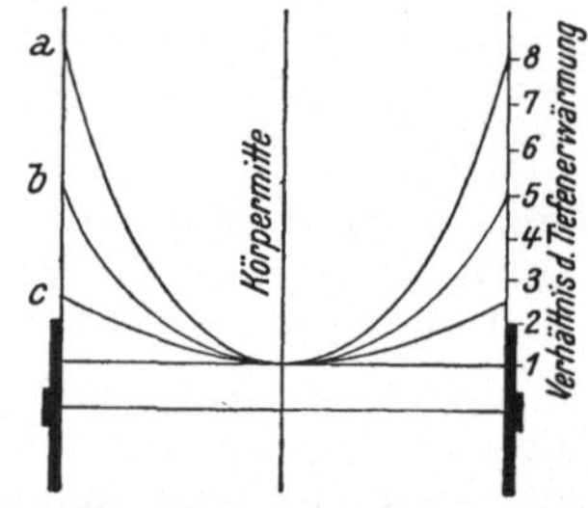

Abb. 64. Elektrodenabstand und Tiefenwirkung: a anliegende Elektroden; b 10 mm Luftabstand; c 20 mm Luftabstand (nach Pätzold und Betz).

Den Einfluß des Elektrodenabstandes auf die Erwärmung zeigt folgender Versuch. Eine Kochsalzlösung erwärmt sich in einem Kurzwellenfeld unter bestimmten Bedingungen bei einem Elektrodenabstand von 3 cm um 1° C, bei 2 cm um 3,4° C, bei 1 cm um 10° C.

Wir sehen, daß mit der Annäherung der Elektroden an den Körper die Erwärmung zunimmt, jedoch in einem viel höherem Maß als dies dem Verhältnis des Elektroden-Körperabstandes entsprechen würde.

Wünschen wir unter den Elektroden überall eine gleichmäßige Felddichte, dann muß der Abstand der Elektroden vom Körper an allen Punkten der gleiche sein, mit anderen Worten, Elektrodenoberfläche und Körperoberfläche müssen parallel verlaufen. Ist das nicht der Fall, so wird die Erwärmung unter der Elektrode ungleichmäßig sein. Nehmen wir z. B. an, daß eine geradflächige Elektrode einem gewölbten Körperteil gegenüberstehe, so ist der Abstand der Elektrode von der Haut in der Mitte kleiner als an den Rändern (Abb. 62). Die Felddichte und die Erwärmung wird daher in der Mitte eine größere sein. Noch ungleichmäßiger wird die Felddichte, wenn aus der Körperoberfläche stark hervortretende Teile, wie die Nase oder die Ohren, einer Elektrodenplatte gegenüberstehen (Abb. 63). Es kommt dann an diesen Stellen zu einer übermäßigen Verdichtung des Feldes und zu einer unerwünschten Erhitzung. Wir bezeichnen diese Erscheinung als Spitzenwirkung.

Solche Spitzenwirkungen machen sich häufig im Tierversuch bemerkbar, wodurch es an vorspringenden Körperteilen, wie der Schnauze, den Ohren, den Extremitäten oder dem Schwanz der Tiere zu Verbrennungen kommt. Auch Haare können eine solche Verdichtung der Kraftlinien an der Haarpapille erzeugen, was dann nicht selten einen Haarausfall zur Folge hat.

Da die Körperoberfläche fast überall Krümmungen aufweist, ist eine Parallelstellung mit starren Elektroden fast nie zu erzielen. Die so bedingte Inhomogenität der Erwärmung kann nur dadurch einigermaßen ausgeglichen werden, daß man einen möglichst großen Elektrodenabstand wählt, so daß der Entfernungsunterschied zwischen den näher und ferner liegenden Teilen verhältnismäßig kleiner wird. Das hat wohl den Vorteil einer größeren Tiefenwirkung, wie wir gleich sehen werden, aber gleichzeitig den Nachteil einer geringeren Erwärmung. Eine wesentlich bessere Anpassung an die Krümmungen der Körperoberfläche und damit eine gleichmäßigere Verteilung des Feldes als mit starren Elektroden läßt sich mit biegsamen erreichen.

Der Einfluß auf die relative Erwärmung (Tiefenwirkung). Schliephake hat gefunden, daß die Tiefenwirkung sich mit zunehmendem Elektrodenabstand bessert, d. h. daß die Durchwärmung einer Körpermasse um so gleichmäßiger wird, je größer der Abstand der Elektroden von der Körperoberfläche ist.

Abb. 64 zeigt in schematischer Darstellung das Ergebnis eines Modellversuches von Pätzold und Betz. Man sieht deutlich, wie mit zunehmendem Elektrodenabstand der Unterschied in der Erwärmung zwischen Oberfläche und Tiefe geringer wird, indem die Erwärmungskurve immer flacher verläuft. Die Tiefenwirkung beträgt bei anliegenden Elektroden (Kurve *a*) nur ein Achtel, bei einem Abstand von 20 mm (Kurve *c*) aber schon mehr als ein Drittel der Oberflächenerwärmung. Eine völlig homogene Durchwärmung ist allerdings in keinem Fall zu erzielen gewesen.

Diese Verhältnisse sind für die therapeutische Praxis von großer Bedeutung. Will man eine möglichst gleichmäßige Durchwärmung des behandelten Körperteiles, also eine hohe Tiefendosis, erzielen, so wird man einen genügend großen Abstand zwischen Elektrode und Körper wahren müssen. Will man die Erwärmung mehr an die Oberfläche verlegen, wie das bei Erkrankungen der Haut wünschenswert ist, dann wird man näher an den Körper heranrücken.

Wie ist nun dieses eigenartige Verhältnis zwischen Tiefenwirkung und Elektrodenabstand zu erklären? Die Erklärung hierfür ist folgende.

Bei abstehenden Elektroden kommt es in der Regel zu einer Streuung der Feldlinien. Diese Streuung bedingt es, daß der Querschnitt des Feldes dort, wo es in den Körper eintritt, größer ist als dort, wo es aus der Elektrode austritt (Abb. 65). Dieser Unterschied ist um so bedeutender, je größer der Abstand der Elektroden vom Behandlungsobjekt ist. Für die Erwärmung des Körpers kommt aber nur jenes Feld in Betracht, das in den Körper eintritt, bzw. in ihm selbst vorhanden ist, aber nicht das Feld an der Elektrode. Der Querschnitt des Feldes, das in den Körper eintritt, entspricht somit der eigentlich wirksamen Elektrode. Diese Elektrode hat Kowarschik in Anlehnung an einen in der Elektrophysiologie seit langem gebräuchlichen Ausdruck als virtuelle Elektrode bezeichnet. Im Gegensatz dazu heißt die eigentliche Elektrode reelle Elektrode (Abb. 65).

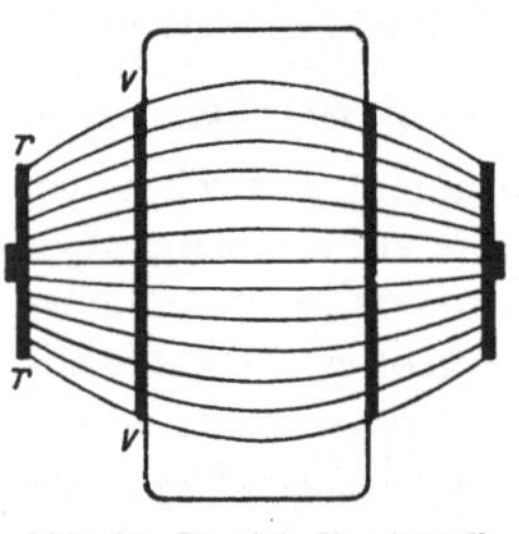

Abb. 65. Da sich die virtuelle Elektrode (*v*) mit dem Körperabstand der reellen Elektrode (*r*) vergrößert, wächst auch die Tiefenwirkung.

Benützen wir zur Behandlung Kontaktelektroden, dann sind virtuelle und reelle Elektrode gleich groß. Behandeln wir mit Abstandselektroden, dann ist die virtuelle Elektrode größer, und zwar um so größer, je größer ihr Abstand ist. Eine Vergrößerung des Elektrodenabstandes bedeutet also nichts anderes als eine Vergrößerung der virtuellen oder der wirksamen Elektrode. Da aber die relative Tiefenwirkung mit zunehmender Elektrodengröße, wie wir gezeigt haben, steigt, so ist es ohne weiteres klar, daß auch die Vergrößerung des Elektrodenabstandes die Tiefenwirkung verbessern muß.

Eine Vergrößerung des Elektrodenabstandes hat somit die gleiche Wirkung wie die Vergrößerung der Elektrode selbst. Daraus geht hervor, daß es für die Tiefenwirkung grundsätzlich gleich sein muß, ob man mit kleineren Elektroden und größerem Abstand oder mit größeren Elektroden und kleinerem Abstand arbeitet. Die Richtigkeit dieser Folgerung wurde von Kowarschik und Raab experimentell erwiesen.

Der Einfluß des Dielektrikums auf die Erwärmung. Neben dem Abstand der Elektroden vom Körper ist auch die Art des Zwischenmediums von Bedeutung für die Erwärmung. Bei starren Elektroden ist dieses Luft, bei weichen ist es Gummi, Filz oder ein anderer Stoff. Entsprechend der größeren Dielektrizitätskonstante dieser Körper gegenüber Luft sind sie auch für das elektrische Feld durchlässiger, mit anderen Worten ausgedrückt, ihr kapazitiver Widerstand ist kleiner. Die Feldstärke wird daher ansteigen und die Erwärmung des Körpers bei gleichem Elektrodenabstand größer sein als wenn das Dielektrikum Luft wäre. Diese stärkere Wärmewirkung ist bei Verwendung von Weichgummielektroden stets im Auge zu behalten.

Die Einstellung des Behandlungsobjektes zur Feldrichtung.

Quer- und Längsdurchwärmung. Von entscheidender Bedeutung für die Erwärmung ist die Einstellung des Behandlungsobjektes zum Verlauf der Feldlinien. Wir können hier zwei Grenzfälle unterscheiden: 1. Die Einstellung des behandelten Körpers mit seiner Längsachse quer zur Richtung des Feldes. 2. Die Einstellung mit der Längsachse in die Richtung des Feldes.

Bringen wir einen Unterschenkel so zwischen die Elektroden, daß das Feld senkrecht zu ihm verläuft, so kommt es zu einer beträchtlichen Streuung der Kraftlinien und damit zu einer verhältnismäßig schlechten Tiefendurchwärmung (Abb. 66). Wesentlich anders liegen die Verhältnisse, wenn wir den Unterschenkel der Länge nach durchwärmen (Abb. 67). Die von den Elektroden ausgehenden Kraftlinien werden gleichsam in die Extremität hineingezogen und in der gut leitenden Körpermasse weitergeführt. Dabei kommt es dort, wo der Querschnitt des Unterschenkels am kleinsten ist, knapp über dem Sprunggelenk, zur größten Verdichtung und damit zur stärksten Erwärmung in gleicher Weise wie bei der Diathermie. Ganz ebenso wie bei dieser sind es auch hier die Blutgefäße, die sich als gute Leiter am stärksten erwärmen. Die Energieausnützung ist bei der Längsdurchwärmung eine wesentlich bessere als bei der Querdurchwärmung.

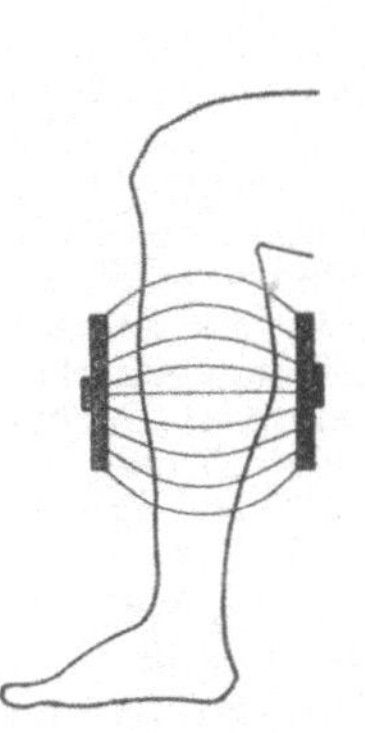

Abb. 66. Stromlinienverlauf bei der Querdurchwärmung des Unterschenkels.

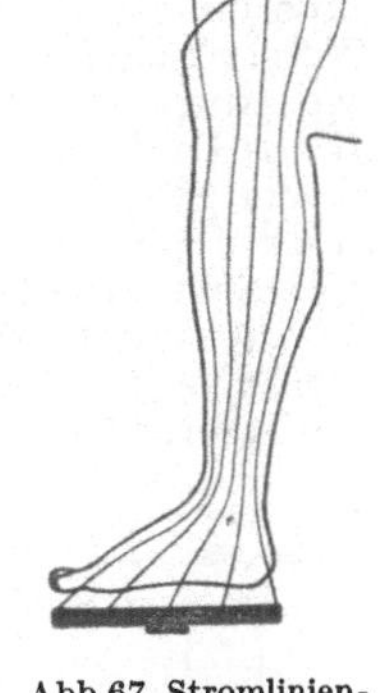

Abb. 67. Stromlinienverlauf bei der Längsdurchwärmung des Unterschenkels.

Ein zweckmäßiges Verfahren zur Längsdurchwärmung von Extremitäten, das gleichfalls aus der Technik der Diathermie her bekannt ist, stellt die Ringfeldmethode dar. Dabei werden zwei bandförmige Elektroden aus Weichgummi mit entsprechenden Unterlagen versehen, fesselförmig um die Extremität gelegt (Abb. 68). Ist die Oberfläche dieser Elektroden größer als der Querschnitt des zwischen ihnen liegenden Extremitätenabschnittes, so werden die Feldlinien sich in diesem zusammendrängen, ihre Dichte wird hier größer sein als in der Haut und dementsprechend auch die Erwärmung in der Tiefe größer als an der Oberfläche. Mathematisch ausgedrückt heißt dies: Die relative Tiefenwirkung ist größer als 100%.

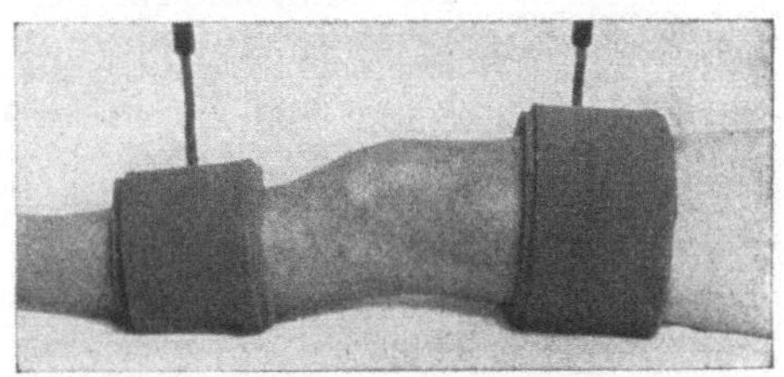

Abb. 68. Behandlung eines Kniegelenkes im Ringfeld.

Wir können also ganz allgemein sagen: Steht das Behandlungsobjekt mit seiner Längsachse quer zu den Feldlinien, dann werden diese eine Streuung aufweisen, sie werden divergieren. Steht das Behandlungsobjekt dagegen mit seiner Längsachse parallel zu den Feldlinien, dann werden diese in das Objekt hineingezogen. Sind die Elektroden überdies größer als der Querschnitt des Behandlungskörpers, dann kommt es zu einer Konvergenz, zu einer Verdichtung des Feldes im Körperinnern. Das eben Gesagte ist nichts anderes als ein Sonderfall unserer Erörterungen auf S. 34, betreffend die Elektrodengröße im Verhältnis zum Querschnitt des Behandlungsobjektes.

Durch die eben beschriebenen Verhältnisse finden auch die folgenden experimentellen Beobachtungen eine leichte Erklärung. Bringt man ein mit Wasser angefeuchtetes Filtrierpapier in der Feldrichtung zwischen die Kondensatorplatten, so verdampft das Wasser alsogleich. Wird das Blatt quer in das Feld gebracht, so erwärmt sich das Wasser nur ganz langsam. Das gleiche gilt für große wasserreiche Pflanzenblätter, z. B. Begonienblätter, die in der Längsrichtung des Feldes augenblicklich schrumpfen und verkochen, in der Querrichtung nur ganz langsam warm werden. Interessant ist die von Kowarschik gemachte Beobachtung, daß Versuchstiere, wie Kaninchen, Meerschweinchen oder Fische, denen man im Feld genügende Bewegungsfreiheit gibt, sich instinktiv quer zur Feldrichtung einstellen.

Abb. 69. Derselbe Elektrolyt erwärmt sich in Gefäßen von verschiedenem Durchmesser verschieden stark.

Der Querschnitt des Objektes ist für die Verdichtung des Feldes und damit für die Erwärmung von besonderer Bedeutung und soll deshalb hier noch eine eigene Betrachtung erfahren. Wie wir bereits oben bei der Längsdurchwärmung eines Unterschenkels erwähnt haben, ist die Erwärmung im engsten Querschnitt am stärksten, weil hier die Felddichte am größten ist. Da die Erwärmung im quadratischen Verhältnis mit der Felddichte steigt, so kommt eine Verengung der Strombahn in unverhältnismäßig starker Weise zur Auswirkung.

Kowarschik konnte dies durch folgenden Versuch zeigen. Bringt man in ein senkrecht gestelltes Kondensator- oder Spulenfeld zylindrische Glasgefäße (Abb. 69), welche alle bis zu einer bestimmten Höhe mit einer 0,2%igen Kochsalzlösung gefüllt sind, die also die gleiche Länge, aber verschieden große Durchmesser haben, so ist die in einer bestimmten Zeit erzielte Erwärmung der Flüssigkeit um so größer, je kleiner der Durchmesser des Gefäßes ist. Um ein Beispiel zu nennen, betrug in einem Zylinder mit einem Durchmesser von 30 mm die Erwärmung in einer Minute 0,4° C, während in einem Glasrohr von 7 mm Durchmesser die Flüssigkeit schon in 25 Sekunden zum Kochen kam.

Bringt man einen Metallstab von etwa 1 cm Durchmesser in der Richtung der Kraftlinien in ein Kurzwellenfeld, so wird er sich kaum merkbar erwärmen. Nimmt man jedoch einen dünnen Metalldraht, so kann sich in diesem das Feld so stark verdichten, daß er augenblicklich schmilzt, ja verbrennt. Es bildet sich dabei zwischen den Drahtenden und den Kondensatorplatten ein Lichtbogen aus. Der Quecksilberfaden eines Thermometers kommt unter Lichterscheinungen zum Verdampfen. Es sei jedoch nochmals betont, daß eine solche Überhitzung nur dann in Erscheinung tritt, wenn der metallische Leiter mit seiner

Längsachse in der Richtung des Feldes eingestellt ist, quer zu dieser eingestellt, wird er sich kaum erwärmen.

Die Verdichtung des Feldes in Metallgegenständen kann bei der Kurzwellenbehandlung unter Umständen eine Gefahr bedeuten. Als solche kommen in Betracht Sicherheitsnadeln an Drains, Manschetten- oder Kragenknöpfe, Metalldrähte, die zur Knochennaht dienten, Granat- und Geschoßsplitter, die im Gewebe eingeheilt sind. Wie weit sie von Gefahr sind, hängt wesentlich von ihrer Einstellung zum Feldverlauf, von ihrer Gestalt (Länge und Querschnitt), ihrer Hautnähe, der Feldstärke und anderen Dingen ab. Metallplomben in den Zähnen können als ungefährlich angesehen werden.

Die Regulierung und Messung der Feldstärke.

Die Regulierung der Feldstärke. Diese kann in verschiedener Weise erfolgen: Durch Veränderung der Heizspannung der Röhren, durch Veränderung der Anodenspannung, durch engere oder losere Koppelung des Behandlungskreises und schließlich durch Veränderung des Elektrodenabstandes vom Körper.

Bei den Röhrenapparaten wird die Feldstärke im Therapiekreis meist durch die Heizspannung der Röhre reguliert. Durch die stärkere oder geringere Erhitzung der Kathode kann die Elektronenemission, d. h. die Stärke des Anodenstromes und gleichsinnig damit die Stärke des Feldes geändert werden. Doch besteht für jede Röhre eine maximale Spannung, die nicht überschritten werden darf, ohne die Röhre zu gefährden. Die für die Röhre zulässige Spannung sollte an dem Spannungsmesser deutlich gekennzeichnet sein, was leider bei vielen Apparaten nicht der Fall ist.

Die Regulierung der Feldstärke durch Veränderung des Elektrodenabstandes kommt nur in zwei Fällen in Frage. Erstens, wenn die Maximalspannung der Röhre nicht ausreicht, die gewünschte Erwärmung zu erzielen. Man kann diese dann durch Verkleinerung des Elektrodenabstandes erhöhen. Zweitens, wenn die Feldstärke bei der Minimalspannung der Röhre, wie das bei einzelnen Apparaten der Fall ist, bereits zu groß ist. Um bei heiklen Behandlungen (Auge, Ohr, Gehirn) einer Übererwärmung vorzubeugen, hat man hier nur die Möglichkeit, den Elektrodenabstand zu vergrößern.

Die Messung der Feldstärke. Es braucht nicht besonders begründet zu werden, wie wichtig es für die therapeutische Anwendung der Kurzwellen wäre, die Stärke des Feldes objektiv messen zu können. Leider ist das mit einem gewöhnlichen Amperemeter, wie wir es in der Hochfrequenztherapie verwenden, nicht möglich, weil nur ein Teil des Stromes durch den Hitzdraht geht, ein anderer unbekannter Teil das Instrument kapazitiv durchsetzt. Überdies ist infolge der Ausbildung stehender Wellen mit Schwingungsbäuchen und Schwingungsknoten die Stromstärke an verschiedenen Punkten des Therapiekreises verschieden, so daß ein Amperemeter je nach der Stelle, an der es sich befindet, verschiedene Werte anzeigen würde.

Seit Jahren bemühen sich Physiker und Techniker um das Problem der Feldmessung. Es wurden die verschiedensten Vorschläge gemacht und eine Reihe von Instrumenten für diesen Zweck gebaut. Leider hat kein einziges von diesen Verfahren die Bedingungen erfüllt, die der Arzt an eine therapeutisch brauchbare Dosismessung stellen muß. Die Schwierigkeit der Dosismessung liegt vor allem darin, daß nicht die ganze im Behandlungsfeld aufscheinende Energie therapeutisch ausgenützt wird, sondern nur ein Teil derselben, während ein anderer Teil ungenützt durch Strahlung verlorengeht. Die Größe dieses Verlustes ist je nach den äußeren Bedingungen der Behandlung (Elektrodengröße, Elektrodenabstand usw.) von Fall zu Fall sehr verschieden. Das, was den Arzt ausschließlich interessiert, ist aber nicht die Gesamtleistung des Apparates, sondern einzig und allein die vom Körper des Kranken absorbierte Energie, die wir als Nutz- oder Therapieleistung bezeichnen.

Die einzige Methode, die ärztlich brauchar erschiene, wäre die von Mittelmann. Sie ist wohl nicht allzu kompliziert, doch leider so zeitraubend, daß sie vorderhand für die therapeutische Praxis nicht in Betracht kommt. Die Methode mißt zuerst die an den Elektroden herrschende Spannung, solange das Behandlungsfeld leer ist. Bringt man dann den zu behandelnden Körperteil zwischen die Elektroden, so absorbiert dieser einen Teil der freischwingenden Energie und setzt ihn in Wärme um. Dadurch tritt ein Spannungsabfall an den Elektroden ein, den wir als Dämpfung bezeichnen. Nach der Größe der so festgestellten Dämpfung wird ein Regelwiderstand eingestellt und durch eine Umschaltung das Voltmeter in ein Wattmeter umgewandelt. Dieses zeigt nun unmittelbar die dem Kranken verabfolgte Sekundendosis in Watt an.

Die Dosierung.

Wir haben zwei Möglichkeiten, die therapeutische Dosis zu bemessen: 1. Die Stärke der Durchwärmung. 2. Die Dauer der Durchwärmung oder die Behandlungszeit.

Die Stärke der Durchwärmung. Mangels eines objektiven Maßes für die verabfolgte elektrische Energie sind wir heute in der Therapie auf die subjektive Wärmeempfindung des Kranken und unsere eigene Erfahrung angewiesen. Eine normale Temperaturempfindung des Kranken ist daher für die Behandlung dringend notwendig. Kranke mit Tabes, Syringomyelie, Nervenverletzungen, Hysterie und anderen Leiden, bei denen eine Herabsetzung oder Aufhebung des Temperatursinnes vorzukommen pflegt, sind diesbezüglich genauestens zu untersuchen. Falls eine solche Störung besteht, ist die Behandlung, wenn man sie überhaupt macht, nur mit größter Vorsicht durchzuführen.

Es ist stets im Auge zu behalten, daß die Erwärmung der Haut bei der Kurzwellentherapie wesentlich geringer ist als bei jedem anderen Wärmeverfahren, wenn wir als Vergleichsbasis die dem Körper einverleibte Kalorienmenge nehmen (Erklärung S. 57). Da aber nur die Haut wärmeempfindende Nerven besitzt, so wird dementsprechend auch das Wärmegefühl geringer sein. Daher kommt es, daß Kranke bei manchen Behandlungen bereits zu schwitzen beginnen, ohne ein merkliches Wärmegefühl zu haben.

Die Stärke der Erwärmung wird von Fall zu Fall verschieden sein je nach der Art der Erkrankung und des erkrankten Organs und je nach der Reaktionsweise des Kranken. Die grundsätzliche Einstellung auf eine möglichst geringe Dosierung, wie sie die Athermiker predigten, oder eine möglichst starke Durchwärmung, wie sie von anderer Seite gefordert wurde, läßt ein tiefes Unverständnis für das Wesen und die Wirkungsweise der Thermotherapie erkennen.

Man wird im allgemeinen um so schwächer dosieren, je akuter die Erkrankung ist, denn um so stärker pflegt die Reizbarkeit des erkrankten Gewebes zu sein. Besondere Vorsicht scheint geboten bei akut infektiösen Prozessen der Haut, des Unterhautzellgewebes, der Sehnenscheiden usw. Sehr wärmeempfindlich erweisen sich ferner akute Neuralgien und Neuritiden, weiterhin alle Erkrankungen der Blutgefäße, die zu einer Verminderung der Blutversorgung geführt haben, wie z. B. die Endangiitis obliterans. Daß man bei allen Behandlungen des Auges, Ohres oder des Gehirns besondere Vorsicht walten lassen wird, erscheint wohl selbstverständlich.

Dagegen wird man umgekehrt bei alten, kaum mehr reagierenden Erkrankungen der männlichen und weiblichen Geschlechtsorgane, bei chronisch rheumatischen Erkrankungen der Gelenke, Muskeln und Nerven, bei Arthrosen u. dgl. stark, ja oft sehr stark heizen müssen, wenn man einen Erfolg haben will. Um in jedem Fall das Richtige zu treffen, bedarf es einer großen praktischen Erfahrung.

Die Behandlungszeit. Der zweite Faktor, der die Größe der therapeutischen Dosis bestimmt, ist die Behandlungszeit, denn mit dieser wächst die dem Kranken zugeführte Kalorienmenge. Bei örtlichen Behandlungen beschränkt man sich meist auf 10—20 Minuten. Wir dürfen uns aber nicht darüber täuschen, daß es vielfach nur äußere Verhältnisse sind, welche uns diese Beschränkung auferlegen. In vielen Fällen würde es sicherlich zweckmäßig sein, die Dauer der Behandlung wesentlich zu verlängern.

Die Ausführung der Behandlung.

Die Entkleidung und Lagerung des Kranken. Obwohl das elektrische Feld auch durch die Kleider hindurch auf den Körper einwirkt, ist es doch in den meisten Fällen empfehlenswert, daß sich der Kranke, wenn auch nicht ganz, so doch teilweise entkleidet. Man kann dadurch leichter die Erwärmung der Haut, eine möglicherweise auftretende Schweißbildung u. dgl. kontrollieren. Feuchte oder Salbenverbände sollen vor der Behandlung entfernt werden, da sie sich unter Umständen stark erhitzen. Trockene Verbände können bleiben, insofern sie nicht von Eiter oder Blut durchtränkt sind. Man läßt sie darum zweckmäßig unmittelbar vor der Behandlung erneuern. Metallgegenstände, wie Haarspangen, Schnallen, Kragen- und Manschettenknöpfe, Schlüssel usw., sollen, soweit sie sich im Feld befinden, gleichfalls abgelegt werden (s. auch S. 41).

Viele Behandlungen können in sitzender Stellung ausgeführt werden, andere, vor allem solche bei Schwerkranken, sind nur im Liegen möglich. Die für diesen Zweck verwendeten Betten oder Behandlungstische dürfen keine metallgefederten Liegeflächen haben. Von manchen Firmen werden besondere Lagerungstische angefertigt, die verstellbar sind und die Anbringung von Elektroden unterhalb der Liegefläche ermöglichen (Abb. 70).

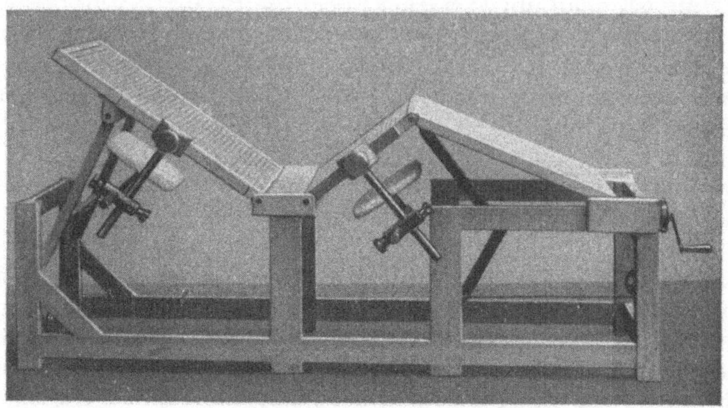

Abb. 70. Verstellbarer Behandlungstisch mit Untertischelektroden (Siemens-Reiniger-Werke).

Die Wahl der Elektroden und ihre Befestigung. Über den Einfluß der Elektrodengröße und des Elektrodenabstandes auf die Erwärmung wurde bereits früher eingehend gesprochen. Es sei nochmals daran erinnert, daß es vorzuziehen ist, eher größere als kleinere Elektroden zu wählen, einerseits weil die Wirkung um so nachhaltiger ist, je größer der vom Feld erfaßte Körperteil ist, und anderseits weil die Homogenität und damit die Tiefenwirkung mit der Elektrodengröße zunimmt. Eine Ausnahme kommt nur für die Behandlung des Auges, Ohres, der Nasennebenhöhlen und anderer Teile des Schädels in Betracht, da man hier eine überflüssige Durchströmung des Gehirns vermeiden soll.

Ob man starre oder biegsame Elektroden wählt, hängt von den Verhältnissen des einzelnen Falles ab. Starre Elektroden haben den Vorteil, daß sie nicht am Körper befestigt werden müssen, wodurch jeder Druck auf die erkrankten Teile vermieden wird. Sie kommen daher einzig und allein für die Behandlung von Furunkeln, Karbunkeln, Wunden, phlegmonösen und ulzerösen Prozessen in Frage. Auch dort, wo man große Elektroden-Körper-Abstände braucht, um eine gute Tiefenwirkung zu erzielen, etwa bei der Behandlung der Lungen, wird man den starren Elektroden den Vorzug geben, desgleichen dort, wo eine milde, fein abstufbare Durchwärmung, wie bei der Behandlung des Gehirns oder kranker Blutgefäße, erwünscht ist. Es möge auch nicht unerwähnt bleiben, daß die Behandlung mit starren Elektroden auf Kranke wesentlich eindrucksvoller ist als die mit Weichgummiplatten. Diese werden nicht selten von den Kranken für eine Art elektrischer Wärmekissen gehalten.

Die starren Elektroden werden an mehrgelenkigen Haltearmen befestigt, die sie in jeder gewünschten Stellung erhalten (Abb. 43, S. 25). In der Regel verwendet man zwei gleich große Elektroden, da man auch bei gleicher Größe die Möglichkeit hat, durch einen verschiedenen Körperabstand die eine zur aktiven, die andere zur inaktiven Elektrode zu machen.

In manchen Fällen verdienen jedoch die Weichgummielektroden vor den starren den Vorzug. Zunächst dann, wenn man die mehr oberflächlich liegenden Muskelschichten der Lendengegend, des Rückens oder Schultergürtels durchwärmen will. Man kann diese dann stark heizen, ohne eine überflüssige Erwärmung der Brust- oder Bauchorgane befürchten zu müssen. Das gleiche gilt für die Behandlung von Haut- oder Interkostalneuralgien. Auch Längsdurchströmungen der Extremitäten lassen sich leicht und bequem mit biegsamen Elektroden ausführen. Wünscht man hier eine besondere Tiefenwirkung, so wird man zur Ringfeldmethode greifen. Ganz besonders wertvoll sind die Weichgummielektroden zur Behandlung Schwerkranker, die man in ihrem eigenen Bett oder auf einer Tragbahre, mit der man sie in den Therapieraum brachte, liegend behandeln kann, um ihnen eine mehrfache Umlagerung zu ersparen. In vielen Fällen wird es nötig sein, die weichen Elektroden durch eine Gummi- oder Trikotbinde an dem zu behandelnden Körperteil zu befestigen. Liegt der Kranke auf einer Elektrode und wird die zweite Elektrode der ersten gegenüber auf die Vorderseite des Rumpfes gebracht, so ist eine weitere Befestigung nicht nötig. Stellt sich dabei heraus, daß die rückwärtige Elektrode, da sie durch das Körpergewicht mehr angedrückt wird, stärker heizt, so läßt sich das leicht durch eine dickere Zwischenschicht ausgleichen.

Man achte darauf, daß die Kabel dem Körper nicht unmittelbar anliegen, da es an der Berührungsstelle sonst zu einer Überhitzung kommen kann. Auch eine Kreuzung der beiden Kabel soll vermieden werden.

Die Bedienung des Apparates. Vor Beginn der Behandlung mache man den Kranken aufmerksam, daß er nur eine leichte Wärme verspüren dürfe und daß er jede unangenehme Empfindung, wie Brennen, Prickeln oder Schmerzen sofort melden müsse. Dann schalte man den Strom ein und bringe die Spannung auf jene Höhe, die im gegebenen Fall erfahrungsgemäß angezeigt ist. Nun wird der Therapiekreis auf den Generatorkreis abgestimmt. Das geschieht mit Hilfe eines Drehkondensators. Zur Erkennung der Resonanz dient ein kleines Hitzdrahtamperemeter, das durch den höchsten erzielbaren Ausschlag, bzw. ein Glüh- oder Glimmlämpchen, das durch sein maximales Leuchten den Resonanzpunkt anzeigt. Man arbeite nur bei voller Resonanz, denn dann wird der Behandlungskreis das Maximum an Energie aus dem Erregerkreis übernehmen und diesen dadurch am vollkommensten entlasten. Andernfalls setzt sich die im Erregerkreis verbleibende Hochfrequenzenergie in Wärme um und führt zu einer unerwünschten Erhitzung der Röhre. Durch die geeignete Wahl der Heizspannung wird nur jene Menge an Hochfrequenz erzeugt, die jeweils benötigt wird.

Das Vorhandensein der Resonanz ist im Verlaufe der Behandlung öfters nachzuprüfen, da sie bisweilen durch Bewegungen des Kranken verlorengeht. Auch die Heizspannung der Röhre kontrolliere man zeitweise, weil sie bei manchen Apparaten während der Behandlung spontan absinkt. Man verabsäume es nicht, die von den Elektroden ausgehende Strahlung mit Hilfe einer Neonröhre dem Kranken vor Augen zu führen, da das Aufleuchten einer solchen frei in der Hand gehaltenen Röhre auf den Laien immer einen großen Eindruck macht.

Man frage den Kranken öfters nach seiner Wärmeempfindung, wobei man beachte, daß die volle Wärmewirkung erst nach einigen Minuten erreicht wird. Auch vergesse man nicht, daß eine zu starke Hitzeentwicklung in den tieferen Körperschichten nicht als Wärme, sondern als Schmerz empfunden wird.

Die Behandlung im Spulenfeld.

Das magnetische Spulenfeld. Im Inneren einer Drahtspule (Solenoid), durch deren Windungen ein Strom fließt, entsteht ein magnetisches Feld, dessen Kraftlinien der Länge nach durch die Spule laufen (S. 9). Bringt man einen Körper in dieses Feld, so werden in ihm Wirbelströme induziert, die sich in Wärme umsetzen. Die Erwärmung wird um so stärker sein, je besser das Leitvermögen des eingebrachten Körpers ist.

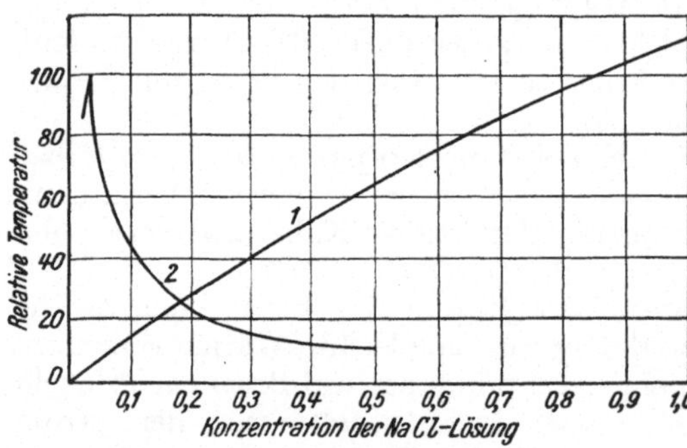

Abb. 71. Erwärmung einer Kochsalzlösung im magnetischen (1) und im elektrischen (2) Feld.

Es lag nahe, das Spulenfeld zur Behandlung mit Kurzwellen heranzuziehen. Seiner Verwendung stand allerdings ein theoretisches Bedenken im Weg. Man wußte, daß Drahtspulen dem Durchtritt hochfrequenter Ströme infolge ihrer Selbstinduktivität einen sehr hohen Widerstand entgegensetzen. Da dieser induktive Widerstand mit zunehmender Frequenz des Stromes stark wächst, so erschien die Verwendung des Spulenfeldes für sehr hochfrequente Ströme, wie es die Kurzwellenströme sind, zunächst aussichtslos zu sein.

Merriman, Holmquest und Osborne benützten, um den induktiven Widerstand möglichst klein zu halten, Spulen von nur 1—3 Windungen und gleichzeitig einen Strom von nicht allzu hoher Frequenz

(25 m Wellenlänge). So konnten sie in der Tat starke magnetische Felder mit guter Wärmewirkung erzeugen.

Bringt man in ein solches Feld eine Kochsalzlösung, so erwärmt sich diese, und zwar um so mehr, je stärker ihre Konzentration, mit anderen Worten, je größer ihr Leitvermögen ist (Abb. 71, Kurve 1). Im Kondensatorfeld ist die Erwärmung grundsätzlich anders, wie aus der Kurve 2 der gleichen Abbildung hervorgeht. Sie erreicht bei einer schwachen Konzentration ihr Maximum und sinkt mit zunehmender Konzentration, also mit steigendem Leitvermögen (Näheres S. 51).

Dieses physikalische Verhalten des Magnetfeldes bedingt einen grundlegenden biologischen Unterschied gegenüber dem Kondensatorfeld. **Im Magnetfeld erwärmen sich jene Gewebe des menschlichen Körpers am meisten, die das beste Leitvermögen besitzen, das sind die Blutgefäße bzw. das Blut und die stark bluthaltigen Gewebe, wie die Muskeln, während die Haut und das Unterhautzellgewebe als schlechte Leiter eine geringe Erwärmung aufweisen. Im Kondensatorfeld sind die Verhältnisse gerade umgekehrt.** Hier zeigen die Haut und die Unterhaut die stärkste Erwärmung. Dieser von Merriman, Holmquest und Osborne gefundene Unterschied wurde auch von Pätzold und Wenk durch Modellversuche bestätigt.

Zur Behandlung im magnetischen Spulenfeld sind alle gangbaren Apparate geeignet. Von den Amerikanern werden solche mit großer Wellenlänge (25 m) bevorzugt (Induktotherm). Das Spulenfeld wird durch ein dick isoliertes Kabel hergestellt, das in 2—3 Windungen um den zu behandelnden Körperteil gelegt und dessen Enden an die Pole des Apparats angeschlossen werden (Abb. 72). Man kann das Kabel auch in einer Ebene spiralig aufrollen und dem erkrankten Körperteil auflegen. Diese sogenannten Pancake Coil Elektroden baut man auch in isolierende Hüllen ein (Abb. 73).

Benutzt man zur Behandlung im Spulenfeld Apparate mit kurzer Wellenlänge (6 m), dann muß man sich, damit der induktive Widerstand nicht allzu groß wird, mit einer einzigen Kabelwindung begnügen.

Abb. 72. Behandlung im magnetischen Spulenfeld. (General Electric, X-Ray Corporation).

Eine für diesen Zweck geeignete Einrichtung wird von den Siemens-Reiniger Werken hergestellt. Sie besteht aus einem dicken Kabel, das je nach dem zu behandelnden Körperteil in Schlingen von verschiedener Größe und Form gelegt wird. Um die Schlingen in dieser Gestalt zu erhalten, werden sie in Taschen verschiedenen Formats eingebettet (Abb. 74). Die Kabeltasche wird einfach auf den kranken Körperteil aufgelegt, bzw. aufgebunden (Abb. 75). Diese Behandlungstechnik hat den Vorzug großer Einfachheit und guter Wärmewirkung.

Das elektrische Spulenfeld. Gleichzeitig und unabhängig von den Versuchen der amerikanischen Autoren konnte Kowarschik zeigen,

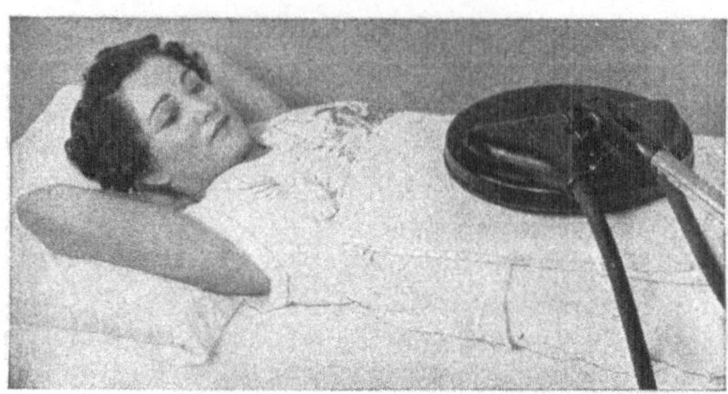

Abb. 73. Behandlung mit der „Pfannkuchenelektrode" (General Electric, X-Ray Corporation).

daß man auch Ströme von sehr kurzen Wellenlängen in Verbindung mit Spulen von zahlreichen Windungen zur Kurzwellenbehandlung Benützen kann. In solchen Spulen fließt der Strom nicht mehr entlang der Windungen, da dieser Weg infolge des hohen Widerstandes für ihn nicht gangbar ist. Er durchsetzt vielmehr die Spule kapazitiv in der Weise, daß er direkt von Windung zu Windung in Form eines Verschiebungsstromes übergeht.

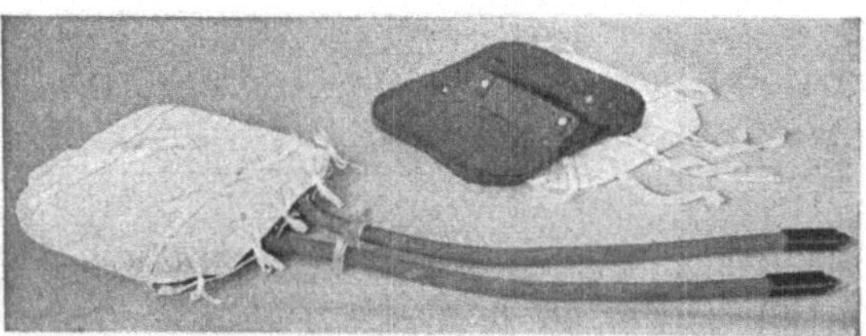

Abb. 74. Elektrode mit Filztasche und Leinenüberzug zur Behandlung im magnetischen Spulenfeld (Siemens-Reiniger-Werke).

Zwei benachbarte Windungen des Solenoids weisen gegeneinander eine Potentialdifferenz auf. Getrennt durch das Dielektrikum Luft stellen sie einen Kondensator vor, in dem sich ein elektrisches Feld ausbildet. Wir haben es also bei einer Spule mit einer Reihe hintereinandergeschalteter Kondensatoren zu tun (Abb. 76). Der Übergang der elektrischen Energie von einer Windung zur anderen wird noch erleichtert, wenn sich im Innern der Spule ein Teil des menschlichen Körpers befindet, dessen Gewebe das elektrische Feld ungefähr 80mal (Dielektrizitätskonstante des Wassers) besser leiten als Luft.

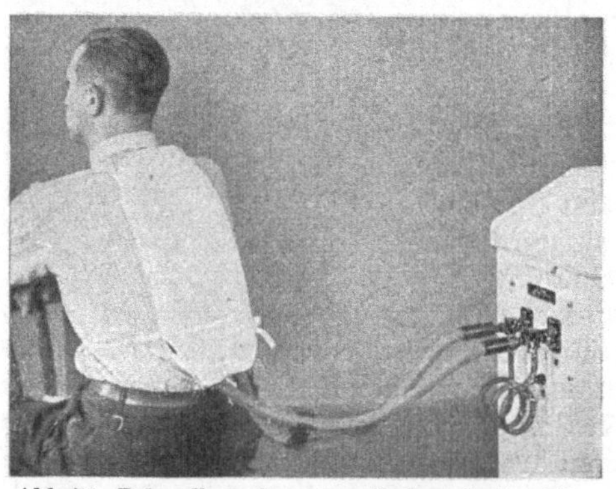

Abb. 75. Behandlung im magnetischen Spulenfeld.

Daß diese Verhältnisse wirklich so liegen, wird durch folgenden Versuch von H. Weisz erwiesen. Nimmt man an Stelle einer Spirale eine Reihe von geschlossenen Drahtringen, die man parallel nebeneinanderstellt, ohne daß sie jedoch eine leitende Verbindung hätten, und schließt nun den ersten und letzten Drahtring an einen Kurzwellenapparat an, so kann man im Innern einer solchen Ringreihe ganz die gleichen Wärmeerscheinungen und sonstigen Wirkungen erzeugen wie in einem Solenoid (Abb. 77). Es ist klar, daß bei einzelnen Drahtringen die Stromleitung nur kapazitiv von Ring zu Ring erfolgen kann.

Im Innern einer vielreihigen Spule, die von einem Kurzwellenstrom kleiner Wellenlänge durchsetzt wird, bildet sich demnach ein elektrisches Feld aus, das sich biologisch

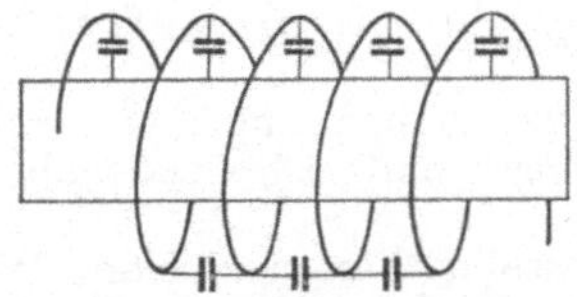

Abb. 76. Jede Spule besitzt auch eine Kapazität.

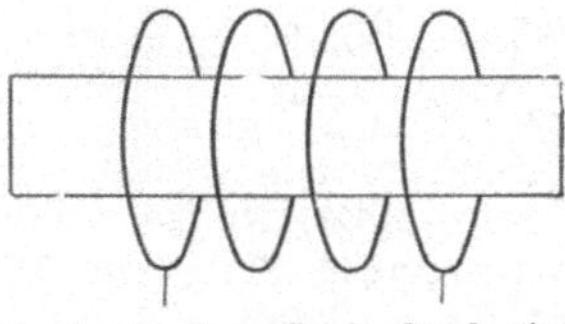

Abb. 77. Ersatz einer Spule durch ein System paralleler Ringe.

und therapeutisch ganz ebenso verhält wie ein Kondensatorfeld. Die Erwärmung in einem solchen Feld folgt nicht mehr den Gesetzen der Wirbelstrombildung, sondern denen des Kondensatorfeldes (S. 51).

Die relative Tiefenwirkung des Spulenfeldes ist besser als die des Kondensatorfeldes. Bei letzterem kommt es meist zu einer Streuung oder Divergenz der Kraftlinien, so daß deren Dichte in der Mitte des behandelten Körperteiles kleiner ist als an seiner Oberfläche. Anders im Spulenfeld. Hier werden die

Abb. 79. Behandlung im Spulenfeld.

Abb. 78. Solenoidbinde von Kowarschik.

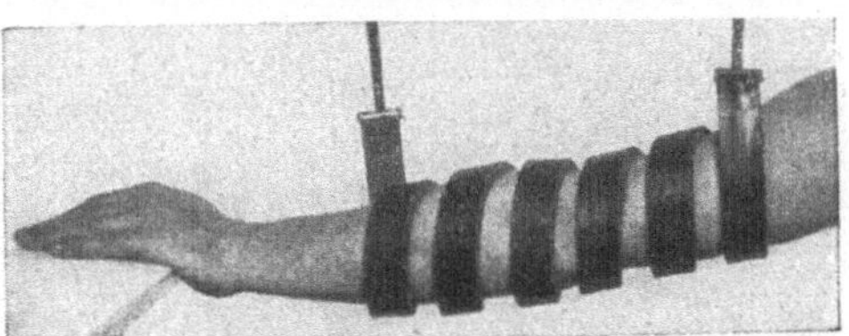

Abb. 80. Behandlung im Spulenfeld.

Kraftlinien in das Innere der Spule hineingezogen, sie konvergieren also gegen den im Feld befindlichen Körper und verdichten sich in dessen Mitte in ähnlicher Weise, wie das im Ringfeld der Fall ist. Das Spulenfeld kann gleichsam als ein multiples Ringfeld entsprechend der Abbildung 77 angesehen werden.

Zur Behandlung im elektrischen Spulenfeld benützt man Metallbänder, die zwischen zwei Gummilagen eingebettet sind, von denen die dem Körper zugewendete eine Dicke von 1—2 cm aufweist, um so den nötigen Hautabstand zu schaffen (Abb. 78). Diese Binden werden in mehreren Windungen um den zu behandelnden Körperteil gelegt (Abb. 79 u. 80). Das Spulenfeld eignet sich vorzugsweise zur Behandlung der Extremitäten.

Quellennachweis.

Dänzer, H., H. E. Hollmann, B. Rajewsky, H. Schaefer: Ultrakurzwellen. Leipzig: G. Thieme, 1938.

Gebbert, A.: Über die Abhängigkeit der Oberflächen- und Tiefenwirkung der Ultrakurzwellenströme von Elektrodenart und Elektrodenabstand. Klin. Wschr. 1934, Nr. 25, 905.

Kowarschik, J.: Neue Wege der Kurzwellentherapie. Klin. Wschr. 1934, Nr. 42. — Eine neue Methode der Kurzwellenbehandlung. Med. Klin. 1934, Nr. 50 und 51. — Kurzwellenbehandlung auf dem Solenbett. Med. Klin. 1936, Nr. 40. — Eine neue Form von Kurzwellenelektroden. Münch. med. Wschr. 1938, Nr. 6. — Das Spulenfeld in der Kurzwellenbehandlung. Strahlenther. 64, 179 (1939). — Die Dosismessung in der Kurzwellentherapie. Münch. med. Wschr. 1939, Nr. 4, 121. — Dosage measurement in short waves therapy. Arch. physic. Ther. (Am.) 20, 208 (1939). — Eine neue Art der Kurzwellenbehandlung: Münch. med. Wschr. 1943, Nr. 24 und 25, 380.

Leistner, K. u. H. Schaefer: Untersuchungen an Kurzwellen-Funkenstreckenapparaten. Strahlenther. 52, 676 (1935). — Über ein Kurzwellen-Applikationsverfahren zur Erzielung extrem hoher Tiefendosen. Klin. Wschr. 1935, Nr. 25, 899.

Merriman, J. R., H. J. Holmquest a. St. L. Osborne: A new method of producing heat in tissues: the inductotherm. Amer. J. med. Sci. 187 Nr. 5, 677 (1934).

Mittelmann, E.: Die Messung der Hochfrequenzleistung bei Kurzwellentherapiesendern. Elektrotechn. u. Maschinenbau 55, H. 38 (1937).

Mittelmann, E. u. D. Kobak: Dosage measurement in short wave diathermy. Arch. physic. Ther. (Am.) 19, Nr. 12, 725 (1938).

Oßwald, K.: Der Siemens-Kurzwellenapparat für 1 m Wellenlänge und 700 Watt Hochfrequenzleistung. Strahlenther. 64, 530 (1939).

Pätzold, J.: Zur Physik der Ultrakurzwellentherapie. Das Wellenband der selektiven Erwärmung. Strahlenther. 45, 645 (1932). — Die physikalischen Grundlagen der Ultrakurzwellentherapie. Med. Klin. 1934, Nr. 17. — Zur Leistungsfrage in der Kurzwellentherapie. Strahlenther. 58, 368 (1937).

Pätzold, J. u. P. Betz: Der Einfluß der Elektrodenanordnung in der Ultrakurzwellentherapie auf die Wärmeverteilung im Körper. Z. exper. Med. 94, H. 5 und 6 (1934).

Pätzold, J. u. P. Wenk: Zur Wirkungsweise des Spulenfeldes in der Kurzwellentherapie: Wärmemessungen an geschichteten Elektrolyten im hochfrequenten Spulenfeld. Strahlenther. 55, H. 4 (1936).

Pohl, R. W.: Einführung in die Elektrizitätslehre, 4. Aufl. Berlin: Julius Springer, 1935.

Raab, E.: Die praktische Anwendung der Kurzwellentherapie mit gedämpften und ungedämpften Wellen. Fortschr. Ther. 10, 234 (1934). — Über die Tiefenwirkung der Kurzwellen. Dtsch. med. Wschr. 1936, Nr. 5.

Telemann u. Fritsch: Zur Elektrodenfrage in der Kurzwellentherapie. Med. Klin. 1935, Nr. 2.

Weisz, H.: Physikalisches zur Kurzwellenbehandlung im Spulenfeld nach Kowarschik. Balneologe 1935, H. 4. 154.

Wenk, P.: Leistungsmessung an Kurzwellenapparaten und Dosimetrie. Strahlenther. 61, 153 (1938). — Exakte Dosimetrie in der Kurzwellentherapie. Strahlenther. 62, 725 (1938).

IV. Die biologischen Wirkungen der Kurzwellen.

Die Wärmewirkung und ihre Bedingungen.

Der Einfluß der Ohmschen und dielektrischen Leitfähigkeit. Fließt ein elektrischer Strom durch irgendeinen Leiter, so tritt stets eine Erwärmung auf, die nach dem Jouleschen Gesetz ($W = i^2 w$) dem Quadrat der Stromstärke und dem Widerstand direkt proportional ist. Ein Leiter erwärmt sich also bei gleicher Stromstärke um so mehr, je größer der Widerstand ist, den er dem Strom bietet. Dieses Gesetz, das für niederfrequente und auch für hochfrequente Ströme, wie sie die Diathermie verwendet, Geltung hat, gilt nicht mehr im vollen Umfang für Kurzwellenströme mit einer Frequenz von 10—100 Millionen Hz.

Das wird durch folgenden Versuch bewiesen. Bringen wir eine konzentrierte Kochsalzlösung in ein Kurzwellenfeld, so zeigt sie in einer abgemessenen

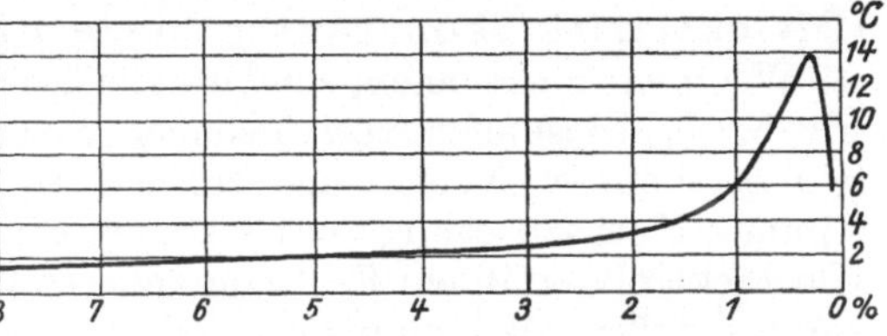

Abb. 81. Erwärmung verschieden konzentrierter Kochsalzlösungen im Felde einer 5 m-Welle.

Zeit eine bestimmte Temperaturerhöhung. Wenn wir nun die Lösung durch Zusatz von Wasser allmählich verdünnen und immer wieder einem gleich starken Feld aussetzen, so finden wir, daß die Erwärmung größer wird (Abb. 81). Das war zu erwarten, weil ja der Leitungswiderstand mit abnehmender Konzentration wächst und dementsprechend nach dem Jouleschen Gesetz auch die Erwärmung. Setzen wir aber die Verdünnung fort, so kommen wir zu einem Punkt, wo die Erwärmung nicht weiter steigt, sondern im Gegenteil abnimmt, und zwar in einer sehr raschen Weise. Für eine Kochsalzlösung ist bei Verwendung einer 5 m-Welle der Gipfelpunkt der Erwärmung bei einer Konzentration von 0,2% erreicht.

Das ist dadurch zu erklären, daß sich das elektrische Feld in einer stark konzentrierten Kochsalzlösung zum größten Teil in Leitungsstrom und nur zum kleinen Teil in Verschiebungsstrom umsetzt. Bei fortschreitender Verdünnung wird jedoch ein Punkt erreicht, von dem an der Verschiebungsstrom über den Leitungsstrom das Übergewicht bekommt. Da dieser die Flüssigkeit verlustlos durchsetzt, sinkt die Erwärmung.

Die Erwärmung im Kurzwellenfeld wird also nicht nur durch die Ohmsche Leitfähigkeit, sondern auch durch die dielektrische Leitfähigkeit, gekennzeichnet durch die Dielektrizitätskonstante, bestimmt. Das Verhältnis beider zueinander ist für die Erwärmung maßgebend.

Gute Leiter wie die Metalle erwärmen sich im elektrischen Feld fast gar nicht, da ihr Leitungswiderstand sehr klein und daher die Bildung von Stromwärme sehr gering ist. Eine stärkere Erwärmung kommt nur dann zustande, wenn der Querschnitt des Leiters wie bei dünnen Drähten sehr klein und gleichzeitig die Feldstärke sehr groß ist (S. 40). Auch Nichtleiter, Isolatoren, zeigen im Kurzwellenfeld in der Regel keine nennenswerte Erwärmung, da das Feld durch sie in Form eines Verschiebungsstromes ohne Wärmebildung hindurchgeht.

Der Einfluß der Wellenlänge. Neben der Ohmschen und dielektrischen Leitfähigkeit ist aber noch ein dritter Faktor für die Erwärmung mitbestimmend und das ist die Wellenlänge. Dieselbe Flüssigkeit erwärmt sich in zwei gleich starken Feldern, deren Wellenlänge verschieden ist, ungleich stark. Die Erwärmung einer Elektrolytlösung im elektrischen Feld wird demnach durch drei Größen bestimmt: die Ohmsche und die dielektrische Leitfähigkeit (Dielektrizitätskonstante) sowie die Wellenlänge.

Wenn wir nicht einen, sondern gleichzeitig mehrere Elektrolyte, sagen wir Kochsalzlösungen, verschiedener Konzentration, in ein Kurzwellenfeld bestimmter Wellenlänge bringen, so wird sich stets eine ganz bestimmte Kochsalzlösung am meisten erwärmen. Wenn wir dieselbe Reihe von Elektrolyten in ein Feld von anderer Wellenlänge bringen, so können wir feststellen, daß nunmehr eine anders konzentrierte Kochsalzlösung an die Spitze der Erwärmung rückt. Bei eingehender Prüfung zeigt sich, daß sich für jede der vorhandenen Lösungen eine Wellenlänge finden läßt, bei der sich gerade diese Lösung mehr als die übrigen erwärmt. Man kann diese der betreffenden Lösung zugeordnete Wellenlänge als die thermisch optimale bezeichnen.

Diese Feststellung legte den Gedanken nahe, ob es denn nicht möglich wäre, durch Wahl einer bestimmten Wellenlänge einzelne Gewebe oder Organe des Körpers in stärkerem Maß als ihre Umgebung aufzuheizen, um sie so therapeutisch in besonderer Weise zu beeinflussen. In dieser Hoffnung suchte man optimale Wellenlängen für die Lunge, die Leber und andere Organe zu finden. Die Hoffnung auf die Möglichkeit einer selektiven Gewebserwärmung hat sich jedoch nicht erfüllt. Abgesehen von physikalischen Gründen, auf die wir hier nicht näher eingehen können, weichen die Leitfähigkeiten und Dielektrizitätskonstanten der verschiedenen menschlichen Gewebe (mit Ausnahme der Haut und des Fettgewebes) zu wenig voneinander ab, um wesentliche Unterschiede in der Erwärmung zu ergeben. Im übrigen werden diese, wenn sie zustande kommen, durch den nivellierenden Einfluß des Blutstromes alsbald wieder ausgeglichen. Nach den Versuchen von Mortimer ist die Erwärmung der einzelnen Organe an lebenden narkotisierten Hunden nahezu gleich, während sie an toten Hunden wesentliche Unterschiede zeigt.

An dieser Stelle sei auch die Frage nach einer Wellenspezifität in therapeutischem Sinn besprochen. Von einzelnen Autoren wurde die Behauptung aufgestellt, daß sich bei der Behandlung bestimmter Krankheiten eine bestimmte Wellenlänge in besonderer Weise wirksam erwiesen hätte, während andere Wellenlängen unwirksam, ja schädlich

gewesen wären. Man muß über die Kritiklosigkeit staunen, mit der solche
Behauptungen auf Grund ganz vereinzelter Beobachtungen in die Welt
gesetzt wurden. Als ob Besserungen oder Verschlechterungen im Verlauf
einer Erkrankung nicht auch durch andere Einflüsse als durch die
Therapie zustande kommen könnten. Es dürfte wohl kein Zweifel
darüber bestehen, daß man mit allen derzeit gebrauchten Wellenlängen
sowohl Erfolge wie Mißerfolge erzielen kann. Die Erfahrung an zahl-
losen Kranken hat bisher nicht einmal die Wahrscheinlich-
keit einer spezifisch therapeutischen Wirkung bestimmter
Wellenlängen innerhalb des derzeit gebrauchten Wellen-
bereiches, geschweige denn eine solche Spezifität erwiesen.

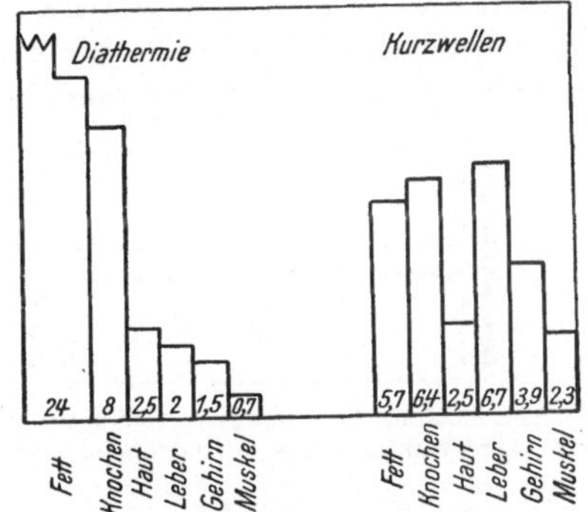

Abb. 82. Erwärmung verschiedener Gewebe durch
Diathermie und Kurzwellen (3 m-Welle) nach
Schliephake.

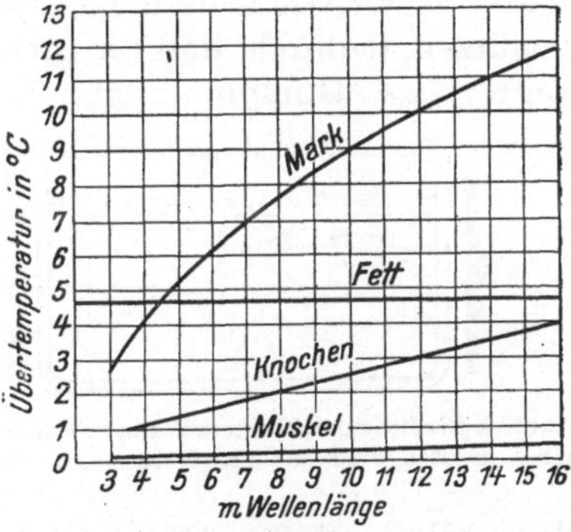

Abb. 83. Einfluß der Wellenlänge auf die Erwärmung verschiedener Gewebe nach Gebbert. Zwischen 3—6 m wird die Erwärmung
homogen.

Die Erwärmung verschiedener Körpergewebe. Schon Bernd war es
bei seinen ersten Versuchen mit der Diathermie aufgefallen, daß sich die
verschiedenen Gewebe des menschlichen Körpers, wie die Haut, die
Muskeln, die Blutgefäße usw., verschieden stark erwärmen, so daß im
Körper kein gleichmäßiges Wärmegefälle, sondern Temperaturstufen entstehen. Das gleiche konnte man auch für die Kurzwellen feststellen.
Diese Unterschiede sind durch die verschiedenen Leitfähigkeiten und Dielektrizitätskonstanten der einzelnen Gewebe bedingt.

Bringt man gleiche Volumina verschiedener Gewebe unter denselben
Bedingungen in ein Kurzwellenfeld, so erwärmen sie sich verschieden
stark (Abb. 82). Besonders stark erwärmen sich z. B. im Feld einer
3 m-Welle Leber, Knochen und Fett. Vergleichen wir damit die Erwärmung durch Diathermie, so fallen zwei Dinge auf: erstens, daß
die Reihenfolge der Gewebe im Temperaturgefälle eine andere ist, und
zweitens, daß die Verschiedenheit in der Erwärmung eine viel größere
ist, mit anderen Worten, daß die Erwärmung im Kondensatorfeld eine
gleichmäßigere ist.

Es konnte gezeigt werden, daß die Unterschiede in der
Erwärmung der einzelnen Gewebe um so geringer werden,

je kürzer die Wellenlängen sind. Das stellte z. B. Gebbert für die Wellen von 3—6 m fest (Abb. 83). Schereschewsky erbrachte den Beweis für die Wellenlängen von 1—3 m. Esau, Pätzold und Ahrens konnten zeigen, daß mit der Abnahme der Wellenlänge von 10 auf 0,3 m der Unterschied in der Erwärmung des Muskels und des Fettgewebes immer kleiner wird. Infolge der geringeren „Hautbelastung" nimmt also die Tiefenwirkung der Kurzwellen mit abnehmender Wellenlänge zu.

Die spezifische Wärmewirkung.

Begriff der spezifischen Wärmewirkung. Elektrische Wechselfelder von so hoher Frequenz, wie sie den Kurzwellen eigen ist, unterscheiden sich von Wechselfeldern niederer Frequenz, wie wir sie zur Diathermie benützen, dadurch, daß sie auch durch nichtleitende Schichten, wie z. B. Luft, Glas, Gummi u. dgl., in Form eines Verschiebungsstromes hin-

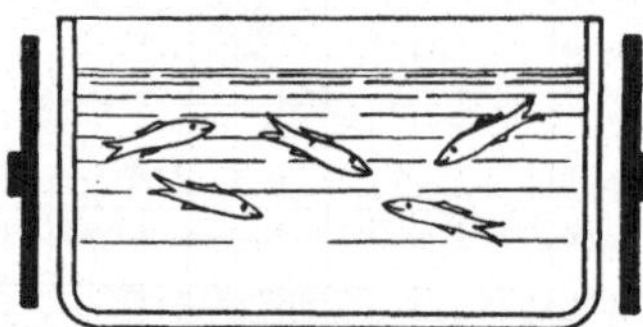

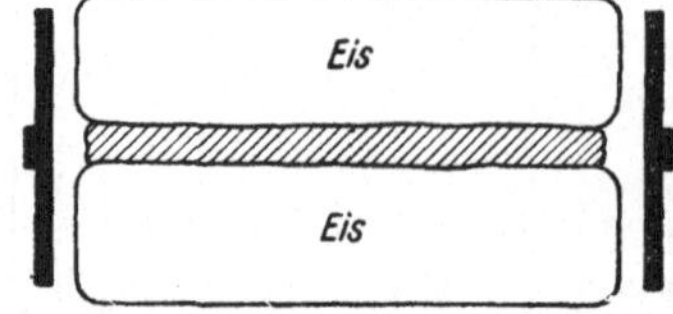

Abb. 84. Fische in destilliertem Wasser werden durch Hitze getötet, ohne daß das Wasser sich erwärmt.   Abb. 85. Rohes Fleisch zwischen zwei Eisblöcken wird verkocht, ohne daß das Eis schmilzt.

durchgehen (S. 9). Dieser Durchgang erfolgt verlustlos, mit anderen Worten, ohne Wärmebildung. Trifft dagegen ein solches Feld auf einen Leiter, so setzt es sich in Leitungsstrom und damit in Wärme um. Diese eigenartige Fähigkeit der Kurzwellen, nichtleitende Schichten ohne Wärmebildung zu durchdringen, in leitenden Schichten dagegen sich in Wärme umzuformen, ergibt eine Reihe von Möglichkeiten der Durchwärmung, die wir bisher nicht gekannt haben. Das wollen wir uns an einigen Beispielen klarmachen.

Bringen wir eine Glaswanne mit destilliertem Wasser, in dem sich kleine Fische befinden, in ein Kurzwellenfeld, so werden die Fische in kurzer Zeit an Überhitzung zugrunde gehen, während das Wasser kalt bleibt (Abb. 84). Das läßt sich leicht durch Temperaturmessungen mittels einer Thermonadel feststellen (Kowarschik). Destilliertes Wasser als ein Nichtleiter wird von den Kurzwellen ohne Wärmeverluste durchsetzt, während der Körper des Fisches als Leiter das Feld absorbiert und in Wärme umsetzt. Die Kurzwellen geben uns also die einzigartige Möglichkeit, einen Körper, der allseits von einem Isolator umgeben ist, elektrisch aufzuheizen, während die isolierende Hülle selbst kalt bleibt.

Ein anderer gleichfalls von Kowarschik gezeigter Versuch ist folgender (Abb. 85). Bringt man ein Stück rohen Fleisches, das zwischen zwei Eisblöcke gelagert ist, in ein hinreichend starkes Kurzwellenfeld, so kann das Fleisch zum Verkochen gebracht werden, ohne daß das Eis schmilzt. Auch hier haben wir wieder das Eis, das ein Isolator ist und von dem Feld nicht erwärmt wird, und das Fleisch, welches das Feld in Wärme umsetzt.

Diese Beispiele zeigen in anschaulicher Weise, daß wir mit den Kurzwellen Wärmewirkungen erzielen können, die durch kein anderes Mittel möglich sind. Weder durch geleitete oder gestrahlte Wärme, noch auch durch Diathermie lassen sich ähnliche Effekte erreichen. In diesem Sinn müssen wir also die Wärmewirkungen der Kurzwellen als spezifisch bezeichnen.

Die Erwärmung von Emulsionen und kolloiden Lösungen. Das, was für makroskopische Verhältnisse Geltung hat, gilt auch für mikroskopische Dimensionen. Bringt man in eine Eprouvette mit Paraffinöl, das bekanntlich ein Isolator ist, eine kleine Menge Sodalösung und stellt durch Schütteln eine Emulsion her, so werden in einem Kurzwellenfeld die Sodatröpfchen sehr bald zum Kochen und Verdampfen kommen, während das Paraffinöl sich noch sehr wenig erwärmt hat (Esau). Man beobachtet dann die paradoxe Erscheinung, daß die ganze Flüssigkeit anscheinend kocht, während ein in sie eingetauchtes Thermometer eine wesentlich niedrigere Temperatur als 100° C anzeigt. Diese stellt einen Mittelwert dar aus der Siedetemperatur der Sodalösung (100° C) und der bedeutend geringeren Temperatur des Paraffinöles.

Löst man Hühnereiweiß in Wasser auf und bringt diese Lösung in ein Kurzwellenfeld, so kann man feststellen, daß bei Einwirkung einer 5 m-Welle das Eiweiß bereits bei 57° C gerinnt, während das im Wasserbad erst bei 62° C der Fall ist (Kowarschik). Das ist dadurch zu erklären, daß die Eiweißmoleküle sich im Kurzwellenfeld stärker erwärmen als ihr Dispersionsmittel, das Wasser, während im Wasserbad ein solcher Unterschied nicht zustande kommmt. Ein in die Lösung eingetauchtes Thermometer zeigt natürlich nur die Temperatur des seiner Menge nach weit überwiegenden Wassers an.

Die Erwärmung von Bakterien. Die bisher aufgezählten Versuche machen uns ohne weiteres das eigenartige Verhalten von Bakterien im Kurzwellenfeld verständlich. Haase und Schliephake zeigten zuerst, daß manche Bakterien im Kurzwellenfeld anscheinend bei einer niedrigeren Temperatur absterben als im Wasserbad. Da man die Temperatur der Bakterien selbst nicht messen kann, galt als Absterbetemperatur die des Nährbodens oder der Flüssigkeit, in der die Keime aufgeschwemmt waren. Nachdem die Bakterien meist eine andere Leitfähigkeit und Dielektrizitätskonstante aufweisen werden als ihr Nährboden oder ihr Dispersionsmittel, so müssen sie sich nach physikalischen Gesetzen auch anders erwärmen als diese (S. 51). Da ihre Erwärmung in der Regel eine größere ist, so erklärt sich ohne weiteres ihr rascheres Absterben im Kurzwellenfeld im Gegensatz zum Wasserbad, in dem die Temperatur der Bakterien natürlich nicht höher sein kann als die ihrer Trägersubstanz.

Den Beweis für die Richtigkeit dieser Annahme gibt der folgende Versuch von H. Weisz. Bringt man reines Paraffinöl in ein Kurzwellenfeld, so erwärmt es sich verhältnismäßig wenig, unter bestimmten Bedingungen um 6° C. Setzen wir dem Paraffinöl aber nur eine winzige Spur von Bacterium coli zu, so erwärmt es sich unter den gleichen Bedingungen nunmehr um 30° C. Das ist nur so zu erklären, daß die Bakterien das elektrische Feld absorbieren, es in Wärme umsetzen und diese an das Paraffinöl abgeben.

Die Erwärmung von Blut und Körpergeweben. Wie Schliephake, Schereschewsky u. a. gezeigt haben, erwärmen sich die roten Blutzellen im Kurzwellenfeld mehr als das Serum, was sich leicht feststellen läßt, wenn man gleiche Volumteile von Serum und Blutzellen für sich allein im Feld behandelt. Das ist bei der Diathermie nicht der Fall. Hier erwärmt sich vor allem das Serum. Das kommt daher, daß die roten Blutzellen von einer Membran umschlossen sind, die einen Isolator für den Diathermiestrom darstellt. Dieser nimmt daher im wesentlichen seinen Weg im Serum, während er die Blutzellen umfließt. Diese werden erst sekundär, gleichsam wie in einem Wasserbad, durch das Serum miterwärmt. Anders im Kurzwellenfeld. Dieses durchdringt mühelos die isolierende Membran und heizt das Zellinnere direkt auf, und zwar in einem höheren Grad als das Serum (H. Schaefer).

Da an der Leitung des Kurzwellenstromes nicht allein das Serum, sondern auch die große Zahl der roten Blutkörperchen mitbeteiligt ist, so ist die Leitfähigkeit des Blutes für Kurzwellen eine ungleich größere; sie ist ungefähr 20mal so groß wie für Langwellen (Diathermie).

Das, was wir hier für die Blutzellen aufzeigten, ist jedoch kein Sonderfall, sondern gilt grundsätzlich für die Zellen fast aller lebenden Gewebe, wie Rajewsky und seine Mitarbeiter beweisen konnten. Auch die Gewebszellen sind von Zellmembranen und weiterhin von einem Stützgewebe umgeben, die vielfach isolierend wirken, so daß der gewöhnliche Strom und auch der Diathermiestrom durch sie abgelenkt werden. Diese folgen daher im wesentlichen den kapillären Blut- und Lymphwegen. Das gilt nicht für den Kurzwellenstrom. Für ihn sind die fibrösen Zwischenschichten und die Zellmembranen kein Hindernis. Er greift durch sie hindurch unmittelbar das Protoplasma und den Zellkern an.

Der physikalische Beweis für die Richtigkeit dieser Anschauung wurde von Oßwald, Rajewsky und Schäfer durch zwei Feststellungen erbracht: 1. Gleich wie für das Blut ist auch für die verschiedenen Arten lebenden tierischen Gewebes die Hochfrequenzleitfähigkeit wesentlich größer als die Niederfrequenzleitfähigkeit, da sich eben mehr Gewebsanteile an der Stromleitung beteiligen. 2. Dieser so charakteristische Unterschied zwischen Hoch- und Niederfrequenzleitfähigkeit geht in dem Maß verloren, als das Gewebe abstirbt. Durch den Tod des Gewebes und die sich anschließenden Veränderungen kommt es zu einer weitgehenden Auflösung der Gewebsstruktur (Autolyse), zu einer Zerstörung der Zellmembranen und Zwischenschichten, wodurch das Gewebe sich in seinem Verhalten einem gewöhnlichen Elektrolyten nähert.

Die Durchwärmung mit Kurzwellen und Diathermie. Wie wir an einer Zahl von Beispielen gezeigt haben, liegt der wesentliche Unterschied zwischen Diathermie und Kurzwellen darin, daß diese Gewebs- und Zellschichten ohne Schwierigkeit durchdringen, die für den Diathermiestrom ein unüberwindliches oder wenigstens schwer passierbares Hindernis darstellen. So wird z. B. die Haut, die wohl kein Isolator, aber doch ein sehr schlechter Leiter ist, von den Kurzwellen unschwer durchsetzt, indem ein großer Teil der elektrischen Energie sie als Verschiebungsstrom überbrückt, um erst im Innern des Körpers wirksam zu werden. Dadurch wird das Verhältnis zwischen der Erwärmung der Haut und der tieferen Schichten zugunsten der letzteren verschoben. Die verhältnismäßig geringe Erwärmung der Haut bewirkt es auch, daß die Wärmeempfindung bei gleicher Aufheizung des Körperinnern geringer ist als bei der Diathermie.

Aus dem gleichen Grund werden die Kurzwellen auch ohne Schwierigkeit den Widerstand des Knochens überwinden und so leicht durch die Schädelkapsel in das Gehirn, durch die Wirbelsäule in das Rückenmark, durch die Kortikalis in das Knochenmark eindringen. Erinnern wir noch einmal daran, daß die Kurzwellen infolge ihres dielektrischen Durchdringungsvermögens auch mühelos in das Zellinnere und den Zellkern gelangen, so ist es klar, daß der Hauptunterschied zwischen der Diathermie- und Kurzwellenwirkung darin besteht, daß der Locus nascendi der Wärme und damit die Energieverteilung in den Zellen und Geweben eine grundsätzlich andere ist. Wenn es auch nur eine Form der Wärme gibt, die nach unserer heutigen Anschauung kinetische Energie ist, so kann es bei der hohen Empfindlichkeit, wie sie jede lebende Körperzelle besitzt, doch nicht gleichgültig sein, wo diese Energie eingesetzt wird, an der Haut oder den inneren Organen, im Blut- und Gewebsserum oder im Zellplasma und Zellkern. Es wäre naheliegend, die biologisch und therapeutisch vielfach eigenartigen Wirkungen der Kurzwellen auf diese besondere Energieverteilung zurückzuführen, statt sie durch mysteriöse elektrische Einflüsse erklären zu wollen.

Die athermischen Wirkungen. Die Tatsache, daß die Erwärmung der Haut bei der Kurzwellenbehandlung eine verhältnismäßig geringe ist und daß infolgedessen schon therapeutische Erfolge erzielt werden können, ohne daß der Kranke bei der Behandlung ein besonderes Wärmeempfinden hatte, führte einzelne Autoren zu der Annahme, daß die Wirkung der Kurzwellen überhaupt nicht auf Wärme, sondern auf sogenannte spezifisch-elektrische Wirkungen zurückzuführen sei, also Wirkungen, die weder unmittelbar noch mittelbar durch Wärme bedingt werden. Was man sich unter spezifisch-elektrischen Wirkungen vorzustellen habe, wurde allerdings nicht gesagt. Die Definition war also eine negative. Da man für diese Hypothese keine physikalische Begründung finden konnte, suchte man sie durch biologische Experimente zu stützen. Dabei war man nicht sehr wählerisch. Alles, was den Vertretern der athermischen Lehre irgendwie unverständlich erschien, wurde als spezifisch-elektrisch angesehen.

So wurden z. B. bei allen Kurzwellenversuchen, die nicht im Wasserbad oder mit Hilfe einer Solluxlampe reproduzierbar waren, spezifischelektrische Einflüsse angenommen. Auch heute ist manchen Autoren noch nicht zum Bewußtsein gekommen, daß das Charakteristische für die spezifisch-thermischen Wirkungen der Kurzwellen eben darin liegt, daß sie nicht durch strahlende oder geleitete Wärme, noch auch durch Diathermie nachgeahmt werden können (S. 55). Wozu brauchten wir denn überhaupt eine Kurzwellentherapie mit ihren komplizierten und kostspieligen Apparaten, wenn wir ganz das gleiche im warmen Bad oder mit einer Solluxlampe erreichen könnten.

Es ist hier nicht der Ort, alle Versuche aufzuzählen, die als Beweise für die athermische Wirkung der Kurzwellen angeführt wurden. Sie sind heute ausnahmslos widerlegt. Ihre Ergebnisse waren entweder die Folge einer mangelhaften Versuchsanordnung oder einer unkritischen Schlußfolgerung. Die Veränderungen der Blutviskosität und die damit zusammenhängende Veränderung der Sinkgeschwindigkeit der roten Blutkörperchen, die Veränderung der Oberflächenspannung an Tropfen, gemessen mit dem Stalagmometer, die Resistenzerhöhung der roten Blutzellen gegen Hämolyse und vieles andere wurde als reine Wärmewirkung aufgeklärt. Die von Pflomm angenommene spezifische Wirkung der Kurzwellen auf die Blutgefäße konnte nicht bestätigt werden. Desgleichen wurden die Behauptungen, daß der hemmende Einfluß der Kurzwellen auf die Schlagfolge des isolierten Froschherzens (Pflomm, Liebesny und Holzer) sowie die Verminderung der galvanischen Erregbarkeit des motorischen Nerven (Audiat) athermischer Natur seien, als Irrtümer erkannt (s. in den betreffenden Abschnitten). Damit kann die athermische Lehre, deren Verteidiger besonders Liebesny war, heute als endgültig widerlegt angesehen werden. Wenn damit die Möglichkeit einer athermischen Kurzwellenwirkung auch nicht geleugnet werden soll, so liegt doch bisher nicht der geringste einwandfreie Beweis für das Vorhandensein einer solchen vor.

Quellennachweis.

Coulter, J. S. a. St. L. Osborne: Short wave diathermy in heating of human tissues. Arch. physic. Ther. (Am.) **1936**, H. 11, 679.

Esau, A., J. Pätzold u. E. Ahrens: Temperaturmessungen an geschichteten biologischen Geweben bei Frequenzen von $= 2{,}7 \times 10^7$ Hz bis $= 1{,}2 \times 10^9$ Hz. Naturw. H. 33, 520 (1936). — Temperaturverteilung in geschichteten biologischen Geweben nach der Behandlung im elektromagnetischen Strahlenfeld mit Luft als Außenmedium. Naturw. **1938**, H. 29, 477.

Gebbert, A.: Der Einfluß der Wellenlänge auf die Wärmeverteilung im Körper bei Ultrakurzwellentherapie. Klin. Wschr. **1934**, Nr. 44, 1563.

Heller, R.: Zur Frage der spezifisch elektrischen Wirkung ultrakurzer Wellen. Wien. klin. Wschr. **1931**, Nr. 25.

Kowarschik, J.: Über die selektive Wirkung der Kurzwellen. Münch. med. Wschr. **1935**, Nr. 29, 1158. — Grundlegende Fragen der Kurzwellentherapie. Münch. med. Wschr. **1936**, Nr. 47. — Zur Kritik der spezifischen Kurzwellenwirkungen. Klin. Wschr. **1938**, Nr. 12, 401.

Liebesny, P.: Das Problem der ultrakurzen Wellen. Strahlenther. **56**, 109 (1936).

McLennan, J. C. a. A. C. Burton: The heating of electrolytes in high frequency fields. Canad. J. Res. Nr. 3, 224 (1930). — Selective heating by short radio waves and its application to electrotherapy. Canad. J. Res. **1931**, Nr. 5, 550.

Mortimer, B.: Experimental hyperthermia induced by the high frequency current. Radiology (Am.) **16**, 705 (1931).

Oßwald, K.: Messung der Leitfähigkeit und Dielektrizitätskonstante der biologischen Gewebe und Flüssigkeiten bei kurzen elektrischen Wellen. Hochfrequenztechn. u. Elektroakust. **49**, 40 (1937).

Pätzold, J.: Die Erwärmung der Elektrolyte im hochfrequenten Kondensatorfeld und ihre Bedeutung für die Medizin. Z. Hochfrequenztechn. u. Maschinenbau **36**, H. 3 (1933). — Die Absorption der Kurzwellenenergie im biologischen Gewebe. Radiologica **1**, 122 (1937). — Mitteilungen über Messungen an biologischen Phantomen mit sehr kurzen Wellen großer Leistung. Strahlenther. **60**, 700 (1937).

Pätzold, J. u. K. Oßwald: Temperaturverteilung in geschichteten biologischen Geweben nach der Behandlung im elektromagnetischen Strahlenfeld mit Außenmedium hoher Dielektrizitätskonstante. Naturw. **1938**, H. 29, 478.

Rajewsky, B. u. H. Schaefer: Physikalische Grundlagen der Ultrakurzwellentherapie. Dtsch. med. Wschr. **1937**, Nr. 28, 1065.

Schaefer, H.: Messung der Hochfrequenzabsorption des Blutes und seiner Komponenten im Bereich kurzer elektrischer Wellen von 3—6 m Wellenlänge. Z. exper. Med. **92**, H. 3 und 4 (1933). — Hochfrequenzleitfähigkeit des Blutes bei Ultrakurzwellen von 3—6 m Wellenlänge. Klin. Wschr. **1933**, 102. — Zur Frage der selektiven Tiefenerwärmung im Ultrakurzwellen-Kondensatorfeld. Z. exper. Med. **98**, 257 (1936). — Über die Möglichkeit selektiver Erwärmung einzelner Gewebsschichten im Ultrakurzwellen-Kondensatorfeld. Dtsch. med. Wschr. **1938**, 995.

Schereschewsky, J. W.: The physiological effects of currents of very high frequency. Publ. Health Rep. (Am.) **41**, 1963 (1926). — The action of currents of very high frequency upon tissue cells. Publ. Health Rep. (Am.) **43**, 927 (1928). — Heating effect of very high frequency condenser fields on organic fluids and tissues. Publ. Health Rep. (Am.) **48**, Nr. 29 (1933). — Biological effects of very high frequency electro-magnetic radiation. Radiology **20**, 246 (1933).

Schliephake, E.: Tiefenwirkungen im Organismus durch kurze elektrische Wellen. Z. exper. Med. **66**, H. 1 und 2 (1929).

Schliephake, E. u. A. Compère: Spezifische Wirkungen des Ultrakurzwellenfeldes. Klin. Wschr. **1933**, 1729.

Weisz, H.: Neueres zur Frage der Punktwärme im Kurzwellenfeld. Wien. klin. Wschr. **1936**, Nr. 9. — Zur Frage der selektiven Wärmewirkung der Kurzwellen in fein verteilten Gemengen. Klin. Wschr. **1936**, Nr. 11, 384.

Die Wirkung auf die Blutgefäße und das Blut.

Die Wirkung auf die Blutgefäße. Die Kurzwellen bewirken wie jeder Wärmereiz nicht nur eine Erweiterung der Kapillaren und Arteriolen, sondern vor allem die Eröffnung neuer Kapillarwege (Kapillarisation), gleichzeitig kommt es zu einer Beschleunigung des Blutstromes. Diese Vorgänge werden durch das Freiwerden histaminähnlicher Stoffe in der Haut, sogenannter H-Substanzen (Lewis) ausgelöst. Die so zustande gekommene aktive Hyperämie hat weiterhin eine Hyperlymphie, eine Vermehrung und Beschleunigung des Lymphstromes zur Folge. Im Zusammenhang damit steht die Besserung der örtlichen Ernährungsverhältnisse und die Steigerung der Resorption.

Jorns konnte die raschere Resorption einer Milchzuckerlösung, die er Hunden subkutan oder intraperitoneal einverleibte, im Anschluß an eine Kurzwellenbehandlung nachweisen. Auch Dominal, ein Röntgenkontrastmittel, das er den Tieren in die Gelenke einspritzte, wurde unter dem Einfluß der Kurzwellen rascher aufgesaugt. E. Wagner zeigte, daß ein mit Novokain anästhesierter Zahn viel rascher seine normale Empfindlichkeit wiedererlangt, wenn man ihn einer Kurzwellenbehandlung unterzieht.

Bezüglich der durch Kurzwellen hervorgerufenen Hyperämie werden auch heute noch ganz falsche Vorstellungen verbreitet, die hier richtiggestellt werden sollen.

Pflomm fand, daß sich unter der Einwirkung eines Kurzwellenfeldes die Kapillaren an der Schwimmhaut des Frosches in beträchtlicher Weise erweitern, bis sie schließlich das Zehnfache ihres ursprünglichen Durchmessers erreichen. Ähnliche Erscheinungen sollten sich durch gewöhnliche Erwärmung nicht erzielen lassen. Pflomm schloß daraus, daß es sich hier nicht um thermische, sondern um spezifisch-athermische Einwirkungen auf den Sympathikustonus handle. Durch die Untersuchungen von Cignolini und Olivieri, von Lob, sowie die genauen quantitativen Messungen von H. Weisz, Pick und Tomberg konnte übereinstimmend festgestellt werden, daß die Annahme Pflomms von einer spezifischen Kurzwellenwirkung auf die Gefäße unrichtig ist. Es lassen sich genau die gleichen Wirkungen auch durch gewöhnliche Wärme erzeugen.

Jedem nur halbwegs aufmerksamen Beobachter wird es aufgefallen sein, daß die durch eine Kurzwellenbehandlung ausgelöste Hauthyperämie, falls sie überhaupt in Erscheinung tritt, auf jeden Fall sehr gering ist, wenn wir sie mit der Hautrötung vergleichen, wie sie nach einer Galvanisation, einer Heißluft-, Dampf-, Schlammanwendung und ähnlichen thermischen Behandlungen zustande kommt. Da die Hyperämie von der Stärke der Erwärmung abhängt, dürfte sich das wohl durch die verhältnismäßig geringe Erwärmung der Haut im Kurzwellenfeld erklären. Aber auch die Tiefenhyperämie, die von den Kurzwellen ausgelöst wird, scheint nicht so bedeutend zu sein, wie man das allgemein anzunehmen pflegt.

H. Gesenius stellte durch laparoskopische Untersuchungen an Tieren fest, daß man durch ein heißes Bad von 40° C oder durch ein ebenso heißes auf die Bauchhaut aufgelegtes Kataplasma eine stärkere Erweiterung der Blutgefäße an den Bauchorganen erzielen kann als durch Kurzwellen. Allerdings mangelt diesen Versuchen eine bestimmte Vergleichsbasis. Desgleichen fand W. Strauch plethysmographisch nach einer Galvanisation oder Faradisation eine stärkere Volumszunahme des Unterarmes als nach einer Kurzwelleneinwirkung.

Der Blutdruck. Von Apel wurde ganz allgemein ein Absinken des systolischen wie des diastolischen Blutdruckes gefunden, das bei Kranken durchschnittlich größer ist als bei Gesunden. Eine besonders starke Blutdrucksenkung erhält man bei Durchwärmung des Sinus caroticus (Vanotti).

Die Wirkung auf das Herz. Auch hier haben uns die Untersuchungen von Pflomm, die von Liebesny und Holzer bestätigt wurden, zunächst irregeführt. Diese Autoren fanden, daß das isolierte Froschherz im Kurzwellenfeld eine Verlangsamung seiner Schlagfolge und eine Verkleinerung seiner Exkursionen erfährt. Da sich unter der Einwirkung von Wärme (mäßigen Grades!) die Herzschläge in der Regel vermehren, so wollte man auch darin einen athermischen Effekt der Kurzwellen erblicken. Diese Anschauung wurde durch die Untersuchungen von Laubry, Walser und Deglaude, Archangelsky, Hill und Taylor, Martini, Hasché und Bolze übereinstimmend widerlegt. Es stellte sich heraus, daß die Verlangsamung der Schlagfolge des Herzens im Kurzwellenfeld bereits das Ergebnis einer Hitzeschädigung war. Die Kurzwellen üben auf das Herz keine irgendwie spezifische, sondern nur eine reine Wärmewirkung aus.

Roffo und Taquini fanden an Hunden, bei denen in der Narkose eine Kurzwellenbehandlung des Brustkorbes gemacht wurde, verschiedene Veränderungen des Elektrokardiogramms.

Das Dielektrogramm. An dieser Stelle soll eine interessante diagnostische Verwertung des Kondensatorfeldes Erwähnung finden. Bringt man ein menschliches Herz zwischen die beiden Platten eines Behandlungskondensators, so wird es ein Teil des Dielektrikums. Durch die Größenänderungen, die das Herz bei seiner Tätigkeit erfährt, wird nun die

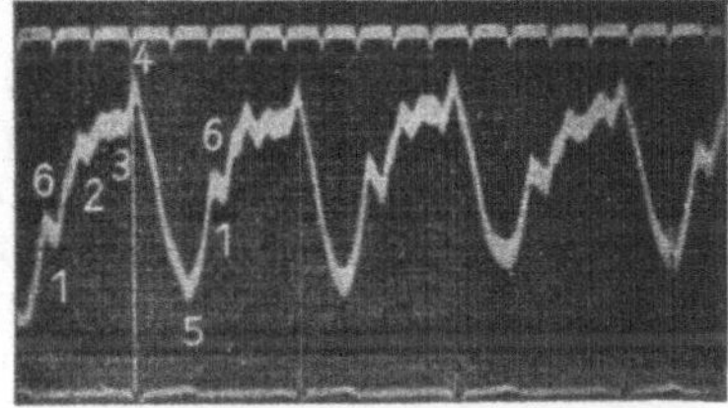

Abb. 86. Dielektrogramm eines gesunden Herzens (nach Atzler).

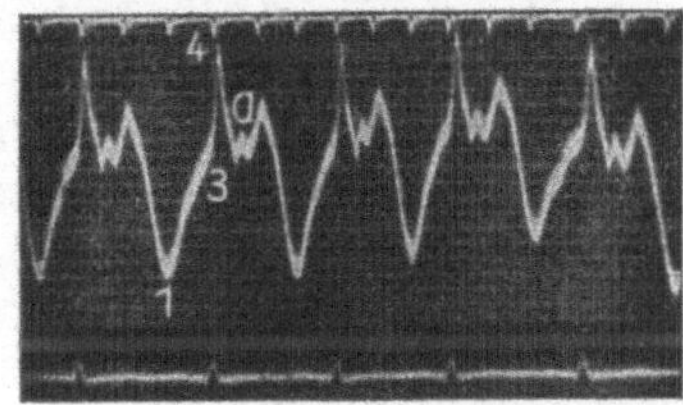

Abb. 87. Dielektrogramm einer Mitralinsuffizienz und Stenose (nach Atzler).

Kapazität des Kondensators andauernd verändert, was in Schwankungen des Stromes, der den Kreis durchfließt, zum Ausdruck kommt. Diese Stromschwankungen können nun mit Hilfe eines geeigneten Instrumentes graphisch aufgezeichnet werden. Man erhält so eine Kurve, ein sogenanntes Dielektrogramm, welches die Volumsänderungen des Herzens während seiner Tätigkeit wiedergibt (Abb. 86). Diese Kurve zeigt bei Gesunden einen typischen Verlauf. Da sie auch bei manchen Erkrankungen des Herzens charakteristische Veränderungen aufweist (Abb. 87), kann sie möglicherweise ein wertvolles diagnostisches Hilfsmittel werden.

E. Atzler, der diese Methode ausgearbeitet hat, verwendet zu seinen Untersuchungen eine 2—3 m-Welle. Der Hochfrequenzstrom wird durch ein Elektronenrohr gleichgerichtet und durch ein zweites Rohr verstärkt. Der so verstärkte Strom wird mittels eines Saitengalvanometers oder eines Oszillographen registriert.

Die Wirkung auf das Blut. Die Wirkung der Kurzwellen auf das Blut wurde in eingehender Weise untersucht. Die Ergebnisse seien hier kurz angeführt.

Die roten Blutzellen werden nach den Untersuchungen von Schliephake und Moeller, Oettingen und Schultze-Rhonhof, Arcuri und Morgano in keiner irgendwie charakteristischen Weise beeinflußt.

Die weißen Blutzellen. Die eben genannten Autoren fanden einen unmittelbar nach der Behandlung auftretenden Leukozytensturz, der jedoch nach Schliephake nur nach der Behandlung des ganzen Körpers oder größerer Rumpfteile beobachtet wird. Bei örtlichen Behandlungen, besonders solchen am Schädel, tritt im Gegenteil am Ort der Behandlung eine Leukozytenvermehrung ein. Das würde dem in der Chemo- und

Thermotherapie geltenden Grundgesetz entsprechen, daß die Leukozyten nach dem Ort der Reizung hinströmen. Guthmann fand das Verhalten der Leukozyten je nach der Art der Kurzwelleneinwirkung sehr verschieden. Gutmann und Schmidt fanden bei erhöhten Anfangswerten sofort nach der Behandlung ein Absinken, später ein langsames Ansteigen. Das Absinken war um so mehr ausgeprägt, je höher die Anfangswerte waren. Pflomm stellte sowohl im Reagensglas wie an lebenden Mäusen eine Vermehrung der Phagozytose fest, die jedoch nur bei verhältnismäßig schwachen Feldern erkennbar ist, starke Felder haben im Gegenteil eine hemmende Wirkung.

Die Blutgerinnung wird nach Oettingen und Schultze-Rhonhof bei Mäusen, nach Kobak auch beim Menschen gesteigert.

Die Sinkgeschwindigkeit der roten Blutkörperchen nimmt sowohl beim Menschen (Kobak) wie auch bei Tieren (Schliephake und Compère, Oettingen u. a.) zu. Es handelt sich hier um eine reine Wärmewirkung (N. Nagel). Braendstrup fand in 20 Fällen, in denen entzündliche Herde vorhanden waren, 6mal eine Beschleunigung und 2mal eine Verlangsamung, in 33 Fällen ohne entzündliche Herde nur 1mal eine Beschleunigung.

Der refraktometrische Index ist nach Schliephake vermindert, nach Kobak anfangs gesteigert, dann herabgesetzt.

Die H-Ionenkonzentration des Blutes wird nach Kobak, Schlag, Pflomm, Latkowsky und Charlampowicz u. a. gesteigert, nach Nordheim nicht wesentlich beeinflußt.

Der Blutzucker nimmt nach Behandlung der Pankreasgegend, wie Kobak angibt, teils zu, teils ab. Schwache Durchwärmungen scheinen den Zuckergehalt zu steigern. Izar und Moretti konnten durch Behandlung des Pankreas mit Kurzwellen eine Beeinflussung des Blutzuckers nicht feststellen. Pflomm fand bei Durchwärmung des Unterarmes in einer Kubitalvene eine Vermehrung. Schliephake und Weissenberg beobachteten bei Versuchen an Kaninchen Schwankungen des Blutzuckers, die jedoch nicht eindeutig waren.

Der Kalziumgehalt des Gesamtblutes nimmt bei der Durchwärmung der Hand eines Kranken nach Angabe von Genz ab. Eine solche Abnahme, und zwar in 14,1%, fanden auch Wakabayashi und Sawada bei Kaninchen nach Durchwärmung des Oberbauches; gleichzeitig stieg der Kaliumgehalt um 11,3% an.

Der Histamingehalt des Blutes und der Haut nimmt im Anschluß an die Durchwärmung zu, wie Hildebrandt im Kaninchenversuch nachwies.

Der Phosphatasegehalt des Serums sinkt bei Kaninchen nach der Kurzwellenbehandlung (Mariani), die Katalasewirkung wird abgeschwächt (Amano).

Untersucht wurden ferner das Verhalten der Abderhaldenschen Abwehrproteasen, des Blutfettes, des Blutcholesterins, der Ketonkörper, des Bilirubins und vieler anderer Stoffe. Ein Forscher legte sogar bei Kaninchen in Narkose die Milz frei, lagerte sie vor und durchwärmte sie, um den Einfluß dieses Eingriffes auf den Lipoid-Phosphorgehalt des Blutes festzustellen (!).

Quellennachweis.

Atzler, E.: Neues Verfahren zur Funktionsbeurteilung des Herzens. Dtsch. med. Wschr. 1933, Nr. 35, 1347.

Apel, M.: Beeinflussung des Blutdruckes durch Kurzwellen. Dissert. Jena, 1938.

Archangelsky, W. M.: Über die spezifische Wirkung des Ultrakurzwellenfeldes. Wien. med. Wschr. 1937, Nr. 28 und 29.

Cignolini u. Olivieri: L'azione delle onde corte sui capillari sanguigni. Radiobiol. general. 1935, Nr. 1 und 2.

Genz, G.: Die Veränderungen des Blut-Kalzium-Spiegels durch ultrakurze elektrische Wellen. Dissert. Jena, 1933.

Gesenius, H.: Über Tiefenhyperämie, ein Beitrag zur Wirkungsweise der Ultrakurzwellen. Dtsch. med. Wschr. 1936, Nr. 38 und 39.

Guthmann, H.: Erforschung und Praxis der Wärmebehandlung in der Medizin, S. 147. Dresden u. Leipzig: Th. Steinkopff, 1937.

Gutmann, H. u. W. Schmidt: Das Verhalten des weißen Blutbildes bei der therapeutischen Kurzwellenbehandlung. Strahlenther. 69, 381 (1941).

Hasché, E. u. J. Bolze: Die Beeinflussung der Froschherzfrequenz durch elektrische Wellen. Z. exper. Med. 104, H. 4, 596.

Hildebrandt, F.: Histamin im Blut und Gewebe unter dem Einfluß der Kurzwellen, Diathermie und Fango. Naunyn-Schmiedebergs Arch. 197, 148 (1941).

Hill, L. a. H. J. Taylor: Effect of very high frequency field on some physiological preparations. Lancet 1936 I, 311.

Izar, G. u. P. Moretti: Über die biologische Wirkung der kurzen Wellen. Klin. Wschr. 1934, Nr. 21, 771.

Jambrich, F.: Die osmotische Resistenz der roten Blutkörperchen im Kurzwellenfeld. Dissert. Wien, 1937.

Jorns, G.: Über die biologische Wirkung kurzer elektrischer Wellen. Bruns' Beitr. 152, H. 1, 31 (1931). — Weitere Untersuchungen über die biologische Wirkung kurzer elektrischer Wellen. Bruns' Beitr. 159 (1934).

Kobak, D.: Influence of short wave radiation on constituents of blood. Arch. physic. Ther. (Am.) H. 7, 413 (1936).

Latkowski, J. u. B. Charlampowicz: Über die biologische Wirkung der sog. Kurzwellen. Bull. internat. Acad. pol. Sci., Cracovie, Cl. Sci. math. et natur., Sér. B II, Nr. 3 und 4, 189 (1936).

Laubry, Walser et Deglaude: Influence des ondes courtes sur le coeur isolé. Bull. Acad. Méd., Par. 112, 160 (1934).

Lob, A.: Die Kurzwellenbehandlung in der Chirurgie. Stuttgart: F. Enke, 1936.

Martini, E.: Azione delle onde elettromagnetiche ad alta frequenza su cuore. Radiobiologia (l., It.) I, H. 4 (1934).

Nagel, N.: Blutkörperchensenkung im Ultrakurzwellenfeld. Dissert. Wien, 1937.

Oettingen, Kj. v. u. F. Schultze-Rhonhof: Die Einwirkung kurzer elektrischer Wellen auf das strömende Blut des Kaninchens. Zbl. ges. Gynäk. 1930, Nr. 36.

Pflomm, E.: Experimentelle und klinische Untersuchungen über die Wirkung ultrakurzer elektrischer Wellen auf die Entzündung. Arch. klin. Chir. 166, H. 1 und 2 (1931).

Roffo u. Taquini: Modificazioni elettrocardiografiche provocate dall' applicazioni di onde corte. Congr. Elettro-Radio-Biologia, Venezia 1934, I, 230.

Schlag, E. H.: Untersuchungen über den Einfluß der Kurzwellendurchflutung auf die Wasserstoffionenkonzentration in tierischen Geweben. Dissert. Gießen, 1936.

Strauch, W.: Erforschung und Praxis der Wärmebehandlung in der Medizin, S. 18. Dresden u. Leipzig: Th. Steinkopff, 1937.

Schliephake, E. u. A. Compère: Spezifische Wirkung des Ultrakurzwellenfeldes. Klin. Wschr. 1933 II, 1729.

Schliephake, E. u. E. Weissenberg: Versuche über die Beeinflussung
des Blutzuckerspiegels durch kurze elektrische Wellen. Wien. klin. Wschr.
1932, Nr. 18.

Vanotti, A.: Das Verhalten des Blutdruckes bei der Kurzwellenbesen-
dung der Carotissinusgegend am Menschen und am Versuchstier. Z. exper.
Med. 97, 826 (1936).

Wakabayashi, M. u. J. Sawada: Ultrakurzwellen und Kationen im
Blut. Besonders über den Einfluß auf Kalium und Kalzium. Jap. J. med. Sci.,
Trans III. Biophysics 6, 104 (1940).

Weisz, H., J. Pick, V. Tomberg: Zur Einwirkung der Kurzwellen
auf die Blutgefäße. Klin. Wschr. 1937, Nr. 21, 750.

Die Wirkung auf das Nervensystem.

Die schmerzstillende Wirkung. Klinisch in besonderer Weise auffallend ist die schmerzstillende Wirkung der Kurzwellen nicht nur bei
Neuralgien und Neuritiden, sondern auch bei vielen entzündlichen Erkrankungen. Bekanntlich wirkt die Wärme im allgemeinen schmerzstillend.

Bier schreibt diese Wirkung der Hyperämie zu, welche im Gefolge
jeder Erwärmung auftritt. Nach Ansicht von Goldscheider, Halphen,
Auclair und anderen französischen Forschern ist der schmerzstillende
Einfluß der Wärme als eine direkte Wirkung auf die Nerven anzusehen,
durch die es zu einer Hemmung der Schmerzleitung (Inhibition nach
Brown-Séquard) kommt. Über das Wesen dieser Schmerzhemmung
ist aber nichts Näheres bekannt.

Die Wirkung auf die motorischen Nerven. Wärme mäßigen Grades
steigert die Erregbarkeit der motorischen Nerven, wie sich am Nerv-
Muskel-Präparat des Frosches nachweisen läßt. Es war darum sehr auffallend, als Audiat behauptete, daß durch die Einwirkung von Hoch-
frequenzströmen auf den motorischen Nerven die galvanische Erregbarkeit vermindert werde. Das wurde von den Vertretern athermischer
Wirkungen als ein Beweis dafür angesehen, daß die Wirkung der Kurzwellen nicht auf Wärme beruhen könne. Das Experiment Audiats,
das als eine der Hauptstützen der athermischen Hypothese galt, ist
heute durch die Untersuchungen von Fabre, Archangelsky, Danilewsky und Worobjew sowie insbesondere von Hill und Taylor
widerlegt. Die von Audiat gefundene Herabsetzung der galvanischen
Erregbarkeit war anscheinend nichts anderes als die Folge einer Hitzeschädigung der Nervenfasern.

Untersuchungen über die Beeinflussung der Rheobase und Chronaxie
durch Kurzwellen wurden durch Fabre, Audiat, Delherm und Fischgold, Bonetti und Fumi sowie anderen angestellt. Die gefundenen
Werte zeigen aber keine Übereinstimmung, sie waren gegenüber der Norm
teils erhöht, teils vermindert.

Die Wirkung auf das Gehirn. Da die Kurzwellen die Schädeldecke unschwer durchsetzen, ist eine Erwärmung und damit eine Beeinflussung des
Gehirns leicht möglich. Gleichzeitig kommen auch Schädigungen leichter
zustande.

Straßburger und Schliephake zeigten, daß man durch lokale Behandlung der Nackengegend bei Kaninchen schwere Störungen der Temperaturregulierung hervorrufen kann. Bei manchen Tieren trat eine starke Erhöhung der Körpertemperatur, bei anderen im Gegenteil ein Abfall derselben ein. Die physiologische Temperaturregulierung war tagelang schwer gestört, die normalen Tagesschwankungen waren auffallend groß. Die Reaktion gegen Wärme- und Kältereize war ungewöhnlich, ja selbst paradox. So trat z. B. nach Injektion des fiebererzeugenden Mittels Pyrifer keine Erhöhung, in manchen Fällen sogar eine Erniedrigung der Temperatur ein. Die Versuchstiere gingen alle an Pneumonie und Pleuritis zugrunde.

P. J. Reiter konnte bei Kaninchen nach intensiven Durchwärmungen des Gehirns tetanieähnliche Erscheinungen auslösen, denen entweder sofort oder in zwei bis drei Tagen der Tod folgte. Horn, Kauders und Liebesny zeigten, daß wiederholte Allgemeinbehandlungen von Tieren im Kondensatorfeld zu einer starken Hyperämie des Gehirns führen. Sämtliche Gefäße waren prall mit Blut gefüllt, mehrfach waren diapedetische Blutungen und Gefäßzerreißungen zu sehen. Bei Paralytikern und Schizophrenen fanden die gleichen Autoren nach wiederholten Kondensatorbehandlungen des Schädels, die keine nennenswerte Wärmeempfindung erzeugten, im Liquor eine auffallende Steigerung des Gesamteiweißes sowie eine vorübergehende Erhöhung der Zellzahl. Im Gegensatz dazu konnte Schiersmann bei 22 Geisteskranken mit Dauerpunktion nach Behandlung des Großhirns ein mäßiges Absinken des Gesamteiweißes und des Eiweißquotienten feststellen.

Quellennachweis.

Audiat, J.: Action des ondes hertziennes sur l'excitabilité électrique des nerfs. Rev. Actinol. 8, 227 (1932).

Archangelsky, W. M.: Über die spezifische Wirkung des Ultrakurzwellenfeldes. Wien. med. Wschr. 1937, Nr. 28 und 29. — Kurzwellen-Kongr., Wien, 1937. S. 192.

Danilewsky, B. u. A. Worobjew: Über die Fernwirkung elektrischer Hochfrequenzströme auf die Nerven. Arch. Physiol. 236, 443 (1935).

Delherm, L. et H. Fischgold: Le courant de d'Arsonval diminuent l'excitabilité neuromusculaire. C. r. Acad. Sci. 199, 1688 (1934).

Fabre, Ph.: Modifications de l'excitabilité des nerfs sous l'action des ondes des haute fréquence entretenues. Kurzwellen-Kongr., Wien, 1937. S. 201.

Hill, L. a. H. Taylor: The supposed specific effect of high frequency currents on some physiological preparations. Arch. physic. Ther. (Am.) 18, 263 (1937).

Horn, L., O. Kauders u. P. Liebesny: Klinische und experimentelle Erfahrungen mit der Kurzwellenbehandlung des Gehirns. Wien. klin. Wschr. 1934, Nr. 30 und 31.

Reiter, P. J.: Über die biologische Wirkung von Kurzwellen auf das Gehirn und Versuch einer Therapie bei chronischen Gehirnleiden. Z. Neur. 156, 382 (1936).

Schiersmann, O.: Zur Frage der Schädigung des Zentralnervensystems durch Kurzwellenbehandlung. Arch. Psychiatr. (D.) 108, 363 (1938).

Straßburger, A. u. E. Schliephake: Der Einfluß der Ultrakurzwellen auf die Wärmeregulierung der Kaninchen. Arch. exper. Path. 177, Nr. 1 (1934).

Die Wirkung auf Bakterien.

Der Einfluß auf das Wachstum der Bakterien. Haase und Schliephake zeigten als erste, daß das Wachstum verschiedener Bakterien, wie Staphylokokken, Tuberkelbazillen, Diphtheriebazillen, Meningokokken usw., durch Kurzwellen gehemmt oder aufgehoben werden kann. Sie stellten weiter fest, daß bei gleicher Temperatur des Nährbodens oder Aufschwemmungsmittels das Absterben der Keime im Kondensatorfeld in kürzerer Zeit erfolgt als im Wasserbad. Das ist wohl dadurch zu erklären, daß die Bakterien im elektrischen Feld vielfach eine höhere Temperatur annehmen als ihre Trägersubstanz (S. 55).

Der Einfluß der Kurzwellen auf Bakterien wurde dann weiterhin von einer großen Anzahl von Forschern untersucht. Die Ergebnisse dieser Untersuchungen sind nichts weniger als übereinstimmend. Es wurde alles gefunden, was theoretisch nur denkbar ist. Die einen fanden eine Schädigung, die anderen eine Förderung des Bakterienwachstums, während eine dritte Gruppe einen Einfluß auf das Wachstum überhaupt nicht feststellen konnte.

Liebesny, Wertheim und Scholz sahen bei vielen Bakterien eine schädigende Wirkung, bei Bacterium gangraenae pulpae und einer Reihe von Pilzen eine Vermehrung des Wachstums. Groag und Tomberg dagegen konnten nur eine Schädigung feststellen, deren Grad sich nach der Stärke des Feldes richtete. Nach Hasché und Leunig werden Staphylokokken und Bacterium coli bei Wellenlängen von 3, 5, 8 und 16 m auch durch stärkste Felder in keiner Weise beeinflußt.

Grasser konnte Bacterium coli in starken Feldern abtöten, schwache blieben wirkungslos. Nach Ruete geht dieses Bakterium bei Temperaturen über 50° C in 15 Minuten zugrunde, während Temperaturen unter 50° C ohne Einfluß bleiben. Ähnlich verhalten sich Pilze. H. Körber konnte Kulturen von Kolibakterien durch schwache Felder zu vermehrtem Wachstum anregen, durch starke in ihrem Wachstum hemmen. Nach Lippelt und Heller wird Bacterium coli durch kurze Behandlungen im Wachstum gefördert, während es durch lange nicht beeinflußt wird.

Nach Schedtler kommen Kulturen von Staphylococcus albus bei einer Temperatur von 65° C in 30 Minuten zum Absterben.

Colarizi sah bei Diphtheriebazillen im allgemeinen einen geringen Einfluß der Kurzwellen, in einzelnen Fällen eine Förderung. Hasché, Leunig und Loch konnten diese Bakterien unter den verschiedensten Bedingungen nicht beeinflussen, nur in einzelnen Fällen sahen sie eine Abtötung.

Nagell und Berggreen vermochten eine Abtötung von Gonokokken bei Anwendung verschiedener Wellenlängen nicht zu erreichen.

Nach Izar und Moretti wurden die Bazillen von Typhus, Paratyphus B, Shiga-Krusesche Dysenteriebazillen und einige andere in 20 Minuten mit den verschiedensten Wellenlängen nicht beeinflußt, während Bacterium paratyphicus A unter der Einwirkung einer 4 m-Welle eine Schädigung zeigte.

Mortimer und Osborne erhitzten Staphylokokken, Streptokokken, Gonokokken, Meningokokken, Typhusbazillen und andere Keime bis auf 40° C, ohne einen Einfluß auf das Wachstum zu beobachten.

Tröltsch konnte mit einer 6 m-Welle eine Beeinflussung des Wachstums von Trychophyton gypseum und anderen Pilzen weder in positivem noch in negativem Sinn feststellen, bei Anwendung einer 12 m-Welle beobachtete sie eine leichte, jedoch bald vorübergehende Anregung des Wachstums.

Paulian und Bistriciano sahen bei einer Nährbodentemperatur von 37° C keinerlei Wirkung auf die Lebensfähigkeit hämolysierenden Streptokokken, Staphylokokken und Diphtheriebazillen.

Nach Marquès und Miletzky zeigten Staphylokokken bei einer Durchwärmung mit einer 4, 8, 12 oder 14 m-Welle keine Beeinflussung des Wachstums, wenn die Erwärmung des Nährbodens nicht über 54° C steigt; bei einer Temperatur von 55—60° C dagegen starben sie ab.

Yamada konnte die Virulenz von zwei Staphylokokkenstämmen durch Kurzwellen nur sehr wenig beeinflußen.

Das ist nur eine kleine Auslese aus einer großen Zahl von Versuchen, die über die Wirkung der Kurzwellen auf das Bakterienwachstum angestellt wurden. Niemand vermag sich aus diesen widersprechenden Ergebnissen ein Bild zu machen, wie die Kurzwellen auf Bakterien eigentlich wirken. Da es nicht schwer ist, an der Hand von Kontrollkulturen eine Förderung oder Hemmung des Wachstums festzustellen, haben wir keinen Grund, an der Richtigkeit der verschiedenen Angaben zu zweifeln. Die Widersprüche erklären sich dadurch, daß die Versuche unter ganz verschiedenen Bedingungen angestellt wurden. Unter diesen ist es vor allem die Feldenergie, die zur Anwendung kam, besser gesagt, die von den Bakterien absorbiert wurde. Da diese bisher nicht meßbar ist, sind wir über den wichtigsten Versuchsfaktor vollkommen im unklaren. Daß die Temperatur des Nährbodens kein Maßstab für die Erwärmung der Bakterien ist, wurde ja bereits auf S. 55 auseinandergesetzt. Dazu kommt ferner die Verschiedenheit des Nährbodens, die nach den Untersuchungen von Hasché, Leunig und Loch für das Versuchsergebnis von größter Bedeutung ist, die Einstellung der Kulturen zur Richtung des Feldes (S. 39), die für die Erwärmung entscheidend ist, und anderes. Solange man alle diese Bedingungen nicht zahlenmäßig festlegt oder festlegen kann, ja überhaupt nicht beachtet, sind derartige Versuche nichts anderes als ein wissenschaftliches Würfelspiel.

Ganz das gleiche gilt von den Versuchen, die den Einfluß verschiedener Wellenlängen auf das Bakterienwachstum dartun sollen. Allen diesen Versuchen mangelt die ebenso selbstverständliche wie unentbehrliche Voraussetzung, daß die Feldstärke in allen Vergleichsfällen dieselbe ist. Da der Wirkungsgrad eines Apparates sich mit der Wellenlänge ändert (S. 28), so müßte für jede Wellenlänge das Feld immer wieder auf genau die gleiche Stärke einreguliert werden. Alle Versuche, in denen das nicht geschah, sind daher vollkommen wertlos.

Zu den Bakterienversuchen muß aber noch etwas Grundsätzliches gesagt werden. Es ist natürlich ein Irrtum, wenn man glaubt, aus dem Verhalten der Bakterien in vitro einen Rückschluß auf ihr Verhalten im lebenden Organismus ziehen zu können. Abgesehen davon, daß die physikalisch-technischen Bedingungen bei der therapeutischen Anwendung völlig andere sind, vergißt man dabei das Wichtigste, nämlich daß das lebende Gewebe im Kampf gegen die Krankheitserreger doch auch eine Rolle spielt. Es liegt so ganz im Geiste der Laboratoriumsmedizin von heute, daß man neben dem Krankheitserreger auf den Kranken vergißt. Wir dürfen uns doch nicht vorstellen, daß die Bakterien durch die Wärmebildung unmittelbar geschädigt werden. Dazu sind die therapeutisch zur Anwendung kommenden Feldstärken und Behandlungszeiten durchaus unzureichend. Die Wirkung ist vielmehr eine mittelbare, dadurch bedingt, daß durch den Einfluß der Kurzwellen auf die Zirkulation und das Blut, den örtlichen und allgemeinen Stoffwechsel die Abwehrkräfte des Organismus in mächtiger Weise angeregt werden. Wenn manche Autoren aus ihren Laboratoriumsversuchen therapeutische Anzeigen und Gegenanzeigen ableiten und dabei glauben, besonders wissenschaftlich exakt gehandelt zu haben, so zeigt dies nur ihre primitiv mechanistische und unbiologische Denkart.

Die Wirkung auf künstlich infizierte Tiere. Auch durch Versuche an Tieren, die man künstlich infizierte, suchte man den Einfluß der Kurzwellen auf Bakterien zu erforschen.

Schliephake injizierte Tuberkelbazillen Kaninchen in beide Kniegelenke. Nach einer vierwöchigen, täglich wiederholten Allgemeinbehandlung im Kondensatorfeld waren die anatomischen Veränderungen in den Gelenken der behandelten Tiere wesentlich geringer als bei den unbehandelten Kontrolltieren.

Carpenter und Boak impften 25 Kaninchen mit syphilitischem Virus und behandelten sie 7 Wochen lang jeden zweiten Tag im Kondensatorfeld einer 30 m-Welle. 21 von den Tieren blieben gesund, während von den 20 Kontrolltieren alle an Syphilis erkrankten.

Kling sah bei Meerschweinchen, die mit Tuberkelbazillen infiziert worden waren, weder durch örtliche noch durch allgemeine Kurzwellenbehandlung einen therapeutischen Erfolg. Das gleiche bestätigte Schedtler. Auch Bessemans und Janssens konnten bei Meerschweinchen, die sie mit Tripanosoma gambiense geimpft hatten, eine Heilwirkung der Kurzwellen nicht feststellen.

Pflomm, Levaditi, Rothschild, Auclair, Halphen, Vaisman, Schön u. a. führten ähnliche Tierversuche teils mit positivem, teils mit negativem Erfolg aus. Halphen, Auclair, Poittevin, Regaud und andere französische Forscher betrachten die bakterizide Wirkung der Kurzwellen, ausgenommen diejenige auf Kaninchensyphilis, keineswegs für gesichert.

Nach Nakaschima und Umeda nimmt nach einmaliger Durchwärmung bei Kaninchen der Opsoninindex gegenüber Staphylokokkem und Kolibazillen zu. Nach Shita und Nakaschima steigt die bakterizide Kraft des Kaninchenblutes nach der Durchwärmung an.

Zusammenfassung. Fassen wir das Ergebnis der zahlreichen bisher gemachten Untersuchungen über die bakterizide Wirkung der Kurzwellen zusammen, so können wir sagen, daß wir bisher nicht den geringsten Anhaltspunkt für irgendeine spezifische, bakterienschädigende Wirkung der Kurzwellen finden konnten. Die bakterizide Kraft der Kurzwellen beruht auf ihrer Wärmebildung. Daß Wärme, in welcher Form sie auch immer zur Anwendung kommt, antibakteriell wirkt, ist aber keine neue Erkenntnis. Seit Jahrtausenden hat sich die Wärme bei den verschiedensten infektiösen Prozessen als wertvolles Heilmittel erwiesen.

Quellennachweis.

Colarizi, A.: Die Wirkung Hertzscher Kurzwellen auf Wachstum und Virulenz von Diphtheriebazillen. Wien. med. Wschr. 1935, Nr. 43.

Grasser, H.: Beitrag zur Wirkung von Ultrakurzwellen auf Bacterium coli. Med. Klin. 1936, Nr. 21.

Groag, P. u. P. Tomberg: Zur biologischen Wirkung kurzer elektrischer Wellen. Wien. klin. Wschr. 1934, Nr. 9.

Haase, W. u. E. Schliephake: Versuche über den Einfluß kurzer elektrischer Wellen auf das Wachstum von Bakterien. Strahlenther. 40, 133 (1931).

Hasché, E. u. H. Leunig: Über die Wirkung von Ultrakurzwellen auf Bakterien. Dtsch. med. Wschr. 1935, Nr. 30.

Hasché, E., H. Leunig u. P. Loch: Über die Beeinflussung des Diphtheriebazillus durch kurze elektrische Wellen. Dtsch. med. Wschr. 1937, Nr. 49, 1835.

Hasché, E. u. P. Loch: Quantitatives über die Einwirkung von Kurzwellen auf Bakterien. Klin. Wschr. 1938, Nr. 2, 59.

Izar, G. e F. Famulari: Sulla azione biologica delle onde corte. Nota IV. Azione su alcuni germi. Riforma med. 1933, 1489.

Izar, G. e P. Moretti: Über die biologische Wirkung der kurzen Wellen. Klin. Wschr. 1934, Nr. 21.

Kling, D. H.: Investigation of electrostatic and magnetic field of short and ultrashort waves (radiothermy). Arch. physic. Ther. (Am.) 17, 352 (1936).

Körber, H.: Biophysik. Ges. 27. 2. 1935, Sitzungsber. S. 5.

Levaditi, C., H. de Rothschild, J. Auclair, P. Haber, A. Vaisman et R. Schoen: Étude expérimentale de la thermothérapie par les radiations à ondes courtes. Rev. Actinol. 9, 462 (1933).

Liebesny, P.: Biopositive und bionegative Strahlenwirkungen von Kurzwellen verschiedener Wellenlänge. Fortschr. Röntgenstr. 47, H. 2 (1933).

Liebesny, P., H. Wertheim u. H. Scholz: Über Beeinflussung des Wachstums von Mikroorganismen durch Kurzwellenbestrahlung. Klin. Wschr. 1933, 141.

Lippelt, H. u. C. Heller: Die Einwirkung der Kurzwellen auf Bakterien. Klin. Wschr. 1934, Nr. 49.

Marquès P. et O. Miletzky: Facteur thermique et spécifique des fréquences dans l'action bactéricide des ondes courtes. Bull. Soc. Électroradiol. méd. France 27, 482 (1939).

Mortimer, B. a. St. L. Osborne: Tissue heating by short wave diathermy; some biologic observations. J. amer. med. Assoc. 104, 1413 (1935).

Nagell, H. u. P. Berggreen: Über Kurzwellentherapie der Gonorrhöe. Derm. Z. 67, 151 (1933).

Olivieri, A.: Azione delle onde corte sui protozoi. Scr. ital. Radiobiol. med. 3, 181, 1036.

Paulian, D. et I. Bistriceano: L'action des ondes ultracourtes sur les cultures microbiennes. Bull. Acad. Méd., Par. 116, 883 (1936).

Pflomm, E.: Experimentelle und klinische Untersuchungen über die Wirkung ultrakurzer elektrischer Wellen auf die Entzündung. Arch. klin. Chir. 166, H. 1 und 2 (1931).

Ruete, E.: Über die Wirkung der Kurzwellen auf Bacterium coli und pathogene Pilze, sowie über die Brauchbarkeit in der Behandlung dermatologischer Erkrankungen. Kurzwellen-Kongr., Wien, 1937. S. 266.

Schedtler, O.: Die Therapie mit ultrakurzen elektrischen Wellen, insbesondere bei tuberkulösen Erkrankungen. Beitr. Klin. Tbk. 86, H. 4 (1935).

Schweinburg, Fr.: Über die Beeinflussung des Wuterregers im Kurzwellenfeld. Kurzwellen-Kongr., Wien, 1937. S. 217.

Szymanowski, W. a. R. Hiks: The biologic action of ultrahigh frequency currents. J. infect. Dis. (Am.) 50, 1 (1932).

Troeltsch, E.: Einfluß der Kurzwellenbestrahlung auf pathogene Pilze. Derm. Wschr. 1938, 384.

Die Wirkung auf maligne Neoplasmen.

Schereschewsky prüfte schon im Jahre 1928 die Wirkung der Kurzwellen auf das Impfsarkom der Mäuse und eine maligne Form des Hühnersarkoms. Reiter, Pflomm, Hasché und Collier u. a. machten ähnliche Versuche. Es zeigte sich, daß man durch örtliche Einwirkung der Kurzwellen oberflächlich gelegene Neubildungen zerstören kann in ähnlicher Weise, wie das Rohdenburg und Prime schon vor vielen Jahren mit der Diathermie getan hatten. Die Wirkung beruht auf einer

Hitzeschädigung der Zellen. Eine selektive Wirkung nach Art der Röntgenstrahlen in dem Sinn, daß sie das neoplastische Gewebe stärker beeinflussen als das gesunde, kommt den Kurzwellen nicht zu. Sie schädigen das gesunde Gewebe in gleicher Weise wie das kranke.

Daraus ergibt sich bereits die völlige Aussichtslosigkeit, maligne Neoplasmen des Menschen mit Kurzwellen erfolgreich zu behandeln, es sei denn, daß man sie durch Elektrokoagulation zerstört. Alle bisherigen Versuche, karzinomatöse Neubildungen bei Menschen durch Kurzwellen therapeutisch zu beeinflussen, sind negativ ausgefallen. Kowarschik hat eine Reihe solcher Karzinome ohne jeden Erfolg behandelt, desgleichen Schliephake. Ähnliche Mißerfolge werden von Haas und Lob berichtet. G. Huwer will sogar ein beschleunigtes Wachstum bei drei Portiokarzinomen nach der Kurzwellenbehandlung gesehen haben.

Auch die Möglichkeit, die Geschwulstzellen durch Kurzwellen für eine nachfolgende Röntgen- oder Radiumbestrahlung zu sensibilisieren, wurde vielfach erörtert (Wintz, Zimmer, Iredell, Denier, Morris). Ein praktisches Ergebnis dürfte diese Diskussion ebenso wenig zeitigen, wie das die Erörterung der gleichen Frage vor Jahren für die Diathermie getan hat. Experimentelle Untersuchungen Mühlenhardts am Kaninchenhoden ergaben, daß die Zerstörungen sowohl an der Haut wie am Hodengewebe selbst nach einer Röntgenbestrahlung, die mit einer Kurzwellenbehandlung kombiniert wurde, wesentlich stärker waren als die nach einer Röntgenbestrahlung allein.

Quellennachweis.

Dénier, A.: Die biologische und therapeutische Wirkung der Hertzschen Wellen von 80 cm Wellenlänge. Wien. med. Wschr. 1937, Nr. 28 und 29.

Haas, M. u. A. Lob: Die sogenannten spezifischen Effekte der Kurzwellen bei der Behandlung bösartiger Geschwülste. Strahlenther. 50, 345 (1934).

Hasché, E. u. W. A. Collier: Über die Beeinflussung bösartiger Geschwülste durch Ultrakurzwellen. Strahlenther. 51 (1934).

Huwer, G.: Die chirurgische Diathermie im Dienste der Behandlung von Genitalkarzinomen. Zugleich ein Beitrag zur Kurzwellenbestrahlung von Karzinomen. Z. Geburtsh. 104, 244 (1933).

Iredell, C. E.: Two cases illustrating the action of short wave diathermy in producing sensibilisation tho the action of radium. Kurzwellen-Kongr., Wien, 1937. S. 324.

Mühlenhardt, R.: Steigerung der Wirkung einzeitiger Röntgenbestrahlung durch Kurzwellendiathermie. Versuche am Kaninchenhoden. Diss. Kiel, 1939.

Pflomm, E.: Kurzwellenbestrahlung des Rattenkarzinoms. Münch. med. Wschr. 1930, Nr. 43, 1854.

Reiter, T.: Über spezifische Wirkungen der Ultrakurzwellen. Dtsch. med. Wschr. 1933, 160.

Schereschewsky, J. W.: The action of currents of very high frequency upon tissue cells. Publ. Health Rep. (Am.) 1928, 927.

Wintz, H.: Die Kurzwellentherapie in der Gynäkologie. Wien. med. Wschr. 1937, Nr. 28 und 29, 781.

Zimmer, K. G.: Über den Mechanismus der kombinierten Röntgenstrahl- und Kurzwellenwirkung. Kurzwellen-Kongr., Wien, 1937. S. 328.

Die Allgemeinwirkungen auf Menschen, Tiere und Pflanzen.

Die Allgemeinwirkung auf den Menschen. Bringen wir den ganzen menschlichen Körper in ein Kondensator- oder Spulenfeld, so treten die Erscheinungen der Hyperthermie ganz und gar in den Vordergrund. Man kann im Verlaufe von 1—1$^1/_2$ Stunden mit leistungsfähigen Apparaten Temperaturen von 40—41° C erreichen, die von starkem Schweißausbruch, einer Vermehrung der Atem- und Pulsfrequenz sowie anderen Erscheinungen der Übererwärmung begleitet sind. Wir werden diese Art der Behandlung in einem besonderen Abschnitt eingehend besprechen.

Die Allgemeinwirkungen auf Tiere. Auch bei Tieren, die man in ein Kurzwellenfeld bringt, ist die Erhöhung der Körpertemperatur die augenfälligste Erscheinung. Bei kleineren Tieren, wie Fliegen, Schmetterlingen, Mäusen, Ratten, kleinen Fischen, kann der Temperaturanstieg

Abb. 88. Zwei Ratten des gleichen Wurfes, die linke behandelt, die rechte unbehandelt (nach Pflomm).

so rasch erfolgen, daß sie in Sekunden oder wenigen Minuten zugrunde gehen. Sorgt man für eine entsprechende Kühlung, z. B. durch Zufuhr von frischer Luft, so kann der Eintritt des Todes verzögert werden. Unterbricht man den Strom vor Eintritt des Todes, so erholen sich die Tiere häufig wieder.

Verabfolgt man den Tieren keine letale, sondern eine etwas kleinere Wärmedosis, die man aber öfters wiederholt, so treten, wie Pflomm an Ratten zeigte, Wachstumsstörungen auf. Die Tiere bleiben kleiner und zeugungsunfähig (Abb. 88). Behandelt man schließlich mit kleinsten Dosen, wie das Jellinek getan hat, so kann man die Schädigung in eine Förderung umwandeln.

Mäuse, die 14 Tage lang täglich 1 Stunde im Feld einer 4 m-Welle von nur 4 Watt Stärke verweilten, wiesen eine starke Wachstumszunahme, ein schöneres und weicheres Fell auf als die Kontrolltiere.

Mezzadroli und Vareton fanden, daß Seidenraupen unter Einwirkung eines schwachen Kondensatorfeldes sich besser entwickeln und die Schmetterlinge rascher zum Ausschlüpfen kommen (zit. nach Jellinek).

D. Kellner und A. Herzum konnten gleichfalls nachweisen, daß die Wirkung des Kurzwellenfeldes je nach der Stärke bzw. Dauer seiner Einwirkung eine durchaus verschiedene ist. Mäuse, die sich 3—4 Minuten im Feld befanden, gingen nach der ersten oder zweiten Behandlung ein. Tiere, die sechsmal, jedoch nur 2 Minuten, dem Feld ausgesetzt wurden, zeigten eine Verminderung ihres Körpergewichtes um 14% gegenüber dem der Kontrolltiere. Mäuse, die sechsmal je 1 Minute behandelt wurden, wiesen jedoch eine Erhöhung ihres Körpergewichtes um 8,7% auf, gleichzeitig trat die Geschlechtsreife bei ihnen früher ein.

Alle die beschriebenen Versuchsergebnisse können ohne weiteres als reine Wärmewirkung aufgefaßt werden. Es entspricht längst bekannten Erfahrungen, daß die Wirkung der Wärme je nach ihrer Stärke einmal in einer Förderung, ein anderes Mal in einer Hemmung oder Vernichtung organischen Lebens zum Ausdruck kommt.

Die Allgemeinwirkungen auf Pflanzen. Die gleichen Wirkungen wie an Tieren beobachten wir auch an Pflanzen: Zerstörung, Hemmung

Abb. 89.
Vor der Einwirkung des Kurzwellenfeldes.

Abb. 90. Nach der Einwirkung eines Kurzwellenfeldes (Wellenlänge 5 m, Dauer 1 Minute).

oder Förderung des Wachstums. Starke Felder bringen wasserreiche Pflanzenblätter oder Blüten in Sekunden unter starkem Wasserverlust zum Welken (Abb. 89 und 90). Die Pflanzen verlieren ihren Tonus, sehen wie gekocht aus und fühlen sich heiß an. Bei noch längerer Einwirkung des Feldes trocknen sie ein und verkohlen. Etwas schwächere Felder hemmen nur das Wachstum, ganz schwache Felder beschleunigen es.

So konnte Oettingen bei angekeimter Brunnenkresse unter dem Einfluß der Kurzwellen ein rascheres Wachstum feststellen, desgleichen bei Keimlingen von Bohnen. Diese Ergebnisse wurden von Jorns bestätigt.

Quellennachweis.

Jellinek, St.: Biologische Wirkungen ultrakurzer Wellen. Wien. klin. Wschr. 1930, Nr. 52.

Jorns, G.: Weitere Untersuchungen über die biologische Wirkung kurzer elektrischer Wellen. Bruns' Beitr. 159, I (1934).

Kellner, D. u. A. Herzum: Über die Wirkung elektrischer Kurzwellen auf die Entwicklung und Östrus von infantilen weiblichen Mäusen. Orv. Hetil. (Ung.) 1934, Nr. 39.

Oettingen, Kj. v.: Pflanzen- und tierexperimentelle Untersuchungen im elektrischen Wechselfelde eines Ultrakurzwellensenders. Strahlenther. 41, H. 2 (1931).

Oettingen, Kj. v. u. H. Hook: Einwirkung kurzer elektrischer Wellen auf die Keimdrüsen der männlichen Maus. Zbl. ges. Gynäk. **1930**, Nr. 37.

Pflomm, E.: Experimentelle und klinische Untersuchungen über die Wirkung ultrakurzer elektrischer Wellen auf die Entzündung. Arch. klin. Chir. **166**, H. 1 und 2 (1931).

Die Schädigungen durch Kurzwellen.

Die Schädigungen durch Kurzwellen kann man in örtliche und allgemeine unterscheiden. Zu den ersten zählen zunächst:

Die Schädigungen der Haut. Da die Kurzwellentherapie eine Wärmebehandlung ist, so kann es selbstverständlich zu Verbrennungen der Haut kommen, die je nach der Stärke der Wärmeeinwirkung ersten, zweiten oder dritten Grades sein können. Solche Verbrennungen wurden wiederholt gesetzt, allerdings nur ausnahmsweise veröffentlicht.

Kling berichtete über sechs zum Teil sehr schwere Kurzwellenverbrennungen. W. J. Turell teilte zwei sehr schwere Hautverbrennungen mit, die ohne besondere Wärmeempfindung von Seite der Kranken zustande gekommen sein sollen und die er darum nicht als eine thermische Schädigung ansah, sondern als eine „disruptive action of the electrical vibration" (?).

Verbrennungen scheinen leichter mit anliegenden Weichgummielektroden als mit Luftdistanzelektroden zustande zu kommen, da bei ihrer Verwendung unter sonst gleichen Bedingungen die Hitzewirkung eine größere ist (S. 38). Dabei spielt auch die Bildung von Schweiß, der nicht verdunsten kann, eine unterstützende Rolle.

Die Schädigungen des Unterhautfettgewebes. Eine weitere Schädigung, die uns von der Diathermie her bekannt ist, ist die subkutane Fettnekrose. Obwohl das Fettgewebe für die Kurzwellen nicht mehr einen so hohen Widerstand darstellt wie für den Diathermiestrom, da es zum Teil kapazitiv durchsetzt wird, ist seine Erwärmung doch noch eine beträchtliche. Es kann vorkommen, daß eine Verbrennung des Unterhautfettgewebes eintritt, ohne daß die Haut geschädigt wird. Es bildet sich dann unter der Haut, die an sich unverändert oder nur etwas gerötet ist, ein derbes, auf Druck schmerzhaftes Infiltrat, das in der Regel ohne weitere Folgen nach einiger Zeit resorbiert wird. Solche Verbrennungen kommen am leichtesten an fettreichen Hautstellen, wie z. B. an den Bauchdecken, zustande.

Die Schädigungen tiefer liegender Organe. Nach Tierversuchen verschiedener Art müssen wir annehmen, daß unter Umständen auch eine Schädigung tiefer liegender Organe ohne eine merkbare Schädigung der Haut möglich ist.

Schliephake sah bei Tieren nach wiederholter Feldeinwirkung spontan Frakturen an den Extremitätenknochen ohne jede sichtbare Schädigung der Weichteile. Desgleichen konnte er durch schmale bandartige Felder, die er auf das Halsmark von Kaninchen einwirken ließ, Zuckungen und vorübergehende Lähmungen an den unteren Extremitäten erzeugen. Ähnliche Querschnittsläsionen bewirkte R. Heller bei Fröschen, während er bei Hühnern durch lokale Einwirkung auf den Schädel eine Ausschaltung des

Großhirns bewerkstelligen konnte. An dieser Stelle sei nochmals an die Störungen der Temperaturregulierung erinnert, die Schliephake durch Behandlung des Halsmarks bei Kaninchen hervorrief (S. 65).

In besonderer Weise scheinen die nervösen Zentralorgane, vor allem das Gehirn, gegen die Einwirkung von Kurzwellen empfindlich zu sein. So wurden Schwindel, Kopfschmerzen, meningitische Reizerscheinungen und selbst kollapsähnliche Zustände nach Durchwärmungen des Schädels am Menschen beobachtet.

Schädigungen der Zeugungsorgane und des Erbgutes. Nach den Erfahrungen mit Röntgenstrahlen wurde die Möglichkeit solcher Schädigungen durch Kurzwellen wiederholt in Erwägung gezogen. Darauf gerichtete Untersuchungen ergaben jedoch keinen Anhaltspunkt dafür, daß solche Schäden durch Kurzwellen verursacht werden könnten.

Raab durchwärmte die Hoden von Kaninchen 5 Stunden lang, wobei die rektale Temperatur 41—45° C betrug. Die solcher Art behandelten Tiere zeigten keine Schädigung ihrer Potentia coeundi et generandi. Die von ihnen gezeugten Jungen waren vollkommen normal.

Der gleiche Autor bebrütete Hühnereier im Kurzwellenfeld bei einer Temperatur von 38—39° C. Die Tiere schlüpften nach 21 Tagen gleichzeitig mit den Kontrolltieren aus, die im Brutschrank gehalten worden waren. Die Kurzwellen- und die Kontrollkücken unterschieden sich weder im Aussehen noch im Benehmen voneinander und zeigten auch in ihrer weiteren Entwicklung nicht den geringsten Unterschied.

Pickhahn behandelte Fliegen (Drosophila melanogaster) mit starken Kurzwellenfeldern. Während durch Röntgenstrahlen die Mutationsrate der Tiere deutlich beeinflußt wurde, war dies durch Kurzwellen nicht zu erzielen, so daß eine Wirkung auf die Erbanlage durch Kurzwellen nicht angenommen werden kann.

Daß man durch starke Überhitzung auch Schaden stiften kann, wird niemand wundernehmen. So gelang es Sh. Umeda bei trächtigen Kaninchen durch Kurzwellen die Schwangerschaft zu unterbrechen. Bei der Erhitzung von befruchteten Hühnereiern kam es in 14% der Versuche zu Mißbildungen des Embryos (Darmvorfall, Kontrakturen an den Füßen).

Allgemeinschädigungen durch Raumstrahlung. Die Frage, ob Schädigungen von Personen zustande kommen können, die lange Zeit der Raumstrahlung von Kurzwellenapparaten ausgesetzt sind, wie das insbesondere bei dem Bedienungspersonal solcher Apparate der Fall ist, wurde wiederholt erörtert. Die Möglichkeit solcher Einwirkungen kann nicht völlig verneint werden, doch sind sie wohl außerordentlich selten.

Die ersten diesbezüglichen Mitteilungen stammen aus Amerika, wo Whitney (1927) die Beobachtung machte, daß Ingenieure und Arbeiter, die mit starken Sendern (20 Kilowatt, 60 Mega-Hz) zu tun hatten, an nervösen Störungen und Temperatursteigerungen (Radiofieber) litten.

Auch Schliephake berichtete über Beschwerden, die in der ersten Zeit der Kurzwellenära, wo man noch vielfach an ungeschützten Apparaten arbeitete, beobachtet wurden. Die Beschwerden waren teils allgemeiner, teils lokaler Art. Zu den Allgemeinstörungen gehören Mattigkeit, Abgeschlagenheit, Schlaflosigkeit, nervöse Unruhe, seelische Verstimmung. Die örtlichen Beschwerden äußern sich meist in Kopfschmerzen, Ziehen in der Stirne und Kopfhaut, bisweilen auch an den Extremitäten. Alle bisher beobachteten Störungen waren funktioneller und vorübergehender

Natur. Sie verschwanden, wenn die Arbeit an den betreffenden Apparaten ausgesetzt wurde, in kurzer Zeit. Dauernde organische Schädigungen wurden niemals beobachtet.

Heute, wo alle Apparate gegen die Raumstrahlung durch Metallgehäuse, die geerdet werden, abgeschirmt sind, kommen derartige Beschwerden kaum mehr zur Beobachtung. Zu ihrem Entstehen ist wohl eine ganz besondere Strahlenempfindlichkeit Voraussetzung. Klagen Personen, die berufsmäßig Kurzwellenapparate bedienen, über Beschwerden irgendwelcher Art, so wird man gut tun, die Ursachen für diese zunächst in anderen Dingen, wie schlechter Lüftung des Behandlungsraumes, Übermüdung oder Krankheiten irgendwelcher Art, zu suchen, ehe man die Strahlung der Apparate anschuldigt.

Quellennachweis.

Bell, W. H. a. D. Ferguson: Effects of super-high-frequency radio current on health of men exposed under service conditions. U. S. nav. med. Bull. **29** (1931).

Heller, R.: Lokalisierte Durchwärmung mittels Kurzwellen. Klin. Wschr. **1931**, 2398.

Hellwig, A.: Haftung des Arztes für Kunstfehler bei Kurzwellenbestrahlungen. Ärztl. Sachverständigerztg. **43**, 61 (1937).

Kling, D.: Burns produced by radio short wave and ultrashort wave therapy an their prevention. J. amer. med. Assoc. **104**, Nr. 22 (1935).

Pickhan, A.: Können Kurzwellen das Erbgut schädigen? Dtsch. med. Wschr. **1937**, Nr. 28, 1070.

Pickhan, A., N. W. Timoféeff-Essovsky u. **K. G. Zimmer:** Versuche an Drosophila melanogaster über die Beeinflussung der mutationsauslösenden Wirkung von Röntgen- und Gammastrahlen, durch Hochfrequenzfeld (Kurzwellen) und Äthernarkose. Strahlenther. **56** (1936).

Raab, E. u. **J. Hoffmann:** Gibt es einen Einfluß der Kurzwellen auf die Generationsorgane und auf den Fruchtentwicklungsvorgang? Dtsch. med. Wschr. **1937**, Nr. 28, 1071.

Schliephake, E.: Über die Möglichkeit gesundheitlicher Schädigungen durch elektrische Wellen. Gesdh. Ing. **1929**, H. 46.

Turell, J.: Short wave therapy. J. charter, Soc. Massage a. med. Gymn. Congr., Number.

V. Die therapeutische Anwendung der Kurzwellen.

Allgemeines.

Die Kurzwellentherapie ist eine Wärmetherapie. Die Kurzwellen liegen im elektromagnetischen Spektrum zwischen den Diathermieströmen und den Wärmestrahlen. Da die Natur bekanntlich keine Sprünge macht, sondern nur fließende Übergänge kennt, mußten wir auch von den Kurzwellen eine Wärmewirkung erwarten. In der Tat ist die Erwärmung die einzige einwandfrei nachgewiesene Wirkung der Kurzwellen. Die Versuche, die therapeutischen Wirkungen der Kurzwellen auf athermische oder spezifisch elektrische Vorgänge zurückzuführen, können als gescheitert angesehen werden. Wenn solche Wirkungen heute immer noch behauptet werden, so müssen wir uns doch darüber im klaren sein, daß für sie nicht der geringste objektive Beweis vorliegt.

Die Wesensgleichheit von Kurzwellentherapie und Diathermie. Die Kurzwellenbehandlung steht physikalisch, technisch, biologisch und therapeutisch der Diathermie am nächsten. Beide sind Methoden der Hochfrequenztherapie, bei beiden ist das Wirksame die Wärme, die sich im Körper aus der elektrischen Energie bildet. Kurz sind die Wellen einzig und allein im Vergleich mit den Diathermiewellen, während sie gegenüber allen anderen Strahlen des elektromagnetischen Spektrums, wie Wärme-, Licht-, Röntgen- und Radiumstrahlen, lang sind. Um dem „Kurz" die ihm zukommende Beziehung zu geben, wäre es also nur logisch und konsequent, von einer Kurzwellendiathermie zu sprechen, wie das überall im Ausland (short wave diathermy, diathermie à ondes courtes, diathermia sulle onde corte) gang und gäbe ist. Sonderbarerweise herrscht einzig und allein in Deutschland vor diesem Wort eine ganz unverständliche Scheu, die wohl darauf zurückzuführen ist, daß man seinerzeit die Behauptung aufgestellt hat, daß zwischen Diathermie und Kurzwellentherapie eine grundsätzliche Verschiedenheit bestehe. Das ist ein Irrtum. Die biologischen und therapeutischen Unterschiede zwischen weichen und harten Röntgenstrahlen sind ungleich größer als zwischen Lang- und Kurzwellendiathermie und doch wird es niemandem einfallen, die Wesensgleichheit der verschiedenen Röntgenstrahlen zu leugnen.

Der Unterschied zwischen Kurzwellentherapie und Diathermie. Der physikalische Unterschied zwischen Kurz- und Langwellen wurde bereits auf S. 57 besprochen. Er liegt darin, um es nochmals zu sagen, daß die Kurzwellen infolge ihres hohen kapazitiven Durchdringungsvermögens die Fähigkeit besitzen, auch Nichtleiter (Isolatoren) zu durchsetzen, was den Langwellen nur in geringem Grad und nur unter bestimmten Bedingungen möglich ist.

Dadurch, daß die Haut von den Kurzwellen zum Teil als Verschiebungsstrom, der keine Wärme bildet, durchsetzt wird, ist die Hauterwärmung und dementsprechend auch die Wärmeempfindung bei gleicher Kalorienaufnahme durch den Körper eine geringere als bei der Diathermie. Das ist gleichbedeutend mit einer größeren Tiefenwirkung. Auf der kapazitiven Durchdringung des Knochens beruht weiter die leichte Heizbarkeit des Gehirns, des Rückenmarks und anderer vom Knochen umschlossener Gebilde. Die dielektrische Durchsetzung der Zellmembranen und fibrösen Zwischenschichten ermöglicht es den Kurzwellen, das Zellplasma und den Zellkern direkt anzugreifen, also Wärme an Stellen zu entwickeln, die dem Diathermiestrom unerreichbar sind.

Die größere Tiefenwirkung bedeutet jedoch keineswegs, wie wir noch später ausführen werden, eine absolute Überlegenheit der Kurzwellen. Als die Diathermie in die Heilkunde eingeführt wurde, war es doch über jeden Zweifel klar, daß sie alle bisher bekannten thermischen Verfahren an Tiefenwirkung, d. h. in der Möglichkeit, tief liegende Gebilde unmittelbar aufzuheizen, übertreffe. Nichtsdestoweniger war die Diathermie nicht imstande, auch nur eine einzige der alten Wärmemethoden, wie Wasser-, Heißluft-, Dampf- oder Schlammbäder, zu verdrängen.

Ebenso ist die Kurzwellentherapie, wenn auch eine gute, so doch nur eine der zahlreichen Methoden der Wärmetherapie. In manchen Fällen wird diese, in anderen dagegen jene Art der Behandlung den Vorzug verdienen. Die Vorstellung, daß die Kurzwellentherapie den alten Wärmemethoden grundsätzlich überlegen sei, ist falsch.

Wir müssen uns darüber klar sein, daß das Wesen der Kurzwellenbehandlung in der Zufuhr von Wärme besteht und daß die Wärmezufuhr, ob sie nun durch Leitung, elektromagnetische Strahlung oder durch den elektrischen Strom unmittelbar erfolgt, nichts anderes bedeutet als eine Vermehrung der kinetischen Energie, das will sagen, eine Steigerung der bereits vorhandenen Wärmebewegung der Moleküle und Atome. Es gibt eben nur eine einzige Form von Wärme.

Die erhöhte Wärme aber wirkt als Reiz, und zwar als ein völlig unspezifischer Reiz, auf den Organismus. Die Thermotherapie zählt daher zu den unspezifischen Heilmethoden. Für ihre Wirkung ist darum, wie bei jeder Reiztherapie, nicht so sehr die Art des Reizes als vielmehr dessen Stärke entscheidend, mit anderen Worten, es kommt bei der Thermotherapie nicht so sehr darauf an, auf welchem Weg oder durch welche Mittel die vermehrte Wärmebewegung zustande kommt, als vielmehr darauf, wie groß der Wärmezuwachs ist. Nur von diesem Standpunkt und nicht aus der Froschperspektive der Kurzwellenspezialisten werden wir das Wesen der Wärmebehandlung richtig verstehen.

Für die Wahl zwischen Kurzwellen und Diathermie werden daher nicht so sehr die physikalischen und biologischen Wirkungsunterschiede als andere, vielfach rein technische Gesichtspunkte maßgebend sein. Der Umstand, daß wir bei der Kurzwellentherapie mit Elektroden arbeiten, die dem Körper nicht unmittelbar anliegen, vereinfacht die Behandlungstechnik. Dadurch entfällt das umständliche Anpassen der Elektroden an die Körperoberfläche wie es bei der Diathermie notwendig ist. Die Ausführung der Behandlung wird so wesentlich leichter und bequemer. Aus diesem Grund werden wir z. B. bei der Behandlung einer Epididymitis unbedingt die Kurzwellenbehandlung vorziehen. Der Luftabstand der Elektroden gestattet fernerhin die Behandlung von Furunkeln, Karbunkeln, eitrigen Wunden, Geschwüren u. dgl. ohne Berührung des Krankheitsherdes, was bei der Diathermie unmöglich ist. Auch das Einführen von Elektroden in Körperhöhlen (Vagina, Rektum) ist bei der Behandlung mit Kurzwellen überflüssig geworden.

In vielen Fällen werden Diathermie und Kurzwellentherapie vollkommen gleichwertig sein. Das gilt vor allem für die sogenannten rheumatischen Erkrankungen, die chronisch entzündlichen und degenerativen Krankheiten der Gelenke, die Myalgien, Neuralgien und Neuritiden. Dort, wo man von der Kurzwellentherapie keinen größeren Erfolg erwartet, ist es nur rationell, der besser dosierbaren Diathermie mit ihren billigen und unverwüstlichen Apparaten den Vorzug zu geben. Schließlich gibt es auch Fälle, bei denen sich die Diathermie aus technischen Gründen brauchbarer erweist. Will man die Kiefergelenke, die Halswirbelsäule oder die Nackenmuskulatur gründlich durchwärmen, so eignet sich dazu die Diathermie besser als die Kurzwellenbehandlung, da bei dieser infolge des Elektrodenabstandes von der Haut die Streuung des Feldes eine größere ist, wodurch es leicht zu einer überflüssigen, vielleicht schädlichen Miterwärmung des Gehirns kommt. Auch bei der Durchwärmung der lumbalen, dorsalen oder sonstigen Stammuskulatur erscheint die überlegene Tiefenwirkung der Kurzwellen eher als ein Nachteil.

Die therapeutische Bedeutung der Tiefenwirkung. Den Vorzug der Kurzwellentherapie gegenüber den älteren Methoden der Wärmebehandlung sieht man in der größeren Tiefenwirkung. Man macht dabei stillschweigend die Voraussetzung, daß die therapeutische Wirkung einer Wärmebehandlung um so besser sei, je stärker die tiefer liegenden Schichten im Vergleich zur Haut erwärmt werden. Die Selbstverständlichkeit, mit der man diese Annahme macht, ist eigentlich etwas überraschend, denn sie stützt sich auf keinerlei Beweise. Niemand hat bisher erwiesen, daß diese Prämisse überhaupt richtig ist. Sie entspringt einem rein physikalischen Denken, ist aber im Grunde genommen unbiologisch.

Bekanntlich ist die Haut mit dem Unterhautfettgewebe ein Wärmeisolator, der es unmöglich macht, daß geleitete oder gestrahlte Wärme in tiefere Teile des Körpers eindringt. Jeder den Körper treffende Wärmereiz wird in den obersten Schichten der Haut abgefangen, absorbiert. Eine direkte Wirkung auf die unter der Haut liegenden Teile oder gar die inneren Organe ist also aus physikalischen Gründen unmöglich. Nichtsdestoweniger wissen wir, daß wir die Funktionen aller inneren Organe durch Wärmeeinwirkungen auf die Haut beeinflussen können. So kann man die Schlagfolge des Herzens beschleunigen, den Blutdruck steigern oder vermindern, die Atemfrequenz und Atemtiefe beeinflussen, die motorische und sekretorische Leistung des Magens und Darms verändern, man kann auf die Funktion des Zentralnervensystems, der inneren Drüsen, der Harn- und Geschlechtsorgane einwirken. Die Tiefenwirkung der äußerlich angewendeten Wärme ist, wie wir sehen, wenn auch nicht physikalisch, so doch biologisch unbegrenzt. Alle durch sie im vegetativen Geschehen gesetzten Veränderungen erfolgen auf dem Weg des Reflexes.

Die von dem Temperaturreiz getroffenen Wärmenerven leiten ihre Erregung über die hinteren Wurzeln zu den Seitenhörnern des Rückenmarks, wo der Reiz auf autonome Fasern umgeschaltet wird. Diese verlassen durch die vorderen Wurzeln wieder das Rückenmark und gehen zu den Vertebralganglien des Grenzstranges. In diesen erfährt ein Teil von ihnen eine neuerliche Umschaltung auf ein Neuron, das durch die Rami communicantes grisei zu den peripheren Teilen (Muskulatur, Knochen) eilt. Ein anderer Teil der Vorderwurzelfasern durchläuft das Vertebralganglion und wendet sich direkt den großen Ganglien der Körperhöhlen zu, um von dort aus die Eingeweide zu versorgen.

Wir sehen also, daß die Temperaturnerven der Haut über das Rückenmark und das autonome System mit allen Teilen des Körpers, wie der Muskulatur, den Knochen, dem Herzen und seinen Gefäßen, der Lunge, dem Magen, dem Darm usw., in unmittelbarer nervöser Verbindung stehen. Dadurch sind wir imstande, alle diese Teile durch Temperaturreize von der Haut aus therapeutisch zu beeinflussen. Die Tiefenhyperämie und alle sonstigen im Körperinnern zustande kommenden Reaktionen sind die Folge eines solchen Haut-Eingeweidereflexes. Die therapeutische Wirkung unserer thermischen Heilmethoden beruht also, wenn wir von den Erkrankungen der Haut absehen, nicht etwa auf einem physikalischen, sondern auf einem biologischen Vorgang, der sich auf dem Wege des Nervensystems abspielt. Das physikalische Geschehen ist mit der Erregung der Wärmenerven erschöpft. Diese Erregung löst dann nach Art eines Relais einen automatisch ablaufenden Reflexvorgang aus. Die auf diese Weise zustande kommenden Haut-Eingeweidereflexe sind im allgemeinen um so stärker, je größer der die Haut treffende Wärmereiz ist.

Das Streben der Kurzwellentechniker geht nun bekanntlich dahin, durch fortschreitende Verkürzung der Wellenlängen die Hauterwärmung nicht nur relativ, sondern auch absolut zu verringern. Mit der Verringerung dieser wird notwendigerweise auch die Stärke des von der Haut ausgelösten Reflexes, auf dem die therapeutische Wirkung unserer bisherigen Thermotherapie beruht, schwächer. Von diesem Gesichtspunkt aus erscheint es also durchaus nicht so selbstverständlich, daß mit der Abnahme der „Hautbelastung" die therapeutische Wirkung steigen muß. Allerdings ist die Kurzwellentherapie von heute noch nicht imstande, die thermischen Hautreflexe völlig auszuschalten. Diese sind im allgemeinen nur vermindert. Dem ist es wohl zuzuschreiben, daß die Kurzwellentherapie als milde Form der Wärmebehandlung bei manchen akuten Erkrankungen Anwendung finden kann, bei denen die älteren Methoden infolge der ihnen zukommenden starken Reaktion nicht angezeigt erscheinen. Sollte es einmal gelingen, eine rein physikalische Tiefenwirkung mit Ausschaltung der Haut-Eingeweidereflexe zu erzielen, so stünden wir allerdings vor einem ganz neuen thermotherapeutischen Problem. Sicherlich spielt aber heute schon die direkte Aufheizung innerer Organe, die mit Umgehung der Haut erfolgt, eine wichtige therapeutische Rolle, wenn wir sie gegen die reflektorisch bedingten Vorgänge praktisch auch nicht abgrenzen können. Diese Kombination einer unmittelbar und reflektorisch ausgelösten Wärmewirkung verleiht der Kurzwellentherapie eine Sonderstellung unter den Methoden der Wärmeanwendung.

Die Anzeigen der Kurzwellentherapie sind im wesentlichen die der Wärme. Derjenige, der in dieser Auffassung eine Degradierung der hochwertigen Kurzwellenenergie sieht, ist sich offenbar nicht bewußt, daß die Wärme das wichtigste und wirksamste Mittel unseres gesamten Heilschatzes darstellt. Ein Mittel, das gleichzeitig in der Universalität seiner Anwendung alle anderen weit übertrifft. Kein anderes Heilmittel kann auch nur annähernd einen so großen Indikationskreis aufweisen.

Dementsprechend ist auch die Zahl der Erkrankungen, die wir erfolgreich mit Kurzwellen behandeln können, eine außerordentlich große. Sowohl entzündliche wie degenerative Gewebsveränderungen, sowohl akute wie chronische Krankheitsformen fallen in das Anzeigengebiet der Kurzwellentherapie. Es gibt darum auch kein Sonderfach der Heilkunde, in dem die Kurzwellentherapie nicht zur Anwendung käme. Die innere Medizin, die Chirurgie, die Frauenheilkunde, die Augen-, Ohren-, Nasenheilkunde usw. bedienen sich ihrer mit Vorteil. Nach diesen verschiedenen Teilgebieten geordnet, werden wir im folgenden die Anzeigen der Kurzwellenbehandlung besprechen.

Die Krankheiten der peripheren Nerven.

Anzeigen. Unter diesen stehen an erster Stelle die Neuralgie und die Neuritis. Es ist ein ziemlich fruchtloses Beginnen, zwischen diesen beiden Krankheitsformen eine klinische Abgrenzung schaffen zu wollen. Diagnostisch gehen sie unmerklich ineinander über und therapeutisch fallen sie überhaupt zusammen. Das Symptom, das fast stets im Vordergrund steht und den Kranken zum Arzt führt, ist der Schmerz. Zu dessen Bekämpfung haben wir in den Kurzwellen ein ausgezeichnetes Mittel. In vielen Fällen ist die schmerzstillende Wirkung der Kurzwellen fast eine spezifische. Worauf diese Wirkung beruht, ist im Grunde genommen nicht bekannt. Der günstige Einfluß der Kurzwellen auf Neuralgien und Neuritiden wird von vielen Autoren bestätigt, darunter von Schliephake, Groag, Kroll und Becker, Dausset, Saidman, Krainik, Laqueur.

Natürlich kommt es für den Erfolg sehr darauf an, welcher Art die Erkrankung ist und in welchem Stadium ihres Verlaufes sie sich befindet. Der Behauptung, daß die Kurzwellentherapie im Gegensatz zur Diathermie in jedem, also auch im ganz akuten Stadium indiziert sei (Laqueur, Krainik), kann man nicht beipflichten. Schon ganz leichte Durchwärmungen können unter Umständen, wie das auch andere thermische Methoden machen, heftige Reaktionen auslösen und das um so leichter, je reizbarer und frischer die Erkrankung ist. Saidman und Cahen halten daher die Kurzwellentherapie bei akuten Neuritiden für nicht angezeigt.

Was nun die einzelnen Formen der Neuralgie betrifft, so ist wohl kaum anzunehmen, daß eine typische schwere Trigeminusneuralgie durch Kurzwellen geheilt werden kann. Doch sah Kowarschik selbst in veralteten Fällen eine deutliche Besserung

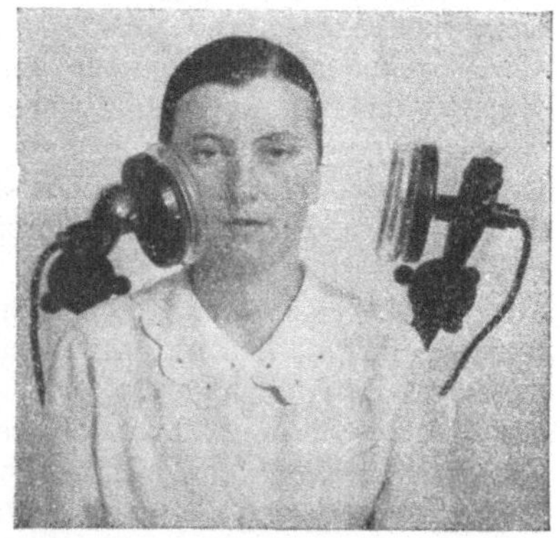

Abb. 91.
Behandlung einer Trigeminusneuralgie.

der Schmerzen. Auch Dausset berichtet über einige Fälle schwerster Gesichtsneuralgie, bei denen die Schmerzanfälle nach wenigen Kurzwellenbehandlungen an Zahl und Stärke ganz bedeutend abnahmen. Damit soll jedoch nicht gesagt sein, daß es sich hier um Dauererfolge handelte. Viel günstiger sind die Aussichten bei den benignen Formen der Trigeminusneuralgie, wie sie auf Grundlage einer Grippe oder anderen Infektionskrankheit oder als Begleiterscheinung einer Zahn-, Kieferhöhlenerkrankung usw. auftreten.

Weitaus die häufigste und praktisch wichtigste Form der Neuritis ist die Ischias. Es ist bekannt, daß es kaum eine physikalische Heilmethode gibt — es seien nur beispielsweise die Galvanisation, Diathermie, Ultraviolett- und Röntgenstrahlen, Schlammpackungen, Heißluft-, Dampf- und Medizinalbäder genannt —, die bei dieser Erkrankung nicht unter Umständen ausgezeichnet wirkt. Das gilt in gleicher Weise auch von der Kurzwellentherapie. Es kommt wesentlich darauf an, daß die Behandlung im richtigen Zeitmoment, vor allem nicht zu früh, einsetzt.

Ähnlich sind die Verhältnisse bei der Brachialneuralgie. Auch sie ist im akuten Stadium so überempfindlich gegen Wärme, daß die Kranken häufig schon die Bettwärme als unangenehm empfinden.

Von sonstigen Neuralgien ist noch die Interkostalneuralgie für sich oder in Verbindung mit einem Herpes zoster von praktischer Bedeutung. Bei dieser berichtet besonders Saidman über gute Erfolge. Schließlich käme noch die Polyneuritis in Betracht.

Eine weitere Anzeige für die Behandlung mit Kurzwellen bilden Lähmungen, unter diesen in erster Linie die periphere Fazialislähmung, bei der ja auch die Diathermie und andere Arten der Wärmebehandlung mit Erfolg angewendet werden. Nach Kroll und Becker soll die Heilungsdauer durch die Kurzwellenbehandlung abgekürzt werden. Es erscheint durchaus verständlich, daß die anregende Wirkung der Kurzwellen auf den Blut- und Lymphkreislauf geeignet ist, die Regenerationsvorgänge in dem erkrankten Nerven zu unterstützen.

Behandlungstechnik. Mit Rücksicht auf die Überempfindlichkeit vieler Neuralgien gegen Wärme darf die Behandlung nur mit kleinsten Feldstärken begonnen werden. Erst wenn man sich überzeugt hat, daß der Kranke diese gut verträgt, kann man etwas stärker dosieren. Anders steht es mit veralteten Fällen von Ischias und anderen Neuritiden, bei denen bis-

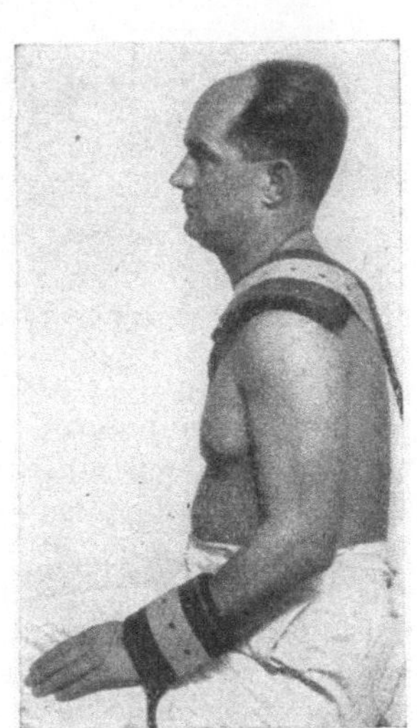

Abb. 92. Behandlung einer Armneuralgie.

weilen sehr starke Durchwärmungen notwendig sind. Will man bei der Behandlung von Neuralgien oder Neuritiden einen Erfolg haben und anderseits nicht schaden, so muß man in den weitesten Grenzen individualisieren.

Trigeminusneuralgien behandelt man am besten mit einer runden, etwa 10 cm im Durchmesser haltenden starren Elektrode, die der kranken Gesichtshälfte in einem Abstand von 1 cm gegenübergestellt wird. Die zweite Elektrode kann gleich groß sein, wird aber, um inaktiv zu bleiben, etwas weiter vom Körper entfernt (Abb. 91).

Zur Behandlung einer Ischias im Kondensatorfeld sind im allgemeinen weiche Elektroden vorzuziehen, die man so anlegt, daß die ganze Extremität der Länge nach vom Feld durchsetzt wird. Man bringt eine Elektrode unter das Gesäß, während man eine zweite an der Außenseite des Unterschenkels befestigt.

Was von der Ischiasbehandlung gesagt wurde, gilt in gleicher Weise von der Behandlung der Armneuritis. Man wird zur Durchwärmung eines Armes im Kondensatorfeld in der Regel mit zwei gleich großen Elektroden von je 200 qcm Flächeninhalt sein Auslangen finden. Von diesen wird die eine an der Schulter, die andere am Unterarm befestigt (Abb. 92).[1] An Stelle von weichen können auch starre Elektroden Verwendung finden, von denen man die eine dem Schulterblatt, die andere der Streckseite des Vorderarmes in einem Abstand von 2—3 cm gegenüberstellt (Abb. 93). Ein Spulenfeld wird in der Weise erzeugt, daß man den Arm von der Hand bis zur Schulter mit einer 3—4 m langen Binde umwickelt.

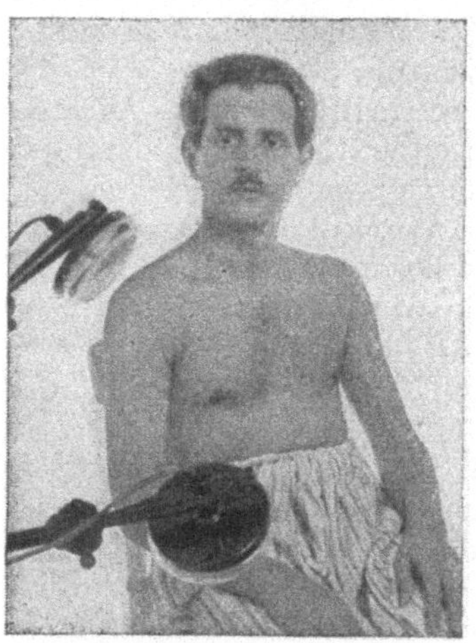

Abb. 93. Behandlung einer Armneuralgie.

Bei der Polyneuritis kommt nur eine Allgemeinbehandlung in Frage, deren Technik in dem Abschnitt über Hyperthermie beschrieben ist. Es werden meist Behandlungen in der Dauer von 1—2 Stunden genügen, wobei eine maximale Temperatur von 38—39° C erreicht werden soll. Bisweilen wird man jedoch mit milderen Durchwärmungen sein Auslangen finden. Eine solche Allgemeinbehandlung ist aber auch öfters bei Neuritis einzelner Nerven, wie z. B. bei einer Ischias, von Nutzen. Sie erweist sich der örtlichen Behandlung nicht selten überlegen, einerseits in akuten Fällen, die auf einer Allgemeininfektion (Grippe) beruhen, anderseits aber auch bei lang dauernden, hartnäckigen Erkrankungen, die einer lokalen Behandlung nicht weichen wollen.

---

[1] In dieser und einer Reihe weiterer Abbildungen sind die Weichgummielektroden ohne schützende Leinentasche dargestellt, da ihre Lage am Körper so deutlicher erkennbar ist.

Die Krankheiten des Gehirns und Rückenmarks.

Anzeigen. Weitaus am häufigsten kommt hier die Kurzwellenbehandlung bei der progressiven Paralyse zur Anwendung. Ausgehend von der Überlegung, daß bei der Behandlung der progressiven Paralyse mit Malaria-, Rekurrens-, Rattenbißinfektion, künstlichen Abszessen, Bakterientoxinen, artfremdem Eiweiß die dabei auftretende Temperatursteigerung das gemeinsam Wirksame sei, haben zuerst Carpenter, Hinsie, Biermann und Schwarzschild in Amerika, Halphen und Auclair, Réchou u. a. in Frankreich die Kurzwellenbehandlung benützt, künstliches Fieber, besser gesagt, eine allgemeine Hyperthermie zu erzeugen. Von der Technik dieser Behandlung und ihren Erfolgen bei der progressiven Paralyse wird noch später (S. 137) die Rede sein.

Die Versuche Schliephakes, Kauders, Liebesnys und Finalys, die progressive Paralyse durch örtliche Kurzwellenbehandlung des Gehirns zu beeinflussen, führten zu keinem Erfolg.

Die günstigen Erfahrungen, die man mit der Hyperthermie bei der progressiven Paralyse machte, waren die Veranlassung, sie auch bei anderen Erkrankungen des Zentralnervensystems, wie bei Tabes dorsalis, multipler Sklerose, Paralysis agitans, Poliomyelitis, Chorea minor, Gehirnblutungen und ihren Folgen, zu versuchen. Auch darüber soll später gesprochen werden. Hier wollen wir uns auf die örtliche Anwendung der Kurzwellen bei diesen Erkrankungen beschränken.

Bei Tabes dorsalis wurde die Kurzwellentherapie angewendet, indem man teils das Rückenmark, teils diejenigen Teile, die Sitz der Beschwerden waren, durchwärmte. Doch scheint die erste Anwendungsform der zweiten überlegen zu sein. Nach Schliephake werden die tabischen Erscheinungen durchwegs günstig beeinflußt. So regelmäßig waren die Erfolge Kowarschiks zwar nicht, doch sah er immerhin von einer örtlichen Behandlung des Rückenmarks in einzelnen Fällen eine beträchtliche Besserung der lanzinierenden Schmerzen.

Auch bei der Poliomyelitis kann man die Durchwärmung des Rückenmarks mit Vorteil anwenden. Schon im akuten Stadium ergibt sich hierzu die Gelegenheit, nicht so sehr um die Lähmungen zu beeinflussen, als vielmehr um die quälenden, durch die meningitische Reizung bedingten Schmerzen der Kranken zu mildern. In dieser Absicht wurden ja auch heiße Packungen, Bäder u. dgl. empfohlen. Späterhin kann man aber hoffen, durch länger dauernde milde Wärmeeinwirkungen auf das Rückenmark den Rückgang des Ödems und der sonstigen Entzündungserscheinungen zu beschleunigen und so günstig auf die Lähmungen zu wirken. In diesem Zusammenhang sei daran erinnert, daß Kauders noch nach Monaten erhöhte Eiweißwerte des Liquors nachweisen konnte.

Colarizi behandelte in der römischen Kinderklinik eine größere Anzahl von Kindern, die im Anfangsstadium der Lähmung waren, in der Weise, daß er eine Elektrode über dem Halsmark, eine zweite über dem Lendenmark anlegte. Die Methode, die auch bei den kleinsten Kindern durchführbar ist, schien recht zufriedenstellend zu sein.

Sind die Lähmungen bereits stabilisiert, dann wird sich vielfach die örtliche Behandlung der gelähmten Teile vorteilhaft erweisen. Sie dient einerseits der Bekämpfung der Gefäßparesen, die objektiv in einer starken Herabsetzung der Hauttemperatur und in einer Zyanose, subjektiv in einem unangenehmen Kältegefühl ihren Ausdruck finden. Es ist erstaunlich, wie sich das Aussehen einer solchen Extremität oft unmittelbar im Anschluß an die Behandlung ändert. Anderseits ist aber die Durchwärmung sicherlich auch geeignet, die Ernährung und Kräftigung der gelähmten Muskeln zu fördern. Natürlich ist die Kurzwellentherapie immer nur eine unterstützende Maßnahme der sonstigen Behandlung, sie kann aber in Verbindung mit Heilgymnastik, Massage, Bädern und der übrigen Elektrotherapie gute Dienste leisten.

Bei der multiplen Sklerose kann man versuchsweise leichte Durchwärmungen des Rückenmarks machen. Auch ganz milde Allgemeinbehandlungen in der Dauer von $^1/_2$—1 Stunde, wobei die orale Temperatur nur um einige Zehntelgrade Celsius steigt, wirken nicht selten auf die Spasmen und die sonstigen Beschwerden recht günstig. Es ist ein Irrtum, zu glauben, daß man nur durch stundenlange Aufheizung auf 40—41° C einen Erfolg erzielen kann. Nicht alle Kranken vertragen solche heroische Eingriffe, was schon daraus hervorgeht, daß amerikanische Autoren bei dieser Behandlung sogar Todesfälle beobachteten.

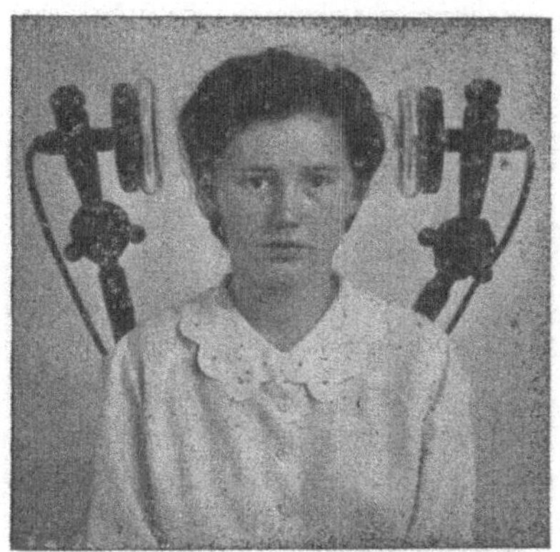

Abb. 94. Behandlung des Gehirns.

Dausset, Delherm und Fischgold sahen bei hemiplegischen Lähmungen von der lokalen Einwirkung des Kondensatorfeldes auf das Gehirn einen günstigen Einfluß. Die spastischen Kontraktionen ließen nach, der Gang besserte sich und das Sprechen wurde erleichtert. Gleichzeitig trat ein Sinken des Blutdruckes ein. Ähnliche Beobachtungen machten Delherm, Morel-Kahn und Devois, die bisweilen unmittelbar nach der Durchwärmung des Gehirns eine Besserung der Lähmung feststellen konnten, die nicht selten bestehen blieb.

Leichte Durchwärmungen des Schädels kann man ferner bei Enzephalitis (Parkinsonismus) versuchen. Man muß sich dabei aber bewußt sein, daß gerade diese Erkrankung sich gegen physikalische Maßnahmen jeder Art häufig vollkommen refraktär erweist.

Sehr gut spricht dagegen in vielen Fällen die Migräne an. Die Erleichterung der Schmerzen ist oft eine unmittelbare. Die Anfälle lassen sich nicht selten ihrer Stärke nach außerordentlich mildern und ihrer Zahl nach verringern.

Zu den Erkrankungen des Zentralnervensystems wollen wir noch die Schlaflosigkeit zählen, bei der Zellner in einer Reihe von Fällen mit einer Durchwärmung des Schädels Besserung oder Heilung erzielen konnte. Durch diese Mitteilung angeregt, hat auch Kowarschik bei schweren Formen von Schlaflosigkeit die Kurzwellenbehandlung versucht und bisweilen ausgezeichnete Erfolge erzielt. Bemerkenswert erscheint eine briefliche Mitteilung aus dem physikalisch-therapeutischen Institut in Nijmegen (Holland) an den Verfasser, nach der ein Kranker, der wegen einer Okzipitalneuralgie behandelt wurde, jedesmal bei der Behandlung in einen tiefen, bis zu einer Stunde dauernden Schlaf versank.

Behandlungstechnik. Die Durchwärmung des Gehirns wird in der Weise ausgeführt, daß man den Kopf zwischen zwei runde starre Elektroden von 12—15 cm Durchmesser bringt, die von den Schläfen einen Abstand von 5—10 cm haben (Abb. 94). Es dürfen nur Felder, die ein kaum wahrnehmbares Wärmegefühl auslösen, verwendet werden. Die Behandlung soll durchschnittlich nicht mehr als 10 Minuten betragen. Bei zu starken Durchwärmungen des Gehirns können Kopfschmerzen, Schwindel, ja selbst Ohnmachtszustände auftreten.

Will man das Rückenmark seiner ganzen Länge nach durchwärmen, so verwendet man eine lange streifenförmige Elektrode (Abb. 95) mit einer

Abb. 95. Elektrode zur Behandlung des Rückenmarks und der Wirbelsäule (Siemens-Reiniger-Werke).

Filzauflage, auf die sich der Kranke legt. Als Gegenpol wird dem Sternum eine große starre Metallplatte in einem Abstand von etwa 10 cm gegenübergestellt. Man kann jedoch zur Behandlung des Rückenmarks auch zwei große Weichgummielektroden wählen, auf die sich der Kranke in der Weise legt, daß die eine unter den oberen Teil der Brustwirbelsäule — bei Beteiligung des Halsmarks auch höher —, die zweite unter den lumbalen Anteil der Wirbelsäule zu liegen kommt.

Will man nicht das ganze Rückenmark, sondern nur Teile desselben, etwa das Hals- oder Lumbalmark durchwärmen, dann nimmt man eine entsprechend große weiche oder starre Elektrode, die man über dem erkrankten Teil anbringt und mit einer gegenüber befindlichen inaktiven Elektrode kombiniert.

Quellennachweis.

Colarizi, A.: Marconitherapie im Verlauf der Poliomyelitis. Kurzwellen-Kongr., Wien, 1937. S. 254.

Dausset, H.: Thérapeutique par les ondes courtes. Rev. Actinol. 9, 216 (1933). — Sur la thérapeutique par la d'Arsonvaliation à ondes courtes. Bull. Soc. franç. Électrothér. et Radiol. 1933, Nov.

Delherm, L. et A. Devois: Ondes courtes et hémiplegies. 4. Internat. Radiol.-Kongr. 1934, S. 509.

Delherm, Morel-Kahn et Devois: Sur quelques résultats obtenus par l'emploi des ondes courtes en applications locales. J. Radiol. 18, 318 (1934).

Groag, P. u. V. Tomberg: Zur Kurzwellentherapie. Wien. klin. Wschr. 1933, Nr. 30 und 31.

Kauders. O.: Vorläufige Mitteilung über die Anwendung physikalischer Heilverfahren bei progressiver Paralyse. Jb. Psychiatr. **49**, 218 (1933).

Kauders, O., P. Liebesny u. F. Finaly: Kurzwellenbestrahlung des Gehirns bei progressiver Paralyse. Wien. klin. Wschr. **1932**, Nr. 30.

Krainik, R.: Traitement des névralgies et des névrites par les O. C. Ann. Inst. Actinol., Par. **7**, 208 (1932).

Kroll, Fr. W. u. G. Becker: Die Kurzwellenbehandlung in der Neurologie. Münch. med. Wschr. **1935**, Nr. 23, 908.

Laqueur, A.: Über Kurzwellenbehandlung. Jkurse ärztl. Fortbild. **24**, H. 8 (1933).

Laqueur, A. u. R. Remzi: Klinische Erfahrungen mit der Kurzwellenbehandlung. Med. Welt **1933**, Nr. 22.

Saidman, J.: Zona et ondes courtes. Ann. Inst. Actinol., Par. **7**, 218 (1932).

Zellner, E.: Kurzwellenbehandlung bei Schlafstörungen. Med. Klin. **1938**, Nr. 3.

Die Krankheiten der Gelenke, Knochen und Muskeln.

Anzeigen. Bei der Behandlung von Gelenkerkrankungen jeder Art spielt die Anwendung von Wärme eine sehr große Rolle, ja die Wärme ist geradezu das wichtigste Heilmittel bei diesen Erkrankungen. Sie kommt in den verschiedensten Formen zur Anwendung. Entscheidend ist weniger die Art der verwendeten Wärme als vielmehr ihre richtige Dosierung. Bei den akut entzündlichen Formen, wie der akuten rheumatischen, gonorrhoischen oder infektiösen Arthritis anderer Genese wird man nur eine mäßige Dosis zur Anwendung bringen, da starke Wärmeeinwirkungen in der Regel schlecht oder gar nicht vertragen werden. Je größer der Reizzustand des Gelenkes, seine Rötung, Schwellung und Schmerzhaftigkeit ist, um so vorsichtiger muß man mit der Dosierung der Wärme sein. In dem Maß, als die Entzündungserscheinungen abklingen, kann man energischer vorgehen. Bei alten chronischen indolenten Prozessen wird man nur mit ganz intensiven, lang dauernden Wärmeeinwirkungen einen Erfolg erzielen können. Man erkennt daraus, daß gerade bei den Gelenkerkrankungen eine weitgehende Individualisierung notwendig ist.

Die Erfolge der Kurzwellentherapie bei den verschiedenen Formen der Arthritis sind durchaus verschieden. Sie hängen ganz und gar von der Art der Arthritis bzw. von der Art des Grundleidens ab. Die Arthritis ist ja in den meisten Fällen kein selbständiges Leiden, sondern nur ein Symptom einer anderen Erkrankung, wie das einer Gonorrhoe, Tuberkulose, Lues, Gicht, Sepsis, fokalen Infektion usw. Die Synovialis der Gelenke ist anscheinend ein sehr empfindliches Reagens auf alle im Blut kreisenden Fremdstoffe. Es kommt durch diese zu einer entzündlichen Reizung des Gelenkes. Leider hat man sich daran gewöhnt, die verschiedenen Formen der Arthritis unter dem Sammelnamen „Gelenkrheumatismus" abzuhandeln, ein unglückseliges Wort, das nur dazu dient, unsere Unkenntnis über das Wesen der jeweiligen Erkrankung zu bemänteln. Wir wollen im folgenden einige der wichtigsten Formen der Arthritis besprechen.

Die Arthritis gonorrhoica ist eines der beliebtesten Testobjekte für die Erprobung neuer physikalischer Heilmethoden. Sie ist für diesen

Zweck sehr geeignet, weil sie in Form der typischen akuten Monarthritis auf zahlreiche, darunter die meisten thermischen Methoden gut anspricht. Das ist aber nicht so sehr ein Charakteristikum der Therapie als ein solches der Erkrankung. Kennt man den Verlauf der gonorrhoischen Arthritis, so wird man nicht sehr erstaunt sein, in der Literatur zu lesen, daß anscheinend völlig versteifte Gelenke unter der Kurzwellenbehandlung wieder beweglich geworden sind oder daß „sogar" die im Röntgenbild ersichtliche Knochenatrophie sich wieder zurückgebildet hat. Das pflegt auch dann so zu sein, wenn man eine Diathermie-, eine Heißluft- oder eine andere zweckmäßige Behandlung anwendet.

Anders steht es mit der Polyarthritis gonorrhoica, besonders den chronischen Formen dieser Erkrankung. Hier hätte eine neue Therapie eher die Möglichkeit, zu zeigen, was sie leistet. Kowarschik verwendet seit Jahren zur Behandlung der chronischen gonorrhoischen Polyarthritis die allgemeine Hyperthermie mittels Diathermie und anschließender Packung mit bestem Erfolg. Von amerikanischen Ärzten wird heute die Kurzwellenhyperthermie empfohlen, wobei Aufheizungen bis auf 40—41°C in der Dauer von mehreren Stunden zur Anwendung kommen. Die Erfolge sollen ausgezeichnete sein (S. 139).

Ähnlich der gonorrhoischen verhalten sich auch andere Arten der infektiösen Arthritis, wie sie nach Angina, Grippe, Dysenterie, Scharlach usw. auftreten.

Eine Infektarthritis, deren Erreger wir bisher nicht kennen, ist die Polyarthritis chronica progressiva, der sogenannte primärchronische Gelenkrheumatismus. Bei dieser außerordentlich schleichenden Erkrankung kommt es immer wieder zu akuten Nachschüben, die den Kranken zum Arzt führen. Mit Rücksicht auf die Vielheit der erkrankten Gelenke kann man einen merklichen Einfluß auf das Leiden nur von einer allgemeinen Hyperthermie erhoffen. Es kann kein Zweifel sein, daß man damit den Zustand in günstiger Weise beeinflussen und die Verschlimmerung rascher zum Abklingen bringen kann. Dies jedoch nur unter der Voraussetzung, daß man die Stärke und die Dauer der Hyperthermie dem jeweiligen Krankheitszustand genauestens anpaßt. Handelt es sich um eine verhältnismäßig frische Form mit starken Reizerscheinungen an den Gelenken und Temperatursteigerungen, dann muß man sehr vorsichtig sein. Hier kann ein zu energischer Eingriff das Leiden beträchtlich verschlechtern. Ein guter Maßstab für die Stärke der zu verabfolgenden Dosis ist die Temperaturkurve und die Sinkgeschwindigkeit der roten Blutkörperchen. Je höher die Temperatur und je größer die Sinkgeschwindigkeit, um so mehr Vorsicht ist geboten.

Eine der häufigsten und daher praktisch wichtigsten Formen der Gelenkerkrankungen ist die Arthrosis, die in der Regel in den beiden Knie- oder Hüftgelenken, sehr häufig auch in der Wirbelsäule (Spondylarthrosis) ihren Sitz hat. Hier handelt es sich um einen chronisch-degenerativen Prozeß, der jahrelang latent bestehen kann und dann oft plötzlich unter der Einwirkung irgendeiner Schädigung, wie eines geringfügigen Traumas oder einer akuten Infektion, z. B. einer

Angina, klinisch in Erscheinung tritt. Der Arthrosis hat sich dann eine Arthritis überlagert. Diese Reizzustände, die im Verlaufe der Erkrankung immer wieder auftreten, reagieren im allgemeinen recht gut auf Wärme. Auch die Kurzwellen wirken hier oft günstig, wenn man auch nicht behaupten kann, daß sie den älteren Formen der Wärmebehandlung, wie der Diathermie, der Heißluft- oder Schlammbehandlung wesentlich überlegen sind. Immerhin gibt es einzelne Fälle, die auf Kurzwellen besser als auf jede andere Form der Thermotherapie ansprechen. Die Entzündungserscheinungen verschwinden in sehr vielen Fällen vollkommen oder werden wenigstens weitgehend gebessert, ohne daß natürlich der Röntgenbefund sich irgendwie ändert. Zu einem Erfolg sind jedoch kräftige und langdauernde Wärmeanwendungen nötig. Man darf die Behandlung nicht aufgeben, wenn vielleicht nach zehn Sitzungen eine deutliche Besserung noch nicht erkennbar ist.

Bei der Arthritis tuberculosa müssen wir die entzündlichen Formen, die unter dem Bild einer mehr oder weniger chronischen Arthritis verlaufen und als tuberkulöser Rheumatismus (Poncet) bezeichnet werden, von dem monartikulären Fungus unterscheiden. Der Poncetsche Rheumatismus hat in seinem klinischen Verlauf eine große Ähnlichkeit mit der Polyarthritis chronica progressiva, und das, was wir von der Kurzwellenbehandlung dieser Erkrankung gesagt haben, kann auch ohne weiteres auf die tuberkulöse Form übertragen werden. Doch spricht im allgemeinen die Polyarthritis auf tuberkulöser Grundlage weniger gut auf Wärme an als andere Formen der Gelenkentzündung. Ja in vielen Fällen ruft diese sogar eine Verschlimmerung hervor.

Zweifelhaft ist die Wirkung der Kurzwellen auf den Gelenkfungus. Gegenüber dieser Erkrankung dürften sich die Kurzwellen wohl ganz ähnlich verhalten wie die Diathermie, von der wir in einzelnen Fällen einen recht guten, wenn auch nicht durchgreifenden, in anderen Fällen wieder gar keinen Erfolg gesehen haben. Die Ausheilung tuberkulöser Gelenk- und Knochenfisteln konnte Kowarschik mit Kurzwellen auch bei länger dauernder Behandlung ebensowenig wie Haas und Lob erreichen. Jedenfalls ist bei tuberkulösen Gelenkskrankheiten fungöser oder kariöser Art mit den Kurzwellen Vorsicht geboten.

Daß bei der Arthritis traumatica die Thermotherapie die Schmerzen wesentlich verringert, vorhandene Blutergüsse rascher zur Aufsaugung bringt und damit die Wiederherstellung der Gelenkfunktion fördert, kann keinem Zweifel unterliegen. Das hat die Erfahrung auch für die Kurzwellentherapie bestätigt. Zweckmäßigerweise wird man die Durchwärmung anfangs durch die Ruhigstellung des Gelenkes und einen Kompressionsverband, später durch Massage und Gymnastik unterstützen. Daß die Ausführung der Mechanotherapie unter der Einwirkung der Kurzwellen früher und schmerzloser möglich ist, kann als ein weiterer Vorteil der Methode gebucht werden.

Wenn wir die Bedeutung der Kurzwellentherapie für die verschiedenen Formen der Arthritis überblicken, so können wir im allgemeinen keine wesentliche Überlegenheit dieser neuen Methode über die älteren Verfahren, insbesondere die Diathermie, feststellen. Sie ist jedoch eine durchaus zweckmäßige Therapie, die in vielen Fällen von Arthritis mit Vorteil zur Anwendung kommt.

Ähnliches gilt auch für die Behandlung der Knochenerkrankungen, vor allem der Osteomyelitis. Bei akuter Osteomyelitis ist die Kurzwellentherapie nicht am Platz. Anders ist es mit der chronischen Form dieser Erkrankung. Hier wirken die Kurzwellen oft recht beruhigend auf die Schmerzen und die sonstigen Entzündungserscheinungen. Bekanntlich haben Kowarschik, Stein, Hirsh, Carey, Brooke und andere einen ähnlichen Einfluß auch von der Diathermie gesehen. Eine wesentliche Veränderung des Krankheitsbildes oder gar eine Heilung ist jedoch von der Kurzwellenbehandlung nicht zu erwarten.

Eine auffallende Beobachtung, die Kowarschik machte, soll an dieser Stelle mitgeteilt werden, ohne daraus irgendwelche Schlüsse zu ziehen. Ein 40 Jahre alter Arzt litt seit seinem achten Lebensjahre an einer Osteomyelitis des rechten Humerus, die wiederholt operiert worden war. Wegen dieser Erkrankung wurde der rechte Oberarm quer im Feld einer 15 m-Welle täglich je 10 Minuten lang mit einer Feldstärke, die ein gerade noch wahrnehmbares Wärmegefühl auslöste, behandelt. Nach zehn Behandlungen waren die Schmerzen im Humerusschaft, derentwegen der Patient gekommen war, geschwunden. Dagegen klagte er jetzt über Schmerzen in der rechten Schulter, die früher niemals vorhanden gewesen waren. Der Kranke wünschte darum auch eine Behandlung dieser Stelle. Die Schulterschmerzen gingen nach wenigen Behandlungen zurück, aber es traten nunmehr Schmerzen in dem bisher gesunden Arm von außerordentlicher Heftigkeit auf. Patient bleibt deshalb nach insgesamt 14 Sitzungen aus. Eine Erkundigung nach wenigen Tagen ergibt, daß er an einer allgemeinen Sepsis mit Mitbeteiligung der Gelenke und doppelseitiger Lungenentzündung gestorben ist. Es war dies am 11. Tag, nachdem die Schmerzen in der Schulter der kranken Seite aufgetreten waren.

Zur Nachbehandlung von Knochenbrüchen, Luxationen und ähnlichen Verletzungen ist die Kurzwellenbehandlung in ausgezeichneter Weise geeignet. Pinelli konnte durch experimentelle Untersuchungen an Meerschweinchen sowohl radiologisch wie histologisch feststellen, daß unter der Einwirkung der Kurzwellen die Kallusbildung nicht nur beschleunigt wird, sondern daß auch die Knochennarbe dichter und haltbarer ist.

Eine weitere Anzeige finden die Kurzwellen bei der Behandlung der Myalgien. Diese treten am häufigsten in der Muskulatur des Stammes, den Lenden- und Gesäß-, den Rücken- und Nackenmuskeln auf. Die häufigste Form ist die Myalgia lumbalis (Lumbago). Alle Myalgien sprechen auf Wärme gut an, sie sind darum auch ein dankbares Behandlungsobjekt für die Kurzwellentherapie. In vielen Fällen ist der Erfolg schon unmittelbar nach der ersten Behandlung in einer Erleichterung der Schmerzen und in einer Zunahme der Beweglichkeit erkennbar und nicht selten genügen wenige Sitzungen, um die Myalgie zu beseitigen. Allerdings haben die meisten Myalgien die Neigung zu Rückfällen und kommen daher immer wieder zur Behandlung. Viel hartnäckiger sind die chronischen Myalgien, besonders wenn sie auf einer tuberkulösen oder gonorrhoischen Infektion beruhen. Es ist wichtig, zu wissen, daß man bei den typischen Myalgien im Gegensatz zu den Neuralgien schon von

Anfang an mit größeren Feldstärken vorgehen kann, ohne eine Reaktion befürchten zu müssen, und daß zur Erzielung eines Erfolges vielfach maximale Durchwärmungen notwendig sind.

Auch die Entzündungen der Sehnenscheiden sowie die der Schleimbeutel fallen in den Anzeigenkreis der Kurzwellentherapie. Doch sei darauf hingewiesen, daß die Anwendung um so vorsichtiger gemacht werden muß, je akuter die Erkrankung ist.

Behandlungstechnik. Die meisten Extremitätengelenke lassen sich sowohl in der Längsrichtung der Extremität wie quer zu dieser erwärmen. Nehmen wir als Beispiel ein Kniegelenk. Bei der Querdurchwärmung werden medial und lateral von dem Gelenk zwei starre oder biegsame Elektroden angesetzt (Abb. 96). Die Elektroden sollen nicht zu klein sein, damit die Tiefenwirkung eine hinreichende ist. Aus gleichem Grund soll auch ihr Hautabstand mindestens 2 cm betragen.

Die Längsdurchwärmung des Kniegelenkes kann im Ringfeld oder im Spulenfeld ausgeführt werden.

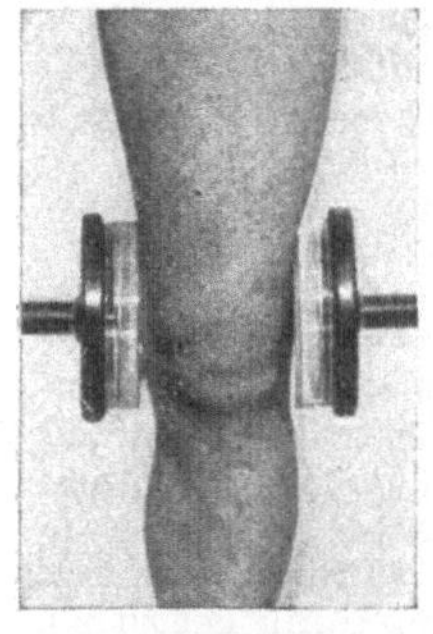

Abb. 96. Behandlung eines Kniegelenkes im Kondensatorfeld.

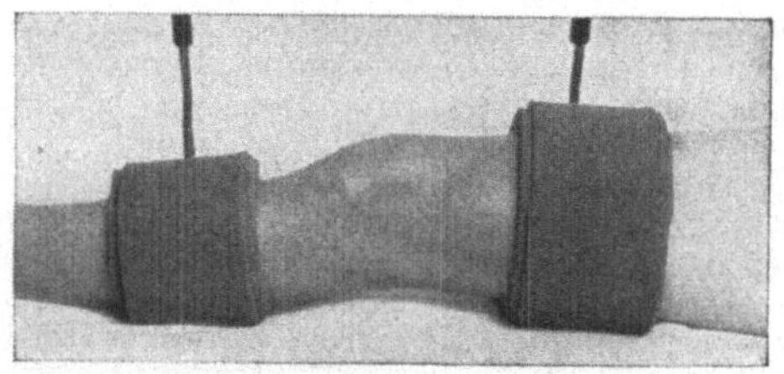

Abb. 97. Behandlung eines Kniegelenkes im Ringfeld.

Zur Behandlung im Ringfeld wird handbreit über und unterhalb des Gelenkes je eine bandförmige Elektrode rings um die Extremität gelegt, wobei auch hier die isolierende Filz- oder Schwammgummiunterlage wenigstens 2 cm dick sein muß (Abb. 97).

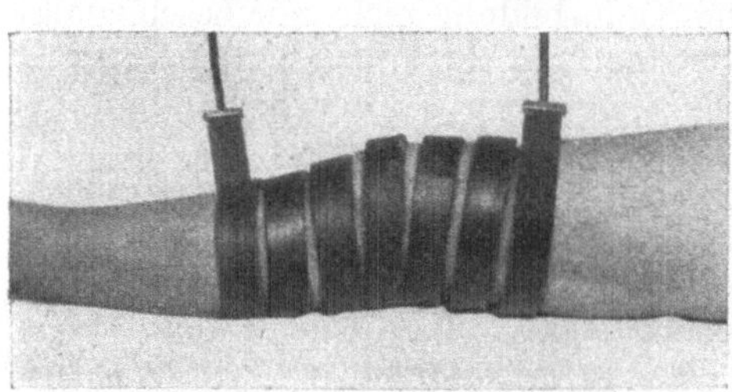

Abb. 98. Behandlung eines Kniegelenkes im Spulenfeld.

Bei der Spulenfeldbehandlung wickelt man eine 3—4 m lange Binde in losen Spiralen um das Gelenk (Abb. 98).

Man kann auch beide Kniegelenke gleichzeitig behandeln. Will man die Behandlung mit starren Elektroden ausführen, dann stellt man beide Kniegelenke nebeneinander und bringt an ihren lateralen Seiten je eine Elektrode entsprechender Größe an (Abb. 99). Dabei ist jedoch darauf zu achten, daß die Innenseiten der beiden Kniegelenke sich nicht an irgendeiner Stelle berühren. Es würde sonst an dieser Stelle zu einer Verdichtung des Stromes und damit zu einem Brennen, ja vielleicht zu einer Verbrennung kommen.

In gleicher Weise wie das Kniegelenk kann auch das Ellbogengelenk durchwärmt werden, also entweder quer mit Hilfe von zwei starren oder zwei weichen Elektroden, oder der Länge nach im Ring- oder Spulenfeld.

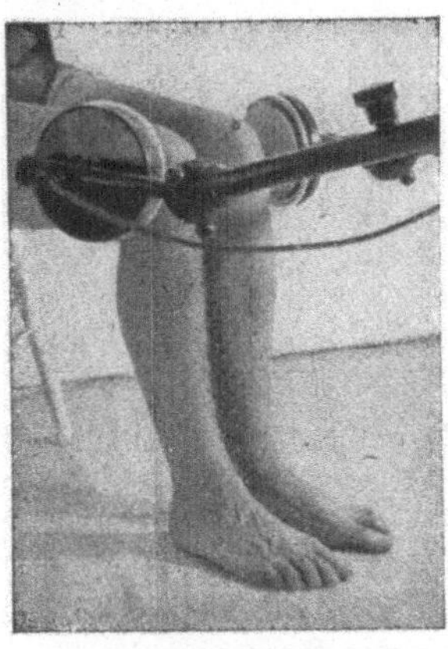

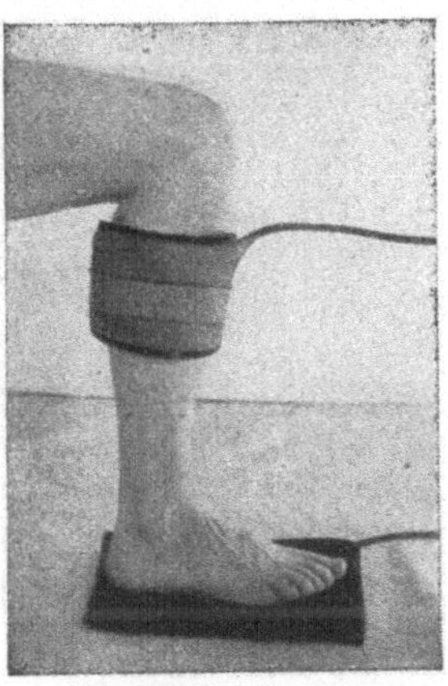

Abb. 99. Behandlung beider Kniegelenke im Kondensatorfeld.   Abb. 100. Behandlung des Sprunggelenkes.

Die Durchwärmung des Sprunggelenkes kann in der Art erfolgen, daß man die Fußsohle auf eine Weichgummielektrode stellt und eine zweite Weichgummiplatte an der Wade anbringt (Abb. 100). An Stelle dieser kann auch eine Ringelektrode treten. Wie bei der Diathermie konzentrieren sich die Feldlinien im engsten Teil der Bahn, das ist im Sprunggelenk und im distalen Teil des Unterschenkels.

Will man die Zehengelenke in die Behandlung einbeziehen, dann wird man den Fuß nicht mit der ganzen Sohle, sondern nur mit seinem vordersten Anteil auf die Platte stellen, da sonst der Strom mit Umgehung der Zehen den kürzesten Weg von der Ferse zum Sprunggelenk nimmt (Abb. 101).

Was hier für das Sprunggelenk und die Zehengelenke gesagt wurde, gilt in analoger Weise für das Handgelenk und die Fingergelenke. Setzt man die Fingerspitzen leicht auf eine starre oder weiche Elektrode auf und befestigt die zweite Elektrode am Unterarm, dann werden Finger- und Handgelenk gleichzeitig

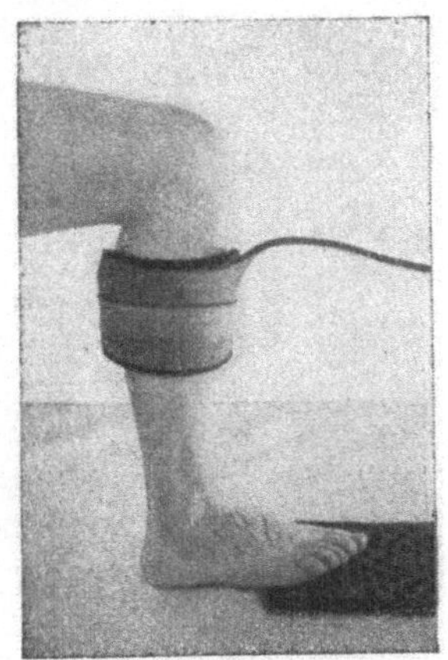

Abb. 101. Behandlung der Zehengelenke.

durchwärmt (Abb. 102). Legt man jedoch die ganze Handfläche der Elektrode auf, so werden die Fingergelenke nicht durchwärmt, da der Strom unmittelbar dem Handgelenk zustrebt. Man kann Hand- und Fingergelenke auch in der Art behandeln, daß man die Hand zwischen zwei große starre Elektroden legt und so quer durchwärmt (Abb. 103).

Die gleichzeitige Durchwärmung beider Hände einschließlich der Finger führt man am besten in der Weise aus, daß man die Fingerspitzen bei-

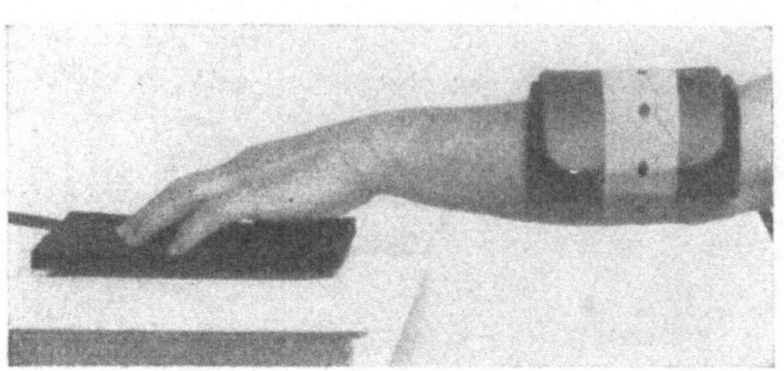

Abb. 102. Behandlung des Handgelenkes und der Fingergelenke.

der Hände auf je eine große starre Elektrode aufsetzt (Abb. 104). Der Strom wird dann durch den Körper geschlossen, wird aber vorwiegend die Finger und das Handgelenk als die engsten Teile der Bahn durchwärmen.

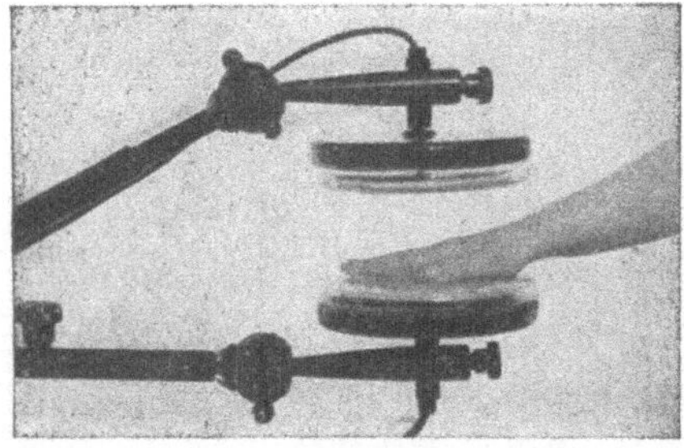

Abb. 103. Behandlung einer Hand.

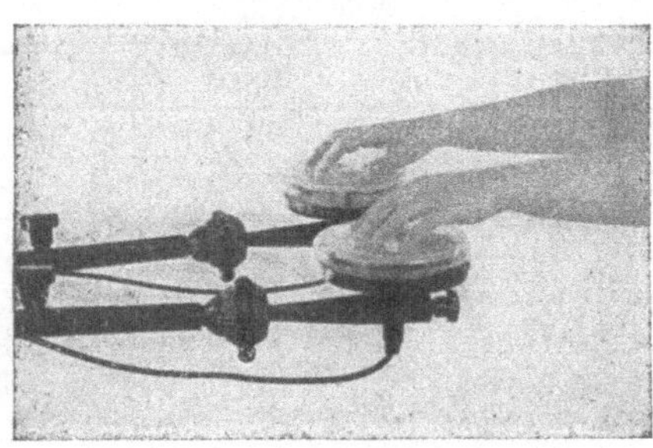

Abb. 104. Behandlung beider Hände.

Das Schultergelenk wird am besten im Kondensatorfeld in sagittaler Richtung behandelt, wobei man eine Elektrode an der Vorder-, eine zweite Elektrode an der Rückseite des Gelenkes in einem Abstand von 3—4 cm anbringt (Abb. 105).

In ähnlicher Weise wird das Hüftgelenk durchwärmt. Man führt die Behandlung zweckmäßig im Liegen aus, wobei man große Weichgummielektroden verwendet. Eine von diesen legt man unter das Gesäß, während die andere über der Leistenbeuge angebracht wird (Abb. 106). Damit die Wärmeempfindung unter beiden Elektroden gleich stark ist, wird man die rückwärtige, die infolge des Körpergewichtes stärker angepreßt wird, mit einer dickeren Filzauflage versehen.

Zur Behandlung der Wirbelsäule dient die gleiche bandförmige Elektrode, die bei Erkrankungen des Rückenmarks Verwendung findet (Abb. 95, S. 85). Während der Kranke auf dieser Elektrode liegt, wird eine große starre Elektrode in einem Abstand von 6—8 cm der Vorderseite des Rumpfes gegenübergestellt. Da aber in vielen Fällen, wie bei der

Behandlung einer Spondylarthritis mit ausstrahlenden Schmerzen, eine strenge Lokalisation der Wärme auf die Wirbelsäule gar nicht notwendig, ja nicht einmal zweckmäßig erscheint, so ist es vielfach vorteilhafter, zwei große weiche Elektroden zu verwenden, von denen die eine unter den oberen Teil des Rückens, die andere unter das Gesäß, bzw. das Kreuzbein zu liegen kommt. Man erhält dadurch eine gleichmäßigere Durchwärmung der ganzen Rückenfläche. Auch die Flachspulenelektrode in Form einer langen schmalen Schleife ist für die Behandlung der Wirbelsäule sehr gut geeignet.

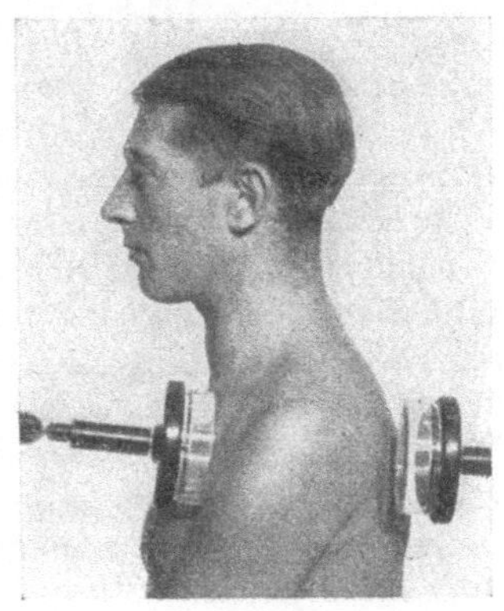

Abb. 105.
Behandlung eines Schultergelenkes.

Die Behandlung der Myalgien ist je nach ihrem Sitz verschieden. Hier wird man meist den schmiegsamen Elektroden vor den starren den Vorzug geben, da besonders bei der Behandlung der Stammuskulatur auf eine größere Tiefenwirkung verzichtet werden kann. Zur Behandlung einer Lumbago legt sich der Kranke mit der schmerzhaften Stelle auf eine Weichgummiplatte, während eine große starre Elektrode in einer Entfernung von mehreren

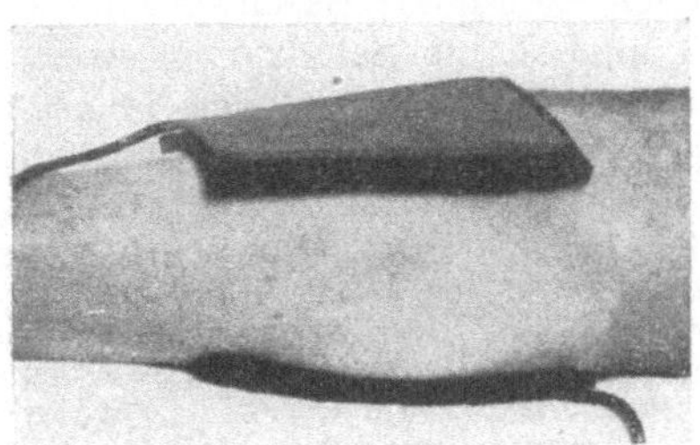

Abb. 106.
Behandlung eines Hüftgelenkes.

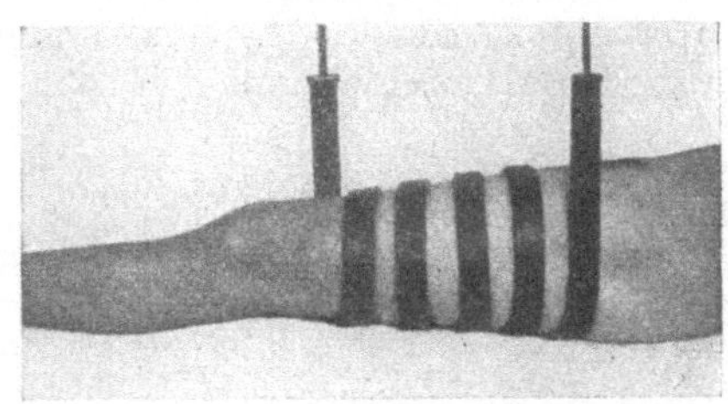

Abb. 107.
Behandlung einer Osteomyelitis des Femur.

Zentimetern über dem Abdomen gehalten wird. In analoger Weise wird man bei der Behandlung der Rücken- und Nackenmuskulatur verfahren. Die Behandlung von Myalgien der Rückenmuskeln ebenso wie die Behandlung von spondylarthritischen Schmerzen des Rückens läßt sich auch leicht mit einer Spulenfeldschlinge durchführen, die man am Rücken festbindet (Abb. 75, S. 48) oder auf die sich der Kranke legt.

Für die Osteomyelitis der langen Röhrenknochen ist die Behandlung im Spulenfeld die Methode der Wahl (Abb. 107).

Quellennachweis.

Lob, A.: Die Kurzwellenbehandlung in der Chirurgie. Stuttgart: F. Enke, 1936.

Pinelli, J.: Ricerche sull'azione delle onde corte nel processo di guarigione delle fratture. Scr. ital. Radiobiol. 8, 95 (1941).

Schliephake, E.: Behandlung rheumatischer Erkrankungen durch Ultrakurzwellen. Dresden u. Leipzig: Th. Steinkopff, 1938.

Die Krankheiten des Herzens.

Anzeigen. Unter den Erkrankungen des Herzens ist es vor allem die Angina pectoris, die für die Kurzwellenbehandlung in Betracht kommt. Der therapeutische Wert dieser Methode ist hier wohl allgemein anerkannt. Viele Kranke empfinden bereits während der Durchwärmung ein Gefühl der Erleichterung und Befreiung von dem nicht selten andauernden Druckgefühl. Sie fühlen sich nach der Behandlung augenblicklich wohler. Im weiteren Verlauf läßt dann auch die Zahl und die Stärke der Anfälle nach, bisweilen verschwinden sie vollkommen (Meyer, Rausch, Siegen, Réchou, Wangermez u. a.). Das Elektrokardiogramm zeigt nach Siegen am Ende einer Kurzwellenkur oft eine überraschende Rückbildung der pathologischen Veränderungen. In anderen Fällen dagegen ist die Behandlung ohne jeden Einfluß auf das Leiden. Ist nach längstens zehn Sitzungen ein Erfolg nicht erkennbar, so dürfte es wohl zwecklos sein, die Behandlung weiter fortzusetzen.

Auch bei den **Herzneurosen** kann man die Kurzwellen öfters mit Erfolg anwenden, sei es, daß es sich um rein funktionelle Beschwerden handelt, sei es, daß die Neurose ein organisches Leiden überlagert, wie das so häufig vorkommt. Die neurotisch bedingten Beschwerden, wie Herzdruck, Herzklopfen und andere unangenehme Sensationen werden durch die Durchwärmung in sehr vielen Fällen gebessert oder beseitigt.

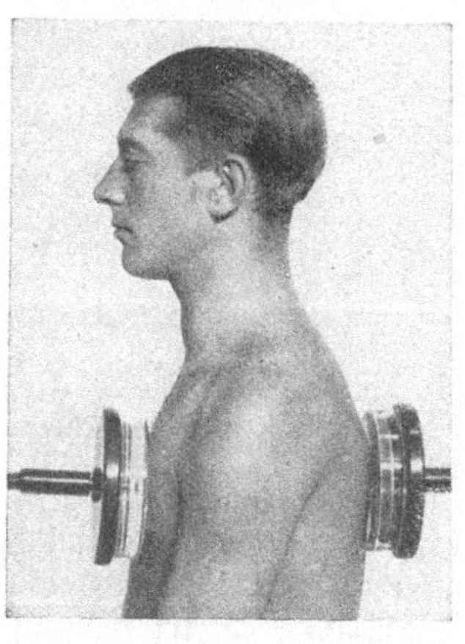

Abb. 108. Behandlung des Herzens.

Schliephake berichtet über einen Fall von schwerer Endokarditis nach einer Angina, bei dem nach fünf Durchwärmungen des Herzens und der Milz ein Abfall des Fiebers eintrat und der nach fortgesetzter Behandlung in 5 Wochen als geheilt entlassen werden konnte. Kowarschik konnte in einem Fall von chronischer Endokarditis, die von septischem Fieber begleitet war, nach zehn Behandlungen keine Besserung feststellen. Desgleichen haben Freund und Isler die Kurzwellen in drei Fällen von Endokarditis vergeblich angewendet.

Behandlungstechnik. Zwei gleich große, runde Elektrodenplatten, mit einem Durchmesser von 15 cm, werden einander planparallel so gegenübergestellt, daß sie das Herz in sagittaler Richtung zwischen sich fassen (Abb. 108). An Stelle von starren Elektroden kann man auch entsprechend große schmiegsame Elektroden verwenden.

Es muß eindringlich betont werden, daß bei allen Erkrankungen des Herzens, welcher Art sie auch seien, nur ganz schwache Felder verwendet werden dürfen, da eine einzige zu starke Durchwärmung schon schaden

kann. Vorsichtshalber wird man sich anfangs auch mit Sitzungen von
nur zehn Minuten Dauer begnügen, die dann später, wenn der Kranke
die Behandlung angenehm empfindet, verlängert werden können.

Die Krankheiten der Blutgefäße.

Anzeigen. Unter den Erkrankungen der Gefäße ist für den physikalischen Therapeuten die Thrombarteriitis oder Endarteriitis
obliterans weitaus die wichtigste. Da die physikalische Behandlung
im wesentlichen eine symptomatische ist, so spielt die Ursache der Erkrankung, ob Arteriosklerose, Lues, Diabetes, Nikotinmißbrauch usw.,
eine untergeordnete Rolle.

Die Beschwerden bei der Endarteriitis kommen vornehmlich dadurch
zustande, daß die Blutversorgung, besonders bei Arbeitsleistung, eine un-
genügende ist. Unser therapeutisches Bestreben muß also dahin gehen,
die Durchblutung durch Erweiterung der Gefäße zu verbessern. Hier
bieten uns die Wärme im allgemeinen wie die Kurzwellentherapie im
besonderen ein ausgezeichnetes Mittel. Die milde, alle Teile gleichmäßig
durchdringende Wärme der Kurzwellen scheint gerade zur Behandlung
der Gefäßerkrankungen in hervorragender Weise geeignet zu sein. Man
hat den Eindruck, daß hier die Kurzwellentherapie der Diathermie und
anderen thermischen Methoden überlegen ist.

Bei dem außerordentlich chronischen, sich über viele Jahre erstrecken-
den Verlauf der Endarteriitis, die mit den leichtesten Gefäßveränderungen
beginnend bis zum Gewebstod führt, ist es begreiflich, daß die Erfolge
der Kurzwellenbehandlung verschieden sein werden je nach dem Stadium
der Erkrankung, das will sagen, dem anatomischen und energetischen
Zustand der Arterien, in welchem wir den Kranken zur Behandlung übernehmen. Dadurch ist es zu verstehen, daß die Kurzwellenbehandlung in
dem einen Fall einen überraschend guten und andauernden Erfolg, in
dem anderen nur eine vorübergehende Besserung, in einem dritten Fall
schließlich gar keinen Erfolg erzielt. Dabei ist der Umstand von entscheidender Bedeutung, daß bei vielen Formen der Arteriitis neben
anatomischen Veränderungen der Gefäßwand eine funktionelle Komponente, das ist die Hypertonie der Gefäßmuskulatur, eine wichtige Rolle
spielt. Diese ist entweder andauernd vorhanden oder es kommt wie bei
der Claudicatio intermittens zu anfallsweisen Spasmen der Arteriolen.
Es ist verständlich, daß wir wohl auf den Gefäßkrampf, nicht aber auf
die morphologischen Veränderungen der Gefäßwand therapeutisch einzuwirken vermögen. Es wird daher der therapeutische Erfolg wesentlich
von dem Verhältnis zwischen funktioneller und anatomischer Komponente beeinflußt werden. Dieses Verhältnis richtig einzuschätzen ist
durch eine einmalige klinische Untersuchung oft nicht möglich. In vielen
Fällen wird uns erst der Erfolg der Behandlung darüber Aufklärung geben.

Der Verfasser hat eine große Zahl von endarteriitischen Erkrankungen
mit bestem Erfolg behandelt. Selbst in alten, jahrelang bestehenden
Fällen, die sich jeder anderen Therapie gegenüber refraktär erwiesen,

konnte eine Besserung, bisweilen ein völliges Verschwinden der Beschwerden erzielt werden.

Den Hauptzweck der Kurzwellenbehandlung muß man in der Vorbeugung der Gangrän suchen. Ist diese einmal ausgebildet, so kann die Behandlung nur mehr den Abstoßungsprozeß beschleunigen.

Auch bei Erkrankungen der Venen, vor allem der Thrombophlebitis, werden die Kurzwellen besonders von französischen Autoren empfohlen. Es werden nicht die ganz akuten, sondern vielmehr die in Rückbildung begriffenen und die mehr chronischen Formen für die Kurzwellenbehandlung in Frage kommen. Die die Zirkulation anregende und die Resorption fördernde Wirkung der Kurzwellen leistet uns hier oft recht gute Dienste. In weiterer Folge können auch chronischvariköse Zustände und das so häufig dabei auftretende Ulcus varicosum mit Kurzwellen erfolgreich behandelt werden (Auclair, Delherm). Hier ist die Kurzwellenbehandlung der Diathermie dadurch überlegen, daß sie es ermöglicht, auf die Geschwüre und die oft stark veränderte Haut einzuwirken, ohne daß diese von der Elektrode berührt werden.

Die Erfolge der Kurzwellentherapie bei der Thrombophlebitis und dem varikösen Symptomenkomplex sind durchaus zufriedenstellend, wenn auch nicht einheitlich. Dauerresultate sind nur in einer beschränkten Anzahl von Fällen zu erzielen.

Ein weiteres dankbares Gebiet der Kurzwellenbehandlung sind die Vasoneurosen. Die hypertonischen Formen, wie die Gefäßspasmen, treten am häufigsten an den Fingern und Händen auf. Sie sind nicht selten von Parästhesien und Schmerzen, bisweilen auch von trophischen Störungen begleitet. Die Gefäßverengung besteht dabei entweder mehr andauernd oder tritt in Form von charakteristischen Anfällen auf, die durch ein plötzliches Erblassen der Haut eingeleitet werden.

Bei Spasmen jeder Art ist bekanntlich die Wärme infolge ihrer krampflösenden Eigenschaft weitaus das beste physikalische Heilmittel. Die Kurzwellenwärme scheint auf Gefäßspasmen in ganz besonderer Weise günstig zu wirken.

Auf angiospastischer Basis, wahrscheinlich zentralen Ursprungs, beruht wohl auch die Raynaudsche Erkrankung, bei der es oft ganz plötzlich zu einer meist beiderseits lokalisierten Gangrän der Finger oder Zehen kommt. Auch hier muß es die Aufgabe der Behandlung sein, dem Auftreten der Gangrän möglichst vorzubeugen oder diese, soweit es geht, einzuschränken.

Im Gegensatz zu den hypertonischen stehen die hypotonischen Vasoneurosen, die Gefäßparesen (Akrozyanosen), die durch Kühle der Haut, Zyanose und Parästhesien verschiedener Art gekennzeichnet sind. Auch sie sind häufig zentral bedingt, nicht selten auf endokriner Grundlage.

Hier wollen wir auch die Gefäßparesen anschließen, die nach Gehirnblutungen und -erweichungen, Poliomyelitis und anderen Erkrankungen des zentralen Nervensystems beobachtet werden. Wenn sie auch nicht funktioneller Natur sind, so ist die Technik ihrer Behandlung doch die gleiche wie die der neurotischen Paresen. Das gleiche gilt von den Schädigungen durch **Erfrierung**. Nicht selten sehen wir solche Erfrierungen auf der Basis einer bereits bestehenden funktionellen oder organischen Gefäßparese auftreten. Bei allen diesen Erkrankungen ist das Ziel der Therapie das gleiche, nämlich eine Verbesserung der Durchblutung. Hier leistet uns die Kurzwellentherapie ausgezeichnete Dienste.

An die Erkrankungen der Gefäße sei noch die **essentielle Hypertension** angeschlossen, bei der sich leichte Allgemeindurchwärmungen recht wirksam erweisen. **Auclair** beobachtete ein Sinken des Blutdruckes um 30—50 mm Quecksilber. Gleichzeitig damit gingen auch die verschiedenen Beschwerden, wie Kopfschmerz, Schwindel u. dgl., zurück. Aber selbst dort, wo ein deutliches Absinken des Blutdruckes nicht zustande kommt, ist oft die Erleichterung der Beschwerden eine auffallende.

Behandlungstechnik. Um die Kurzwellen therapeutisch richtig anzuwenden, muß folgendes berücksichtigt werden. Alle Gefäßkranken, sei ihr Leiden organischer oder funktioneller Art, sind nicht nur gegen Kälte-, sondern auch gegen Wärmereize in hohem Grad empfindlich. Ihre Gefäße haben die rasche Anpassungsfähigkeit an äußere Temperatureinwirkungen verloren. Ihre Reaktion ist verlangsamt und träge, was sich z. B. dadurch zu erkennen gibt, daß bei einer symmetrischen Durchwärmung der beiden unteren Extremitäten sich das kranke Bein langsamer erwärmt als das gesunde. Wirkt daher Wärme höheren Grades unvermittelt auf die Gefäße ein, so sind sie nicht imstande, sich genügend rasch zu erweitern, der Mechanismus ihrer Regulierung versagt bisweilen gänzlich, und dann kommt es nicht selten zu einer paradoxen Reaktion, statt zu einer Gefäßerweiterung zu einem Gefäßkrampf. Nur wenn die Wärme ganz allmählich und langsam steigend einwirkt, werden die geschädigten Gefäße die Möglichkeit haben, sich der Temperaturänderung anzupassen. Sie werden sich dann, soweit es ihnen möglich ist, erweitern und so zur Besserung der Zirkulation beitragen.

Diese jedem Hydrotherapeuten geläufigen Verhältnisse sind anscheinend noch vielen Ärzten unbekannt, sonst würde nicht von mancher Seite die Behauptung aufgestellt werden, daß die Wärme im allgemeinen wie die Hochfrequenzwärme im besonderen bei der Endarteriitis kontraindiziert seien. In dieser allgemeinen Form ist die Behauptung vollkommen falsch. Die Wärme ist bei allen Gefäßerkrankungen ein ausgezeichnetes Mittel, nur muß sie richtig angewendet werden. Der Umstand, daß viele Gefäßkranke durch eine unzweckmäßige Wärmeanwendung geschädigt werden, vermag an dieser Tatsache nichts zu ändern. Er beweist nur, daß man nicht allein chemische, sondern auch physikalische Heilmittel richtig dosieren muß.

Will man von der Kurzwellentherapie nicht die schwersten Enttäuschungen erleben, so muß das Gesagte eindringlich beherzigt werden. Man wird daher mit kleinsten Dosen beginnen und, wenn diese gut vertragen werden, zu höheren, keineswegs aber hohen Dosen fortschreiten. Tritt während der Behandlung oder unmittelbar nach dieser ein Schmerzgefühl auf, so ist das ein sicheres Zeichen dafür, daß die angewendete

Feldstärke zu groß war. Demjenigen, der auf dem Gebiet der Diathermie Erfahrung besitzt, ist dieses Schmerzgefühl zur Genüge bekannt. Es ist unter allen Umständen zu vermeiden.

Noch ein zweiter allgemeiner Grundsatz muß bei der Behandlung von Gefäßerkrankungen beachtet werden. Die klinischen Erscheinungen treten meist zuerst an den Extremitätenenden, den Füßen und Händen, in Erscheinung. Es ist klar, daß die Gefäßerkrankung nicht auf diese Teile beschränkt ist, sondern hier nur in erster Linie zur Auswirkung kommt. Eine genaue Untersuchung zeigt, daß z. B. bei einer drohenden Gangrän an den Zehen häufig schon der Puls in der Arteria femoralis verändert ist. Es ist daher in den meisten Fällen ungenügend, bloß die distalen Teile, Füße oder Hände, zu behandeln. Der Erfolg ist ein wesentlich besserer, wenn man größere Abschnitte der Extremität, wenn möglich die ganze Extremität in die Behandlung einbezieht. Erweitern sich die größeren Gefäße, so wird naturgemäß auch die Zirkulation an den Extremitätenenden gebessert. In vorgeschrittenen Fällen von Endarteriitis an den Beinen ist bisweilen die Empfindlichkeit an den Zehen so groß, daß es zweckmäßiger ist, diese überhaupt außerhalb des Feldbereiches zu lassen.

Von Auclair und anderen französischen Autoren wird bei Gefäßerkrankungen verschiedener Art an Stelle der örtlichen Behandlung die Durchwärmung des ganzen Körpers in Form einer leichten Hyperthermie vorgeschlagen mit der Begründung, daß die Erweiterung der Arterien dabei eine nachhaltigere sei. Das ist durchaus verständlich, da ja alle peripheren Gefäße in dem gleichen Sinn reagieren und diese Reaktion um so rascher und um so ausgiebiger sein wird, je größer die therapeutische Angriffsfläche ist. Auch Kowarschik zieht daher bei lokalen

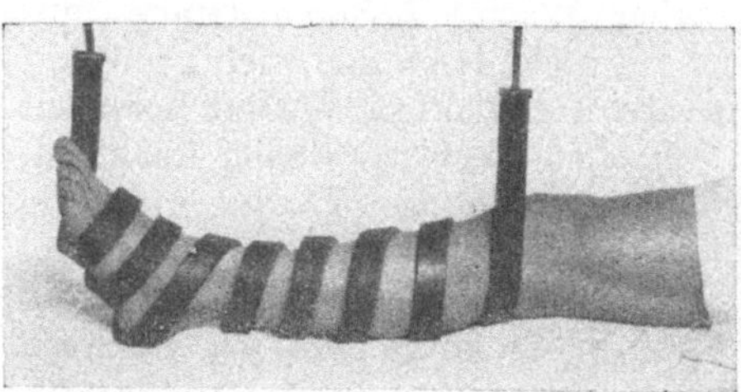

Abb. 109. Behandlung eines Unterschenkels im Spulenfeld.

Gefäßstörungen, seien sie angiospastischer oder angioparetischer Natur, häufig die allgemeine der örtlichen Behandlung vor.

Für die Behandlung der Gefäßerkrankungen der Arme und Beine eignet sich in besonderer Weise das Spulenfeld. Für den Arm verwendet man am besten eine 3 m, für das Bein eine 4 m lange Binde, die man entweder der ganzen Länge

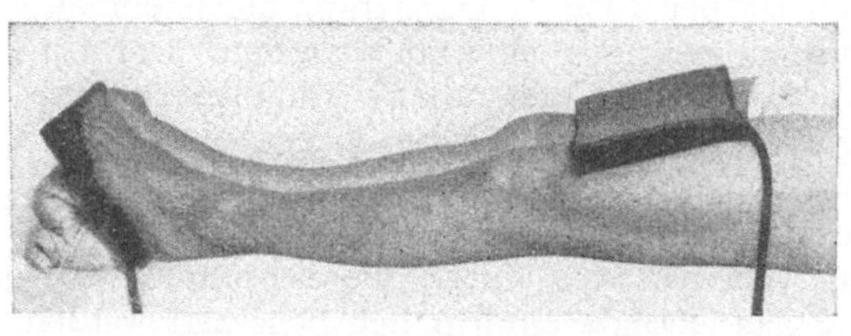

Abb. 110. Behandlung beider Unterschenkel im Kondensatorfeld.

nach oder wenigstens bis zum Knie-, bzw. Ellbogengelenk um die Extremität legt (Abb. 109).

Die Behandlung im Kondensatorfeld kann man mit starren wie mit biegsamen Elektroden ausführen. Eine Elektrode wird an der Fußsohle angelegt oder, wenn sie starr ist, ihr gegenübergestellt. Will man, daß auch die Zehen miterwärmt werden, so darf das Feld nur an den Zehen eintreten. Eine zweite Elektrode wird über der Streckseite des Oberschenkels angebracht. Auf diese Weise können natürlich auch beide Beine gleichzeitig behandelt werden (Abb. 110). Die Behandlung kann am liegenden wie am sitzenden Kranken vorgenommen werden. Die Arme werden in der gleichen Weise behandelt, wie wir das bei der Armneuralgie beschrieben und abgebildet haben (Abb. 92, S. 81 und Abb. 93, S. 82).

Die Längsdurchströmung erscheint bei Gefäßerkrankungen an den Extremitäten zweckmäßiger als die Querdurchströmung, einerseits weil man dadurch größere Extremitätenabschnitte beeinflussen kann, andererseits weil dabei der Strom vorzugsweise den Blutgefäßen als den besten Leitern folgt.

Bei dem Verdacht eines zentralen Ursprungs der Gefäßstörungen kann es unter Umständen zweckmäßig sein, an Stelle der peripheren Gefäße das Zwischenhirn zu behandeln, wie das auch schon für die Diathermie empfohlen wurde.

Für die Behandlung einer essentiellen Hypertension kommt vor allem eine allgemeine Hyperthermie in der Dauer von 30—40 Minuten in Betracht. Die Körpertemperatur soll dabei nicht über 38° C erhöht werden. Rausch empfiehlt statt der allgemeinen Behandlung die örtliche Durchwärmung der Nieren bzw. Nebennieren in der Dauer von 30—60 Minuten. Die Beschwerden sollen sich nicht selten schon nach der ersten Behandlung bessern, auch wenn der Blutdruck nicht deutlich absinkt.

Die Krankheiten der oberen Luftwege.

Anzeigen. Die Wirkung der Kurzwellen auf die akute Rhinitis wird von Schliephake und Hünermann in besonderer Weise gerühmt. Schon nach einer einzigen Behandlung sollen die Beschwerden völlig verschwinden, nur in ganz einzelnen Fällen trat dieser Erfolg nicht ein. Es ist bekannt, daß Diathermie, Bestrahlung mit Wärmelampen und andere lokale thermische Anwendungen, noch besser eine allgemeine Schwitzprozedur in Form eines Glühlicht-, Heißluft- oder Dampfbades einen Schnupfen fast stets günstig beeinflussen, in leichten Fällen auch kupieren. Ein sicheres Mittel, einen ausgebildeten Schnupfen in ein oder zwei Sitzungen zu beseitigen, dürften die Kurzwellen wohl ebensowenig sein wie alle die zahlreichen Mittel, von denen man das bisher behauptet hat.

Daß die Kurzwellen bei akuter Laryngitis die Beschwerden bessern und die Heilung beschleunigen, ist nicht zu bezweifeln. Schweitzer sah bei Sängern und Rednern die vorhandene Heiserkeit oft überraschend schnell verschwinden. Selbst in chronischen Fällen lassen sich die Beschwerden noch beträchtlich bessern.

Für die Kurzwellentherapie der infektiösen akuten Angina tritt besonders Groag ein. Schliephake, Rudder u. a. schließen sich dieser Empfehlung an. Auch in schweren Fällen von phlegmonöser Angina trat in der Regel rasch eine Besserung ein, erkenntlich an dem Nachlassen des Fiebers und dem Rückgang der subjektiven Beschwerden. Rudder konnte mehrmals beginnende Tonsillarabszesse zur Rückbildung bringen. Bei bereits vorgeschrittenen kann man unter der Kurzwellenbehandlung den spontanen Durchbruch abwarten. 29 Fälle von Tonsillar-, Peritonsillar- und Retropharyngealabszessen, die Schott behandelte, heilten in längstens 12 Tagen entweder dadurch, daß sie sich zurückbildeten oder spontan perforierten. Als besonders wertvoll wird die schmerzstillende Wirkung der Kurzwellen gerühmt.

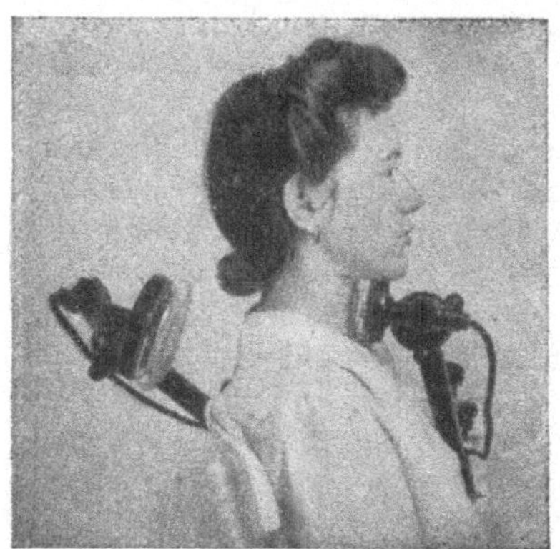

Abb. 111. Behandlung des Kehlkopfes.

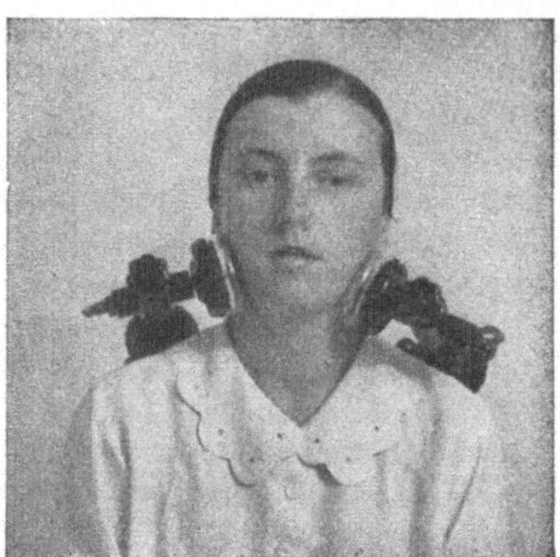

Abb. 112. Behandlung der Tonsillen.

Auch bei chronischer Tonsillitis erzielt man häufig Besserungen. Schliephake empfiehlt die Behandlung chronisch erkrankter Tonsillen mit Kurzwellen, falls sie als Ausgangspunkt rheumatischer Beschwerden verdächtig sind. Gutzeit und Kuhlendahl empfehlen die Durchwärmung der Tonsillen als Provokationsmethode, um festzustellen, ob diese Organe als Sitz eines Streuherdes anzusehen sind in analoger Weise, wie Gutzeit und Küchlin das bereits früher zur Aufdeckung eines dentalen Fokus vorgeschlagen haben (S. 122). Kommuniziert ein Tonsillarherd mit der Blutbahn, so kann man bereits zwei Stunden nach der Durchwärmung eine Beschleunigung der Blutsinkreaktion nachweisen, was bei geschlossenen Herden nicht der Fall ist. Zur Durchführung der Untersuchung werden von den Autoren besondere Elektroden angegeben. An dieser Stelle möchte es der Verfasser nicht unterlassen, darauf hinzuweisen, daß nach seinen eigenen langjährigen Erfahrungen die Bedeutung der Tonsillen für die Entstehung arthritischer und anderer rheumatischer Erkrankungen weit überschätzt wird. Der gleichen Ansicht ist auch J. Ries. Es ist geradezu eine Ausnahme, daß durch eine Tonsillektomie ein chronisch arthritischer Prozeß geheilt oder auch nur dauernd gebessert wird.

Weiterhin kommen die Erkrankungen der Nebenhöhlen der Nase für die Kurzwellenbehandlung in Betracht. Da sich hier schon die ältere Thermotherapie in Form von Diathermie, Kopflichtbädern, Wärmebestrahlungslampen u. dgl. bewährt hat, so können wir mit um so größerer Berechtigung eine Wirkung von den Kurzwellen erwarten, die infolge ihres höheren Durchdringungsvermögens viel leichter den Krankheitsherd erreichen. Das bestätigen auch die Erfahrungen von Hünermann, Kobak, W. H. Schmidt, Gare u. a. Die Sekretion wird dünnflüssig und spärlich, vor allem aber werden die Schmerzen verringert. Pietzel, der 63 Fälle von Eiterungen der Nebenhöhlen in der gewöhnlichen Weise mit Anämisierung der Schleimhaut und Heißluft behandelte, und 63 andere vergleichsweise mit Kurzwellen, stellte fest, daß die durchschnittliche Heilungsdauer bei den Kranken der ersten Gruppe 12, bei denen der zweiten Gruppe dagegen nur 7 Tage betrug, so daß der Kurzwellenbehandlung gegenüber der älteren Methode der Vorzug gebührt. Weniger optimistisch als die genannten Autoren äußern sich Dalmarck und Goldin, welche wenigstens bei chronischen Nebenhöhlenerkankungen die beschriebenen günstigen Erfolge nicht bestätigen konnten.

Die Erfolge sind bei den akuten Formen natürlich am besten, wo in der Regel bereits wenige Sitzungen genügen, um die Beschwerden zu bessern oder zu beseitigen. Bei chronischen Entzündungen sind die Aussichten nicht ganz so günstig. Doch konnte in einigen schon mehrmals operierten Fällen wenn auch keine Heilung, so doch eine deutliche Besserung erzielt werden.

Behandlungstechnik. Zur Behandlung der Rhinitis verwendet man am besten eine kleine biegsame Elektrode, die man über den Nasenrücken legt, während eine zweite, etwas größere Elektrode auf die Nackengegend aufgesetzt wird. Bei der Laryngitis bringt man eine starre oder weiche Elektrode an die Vorderseite des Kehlkopfes, eine zweite gegenüber dem oberen Teil des Rückens (Abb. 111). Bei akuter und chronischer Tonsillitis werden beiderseits unterhalb des Kieferwinkels zwei kleinere Elektroden angesetzt (Abb. 112). Man verwendet meist starre runde Platten mit einem Durchmesser von 5—6 cm.

Die Kieferhöhlen werden in der Weise durchwärmt, daß man seit-

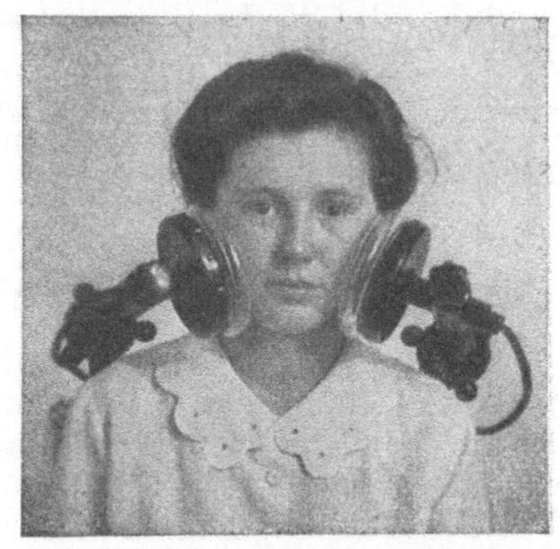

Abb. 113. Behandlung beider Kieferhöhlen.

lich an beide Wangen je eine runde starre Elektrode in einem Abstand von 1—2 cm anlegt (Abb. 113). Soll nur eine Seite behandelt werden, so kann man den Abstand auf der gesunden Seite etwas vergrößern. Zur Behandlung der Stirnhöhlen legt man eine Elektrode an der Stirne an. Um die Beeinflussung des Gehirns möglichst gering zu gestalten,

stellt man die zweite Elektrode unterhalb der Haargrenze dem Rücken
gegenüber. Sie ist entweder etwas größer oder hat bei gleicher Größe
einen weiteren Abstand. Bei allen Behandlungen am Schädel muß man
mit der Dosierung äußerst vorsichtig sein, damit es nicht durch die Feld-
wirkung auf das Gehirn zu üblen Zufällen kommt (s. S. 65).

Quellennachweis.

Gale, C. K.: Some physical and clinical aspects of ultrashort waves.
Arch. physic. Ther. (Am.) **17**, 712 (1936).

Groag, P. u. V. Tomberg: Zur Kurzwellentherapie. Wien. klin. Wschr.
1933, Nr. 30 und 31.

Gutzeit, K. u. W. Kuhlendahl: Zur tonsillogenen Herdinfektion.
Diagnostik durch Kurzwellenprovokation. Arch. Ohr usw. Hlk. **148**, 127
(1940).

Hünermann, Th.: Kurzwellenbehandlung in der Hals-Nasen-Ohrenheilkunde. Fortschr. Med. **1934**, Nr. 8, 165. — Zur Kurzwellenbehandlung in
der Hals-Nasen-Ohrenheilkunde. Dtsch. med. Wschr. **1937**, Nr. 28, 1093.

Kobak, D.: Radiathermy in medicine. Arch. physic. Ther. (Am.) **16**,
5 (1935).

Köhler, E. v.: Kurzwellentherapie bei Affektionen des Gesichtes (Sinus-
itis, Trigeminuserkrankungen und Paradentosen). Schweiz. med. Wschr.
1935, Nr. 17.

Le Mée, Saidman et Courland: Action des ondes courtes en oto-rhino-
laryngologie. Ann. Inst. Actinol., Par. **1**, 189 (1932).

Pietzel, Fr.: Kurzwellenbehandlung der akuten Nasennebenhöhlen-
eiterungen. Mschr. Ohrenhk. **74**, H. 10, 496 (1940).

Ries, J. v.: Fokalinfekt, Rheumatismus und Kurzwellentherapie.
Schweiz. med. Wschr. **1938**, H. 34.

Rudder, B.: Erforschung und Praxis der Wärmebehandlung in der
Medizin, S. 171. Dresden u. Leipzig: Th. Steinkopff, 1937.

Schmidt, W. H.: Ultrashort wave therapy. Arch. physic. Ther. (Am.)
1936, Nr. 4, 231.

Schott, K.: Die Kurzwellentherapie des Tonsillar- und Peritonsillar-
abszesses. Kinderärztl. Prax. **13**, 233 (1942).

Schweitzer, G.: Die Kurzwellentherapie in der inneren Medizin. Med.
Klin. **1938**, Nr. 48 und 49.

Die Krankheiten der Lunge und des Rippenfells.

Anzeigen. Von den Erkrankungen der Lunge ist es in erster
Linie die chronische Bronchitis und das sie häufig begleitende
Emphysem, die recht günstig auf Kurzwellen reagieren. Die Kranken
empfinden häufig schon während der Durchwärmung ein Gefühl der
Erleichterung und sind daher unschwer für die Behandlung zu gewinnen.
Infolge der besseren Durchblutung der Lungen wird die Atemnot gebessert, das Bronchialsekret verflüssigt und dadurch die Expektoration
erleichtert. Die Behandlung muß entsprechend dem chronischen Charakter
der Erkrankung längere Zeit fortgesetzt werden. Auch bei Bronchektasien hat man günstige Erfahrungen mit den Kurzwellen gemacht.
Man beobachtet meist eine deutliche Abnahme der Sputummenge und
damit des Hustenreizes (Schliephake, Kowarschik, Robert).

Eine sehr dankbare Indikation für die Kurzwellenbehandlung kann unter Umständen das Asthma bronchiale sein. Wenn bei der neurotischen Basis dieser Erkrankung der Erfolg auch kein zuverlässiger ist, so sieht man doch in vielen Fällen eine recht weitgehende Besserung (Laqueur und Remzi, Kowarschik u. a.).

Die Tuberkulose der Lunge wird in manchen Fällen erfolgreich mit Kurzwellen behandelt, wie Schliephake auf Grund einer Reihe von Krankengeschichten, belegt mit Röntgenbefunden, nachweist. Aus diesen ist ersichtlich, daß im Verlauf der Kur sich zunächst das Allgemeinbefinden besserte, dann ließ auch das Fieber nach, während gleichzeitig die Veränderungen in der Lunge eine Rückbildung zeigten. Bei 8 von 10 Kranken konnte durch die Kurzwellentherapie ein Erfolg erreicht werden.

Bei dem chronischen und außerordentlich wechselvollen Verlauf der Lungentuberkulose, die immer wieder Verschlechterungen mit folgenden Besserungen zeigt, ist es natürlich nicht leicht, zu beurteilen, wieweit die Kurzwellen als solche das Leiden beeinflussen. Eine genaue Beobachtung einer größeren Zahl von Kranken wird notwendig sein, um hier ein endgültiges Urteil zu gewinnen.

Nicht für alle Fälle von Lungentuberkulose dürfte die Kurzwellentherapie in gleicher Weise indiziert sein. Am besten werden sich wohl die chronisch fibrösen, mit mäßigen Temperatursteigerungen einhergehenden Formen für die Behandlung eignen. Immerhin ist bei der Auswahl der Kranken große Vorsicht geboten, da es nicht ausgeschlossen ist, daß unter Umständen örtlich begrenzte Infektionsherde durch eine zu intensive Durchwärmung aktiviert werden könnten, wodurch die Gefahr einer Ausbreitung des Prozesses gegeben ist. So sah Schedtler bei einer jugendlichen Kranken ein umschriebenes weiches Infiltrat nach einigen Kurzwellenbehandlungen in eine Kaverne übergehen.

M. G. Schmitt behandelte vier Fälle von Lobar- und Lobulärpneumonie mit Kurzwellen in erfolgreicher Weise. Es fanden täglich 3—4 Stunden lang dauernde mäßige Durchwärmungen der Lunge statt, unter deren Einfluß die Dyspnoe, die Zyanose und die Schmerzen rasch schwanden. In weniger als 80 Stunden wurde in allen Fällen die Temperatur normal. Sehr gute Erfolge haben Kowarschik, Freund und Isler, Calchi Novatti in mehreren Fällen von verschleppten Pneumonien gesehen, bei denen es zu keiner vollkommenen Resorption des Exsudates kam, bei denen infolgedessen Dämpfung, Temperatursteigerungen und die entsprechenden subjektiven Beschwerden weiter bestanden. Gleich wie bei Diathermie, die bekanntlich bei solchen Kranken sehr wirksam ist, kam es unter der Einwirkung der Kurzwellen zu einer raschen Aufsaugung des Exsudates mit Entfieberung und gleichzeitigem Schwinden der übrigen Krankheitserscheinungen.

Schliephake berichtet über zwei Fälle von Maltafieber mit Lungeninfiltraten, die in verhältnismäßig kurzer Zeit durch eine Behandlung mit Kurzwellen zur Aufsaugung kamen. Auch Izar und Morretti sahen bei 6 von 9 Kranken mit Maltafieber einen eindeutigen Erfolg durch die Kurzwellenbehandlung.

Besonders wirksam erweist sich die Kurzwellentherapie nach Schliephake bei Lungenabszessen. 23 von ihm behandelte Kranke wurden geheilt. Sicherlich ein sehr schönes Ergebnis, wenn man bedenkt, daß die Mortalität dieser Erkrankung bei konservativer Behandlung eine sehr große ist. Über ähnliche günstige Erfahrungen berichten Liebesny und Fiandaca. Letzterer behandelte 12 zum Teil sehr schwere Fälle von Lungenabszessen, von denen 10 vollkommen wiederhergestellt wurden. W. Diecker teilt 27 mit Röntgenbildern und Krankengeschichten belegte Fälle mit, von denen der größte Teil geheilt wurde. Darunter befanden sich auch schwerste Fälle und solche, bei denen der Chirurg die Operation abgelehnt hatte. Schlechter Allgemeinzustand und hohes Fieber bilden nach Diecker keine Gegenanzeige. Die Behandlung soll so früh als möglich beginnen. Eine ungünstige Prognose haben nur die aus Bronchektasien entstandenen Abszesse. Brugsch und Pratt berichten über 128 Fälle von Lungenabszeß, von denen 85 geheilt sind. Weitere empfehlende Berichte über die Kurzwellenbehandlung der Lungenabszesse liegen vor von Schindling, Hamann, Sarens, Molle, Torelli, Calvano u. a. Weniger günstig lautet eine Mitteilung von Schweitzer, der bei zwei Kranken wohl eine Besserung, aber keine Heilung erzielte, in zwei anderen jedoch eher eine Verschlechterung sah. Auch Freund und Isler behandelten sechs Kranke mit Lungenabszessen ohne jeden Erfolg. An dieser Stelle sei daran erinnert, daß bereits Lucherini die Diathermie zur Behandlung von Lungenabszessen empfohlen hat.

Ein Anwendungsgebiet von größter Bedeutung sind nach Schliephake Pleuraempyeme. Schliephake behandelte eine größere Zahl derartiger Erkrankungen mit ausgezeichnetem Erfolg, darunter solche, die bereits als hoffnungslos angesehen worden waren. Eine Reihe von Krankengeschichten mit Fieberkurven und wiederholten Röntgenaufnahmen läßt deutlich die unter der Behandlung fortschreitende Besserung erkennen. Auffallend ist in vielen Fällen das rasche Absinken des Fiebers. Das Allgemeinbefinden bessert sich in kurzer Zeit, die Besserung des objektiven Befundes und der subjektiven Beschwerden schließt sich an. Auch Kowarschik konnte bei einigen von ihm behandelten Kranken eine auffallend gute Wirkung auf das Fieber und die Resorption des Exsudates feststellen, hat aber bei anderen auch vollkommene Mißerfolge gehabt. In alten Fällen, bei denen es bereits zu Verwachsungen und Fistelbildungen gekommen ist, darf man von den Kurzwellen wohl nicht viel erwarten.

Schedtler sah in drei Fällen von tuberkulösem Pleuraempyem keinerlei Erfolg. Dagegen sprachen 14 Fälle von Pleuritis sicca ausnahmslos gut an. Die seröse Pleuritis erforderte wesentlich mehr Behandlungen zur Heilung. Ein sofortiges Aufhören der Exsudation wurde bei keinem Kranken beobachtet. Unter den Fällen, die zur Verschwartung gelangten, fielen zwei auf, bei denen die sonst übliche Schrumpfung auffallend gering war.

Roques berichtet über den günstigen Einfluß der Kurzwellen auf den

Keuchhusten. Die Anfälle konnten mit durchschnittlich zehn Behandlungen beseitigt werden. Die Restbronchitis dagegen wurde wenig beeinflußt. Günstige Berichte liegen auch von **Wirth** und **Krasemann** vor.

Behandlungstechnik. Zur Behandlung der Lunge verwendet man am besten starre Elektroden mit einem Durchmesser von 18—20cm, die man der Vorder- und Rückseite des Brustkorbes in einem Abstand von 5—10 cm gegenüberstellt (Abb. 114). Leichtkranke können sitzend, Schwerkranke nur liegend behandelt werden. Verfügt man nicht über eine Liegeeinrichtung mit Untertischelektrode, so muß man die Durchwärmung mit weichen Elektroden ausführen. Dabei legt sich der Kranke auf eine Elektrode, während die zweite auf die Vorderseite des Brustkorbes aufgesetzt wird. Selbstverständlich muß man auch hier durch entsprechend dicke isolierende Zwischenlagen für den nötigen Elektroden-Haut-Abstand sorgen.

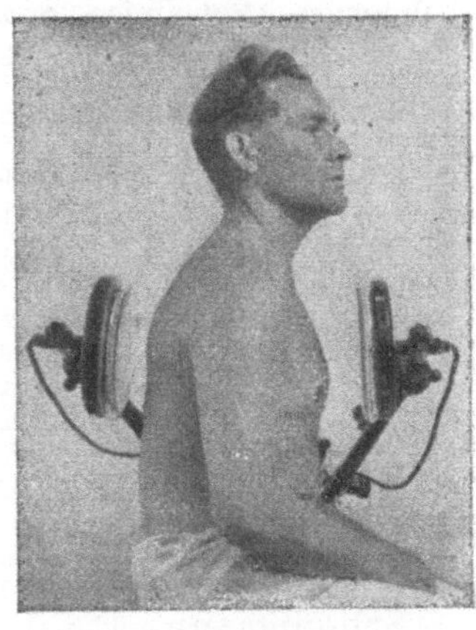

Abb. 114. Behandlung der Lunge.

Man beginne bei fieberhaften Erkrankungen mit einer mäßigen Feldstärke und einer Dauer von zehn Minuten. Hat man sich überzeugt, daß die Durchwärmung gut vertragen wird und keine unerwünschten Reaktionen auslöst, so kann man sowohl mit der Feldstärke wie mit der Behandlungszeit steigen. Man verlängert diese allmählich auf 20 bis 30 Minuten. Für die Behandlung von Empyemen und Lungenabszessen sind unter Umständen große Feldstärken notwendig. Bei chronischer Bronchitis, Asthma bronchiale u. dgl. werden schwächere Felder ausreichen.

Bemerkenswert ist, daß manche Kranke während der Behandlung zu schwitzen beginnen, bei längerer Dauer sogar in starken Schweiß geraten, ohne jedoch eine besondere Hitzeempfindung an der Haut zu verspüren. Das allgemeine Wärmegefühl hält häufig stundenlang nach.

Quellennachweis.

Brugsch, H. G. a. J. H. **Pratt**: Short wave diathermy in the treatment of lung abscess. J. amer. med. Assoc. **112**, 2114 (1939).

Dieker, W.: Die Kurzwellenbehandlung des Lungenabszesses. Fortschr. Röntgenstr. **59**, H. 3, 193 (1939). — Unsere Erfahrungen mit der Kurzwellenbehandlung bei Lungenabszessen. Dtsch. med. Wschr. **1937**, Nr. 28, 1076. — Die Kurzwellenbehandlung der Lungenabszesse. Ther. Gegenw. **80**, 145 (1839).

Fiandaca: Sulla terapia dell'ascesso polmonare con onde corte. Riforma med. **1934**, 323. — Short wave diathermy in pulmonary infections. Arch. physic. Ther. (Am.) **1937**, 70.

Freund u. **Isler**: Behandlung mit Ultrakurzwellen. Wien. med. Wschr. **1937**, Nr. 8.

Hamann, A.: Zur Kurzwellenbehandlung von Lungenabszessen. Dtsch. med. Wschr. **1937**, Nr. 28.

Izar, G. e P. **Moretti**: Azione delle onde corte su Jdecorso della brucellosi umana. Riforma med. **1934**, Nr. 27. — Die Wirkung der kurzen Wellen auf den Verlauf des Maltafiebers. Klin. Wschr. **1935**, 46.

Krasemann, E.: Die Behandlung des Keuchhustens mit Ultrakurzwellen. Dtsch. med. Wschr. 1941, 577.
Laqueur, A. u. R. Remzi: Klinische Erfahrungen mit der Kurzwellenbehandlung. Med. Welt 1933, Nr. 22.
Lucherini, T.: La diatermia nella cura dell'ascesso e della gangrena polmonare. Policlinico, Sez. prat. 1933, 1715.
Peters, Th. u. W. Tegethoff: Kurzwellenbehandlung in Lungenheilstätten. Z. Tbk. 74, 178.
Robert: Les ondes courtes dans le traitement des bronches chez l'enfant. J. Radiol. (Belg.) 25, 107 (1942).
Roques, K. R. v.: Die Kurzwellenbestrahlung des Keuchhustens. Münch. med. Wschr. 1936, Nr. 17, 680; Med. Welt 1937, Nr. 36.
Sarens, A.: Kurzwellenbehandlung der Lungenabzesse. Z. klin. Med. 137, H. 6 (1940).
Schedtler, O.: Die Therapie mit ultrakurzen elektrischen Wellen insbesondere bei tuberkulösen Erkrankungen. Beitr. Klin. Tbk. 86, H. 4 (1935).
Schindling, K.: Kasuistischer Beitrag zur Behandlung des Lungenabszesses mit Kurzwellendiathermie. Münch. med. Wschr. 1938, Nr. 24, 918.
Schliephake, E.: Behandlung von Lungenabszessen mit Kurzwellen. Med. Klin. 1936, 380. — Behandlung der Lungenabzesse mit Ultrakurzwellen. Ther. Gegenw. 80, 145 (1939).
Schmitt, M. G.: Treatement of pneumonia by electromagnetic induction. Arch. physic. Ther. (Am.) 17, 299 (1936).
Schönemann, H.: Kurzwellenbehandlung der plastischen Pleuritis. Z. Tbk. 75, 37.
Schweitzer, G.: Die Kurzwellentherapie in der inneren Medizin. Med. Klin. 1935, Nr. 48.
Wirth, J.: Die Behandlung des Keuchhustens mit Ultrakurzwellen. Dtsch. med. Wschr. 1941, 183.

Die Krankheiten der Verdauungsorgane.

Anzeigen. Die Anzeigen der Kurzwellentherapie bei den Erkrankungen der Verdauungsorgane lassen sich in zwei große Gruppen zusammenfassen. Zur ersten Gruppe gehören die spastischen Zustände der glatten Muskulatur des Magen-Darmkanals, der Gallenblase und Gallengänge. Die zweite Gruppe umfaßt die chronisch entzündlichen Veränderungen des Magens und Darmes sowie die ihrer drüsigen Anhangsorgane. Nicht selten finden sich beide Krankheitszustände miteinander vereint.

Es ist hinreichend bekannt, daß die Wärme ein souveränes krampflösendes Mittel darstellt, das seit Jahrtausenden bei allen Formen von Erregungszuständen der glatten Muskulatur mit Erfolg zur Anwendung kommt, sei es, daß diese mehr als dauernde Hypertonie oder mehr anfallsweise in Form von Spasmen, sogenannten Koliken, auftreten.

Es werden daher der **Ösophagospasmus, Kardiospasmus, Pylorospasmus, Darmspasmus** und die **spastische Obstipation** Anzeigen für die Kurzwellenbehandlung abgeben. Die Wirkung auf solche Krampfzustände ist bisweilen ganz überraschend. Aimé sah bei einer großen Anzahl von Obstipationen, die er mit Kurzwellen behandelte, in der Mehrzahl einen unzweideutigen Erfolg. Es ist gar nicht so selten, daß Kranke, die aus irgendeinem Grund eine abdominelle Kurzwellenbehandlung erhalten, spontan angeben, es wäre ihnen aufgefallen, daß seit der Behandlung ihre Darmtätigkeit eine bessere sei, so daß sie nicht mehr gezwungen wären, die sonst gewohnten Abführmittel zu nehmen. Es gibt übrigens eine große Zahl von funktionellen spastischen Zuständen des Darmes, die, reflektorisch ausgelöst, meist unter einer falschen Diagnose (Appendizitis, Adhäsionen) behandelt, ja selbst operiert werden, ohne daß sich die Beschwerden im geringsten bessern und die dann durch eine Kurzwellenbehandlung in geradezu wunderbarer Weise geheilt werden.

Was die zweite Indikationsgruppe betrifft, so sind es weniger die akuten als die subakuten und chronischen entzündlichen Prozesse der Bauchorgane, die nicht selten auf das Peritoneum übergreifen und im weiteren Verlaufe zu Verwachsungen mit der Umgebung, einer Peritonitis adhaesiva, führen. Es ist dies ein Krankheitsbild, das sowohl während seines Ablaufes als auch in seinen Folgezuständen häufig sehr schmerzhaft ist. Gegen den entzündlichen Vorgang als solchen wie gegen die später verbleibenden Adhäsionsschmerzen erweisen sich die Kurzwellen sehr wirksam.

Betrachten wir nun solche Krankheitsbilder im einzelnen, so hätten wir zunächst das Ulcus ventriculi und duodeni. Knopfmacher sah bei solchen Kranken, die monatelang jeder Therapie trotzten, unter der Kurzwellenbehandlung in kurzer Zeit eine Heilung eintreten. Diese Beobachtung entspricht der Erfahrung, daß die Wärmebehandlung, wie Leube schon vor Jahrzehnten zeigte, ein ausgezeichnetes Mittel ist, die Beschwerden der Ulkuskranken zu lindern oder zu beseitigen. Der Einwand, daß die Hyperämisierung die Gefahr einer Blutung erhöhe, wurde durch die klinische Erfahrung widerlegt. Es scheint, daß diese Gefahr mehr als ausgeglichen wird durch den Umstand, daß die Wärme den Pylorospasmus und die dadurch bedingte Stauung des Mageninhaltes behebt. Eine Blutung wird wohl leichter durch die mechanische Reizung von Seiten des Mageninhaltes als durch die Wärmehyperämie ausgelöst. Dazu kommt, daß durch die Wärme, in welcher Form man sie immer anwendet, auch die Hyperazidität herabgesetzt wird. Nach Jordaan wird der Säuregehalt bei bestehender Hyperazidität durch Kurzwellen vermindert, bei Subazidität dagegen erhöht. Ganz das gleiche stellten Benassi und Montagni fest. Auch bei Gesunden fand H. Bauer in 16 von 20 Fällen unter der Einwirkung der Kurzwellen eine Verminderung der Salzsäure. Die Untersuchungen über die Beeinflussung der Gesamtsekretion durch die Kurzwellen lieferten widersprechende Ergebnisse, bald wurde eine Vermehrung, bald eine Verminderung gefunden (H. Bauer, Neidhardt und Schlinke).

Auch die Peristaltik wird je nach den Versuchsbedingungen und der Reaktionslage des Untersuchten in verschiedener Weise beeinflußt. Darum werden Widersprüche wie die folgenden nicht auffallen.

Neidhardt und Schlinke stellten unter dem Einfluß der Kurzwellen ein Nachlassen des Tonus und der Peristaltik fest. Nach Loughlin, Mann und Krusen, die an Hunden den Darm freilegten, um seine Bewegungen kymographisch zu registrieren, nimmt die Kraft der Peristaltik zu, nicht aber ihre Häufigkeit. Die gleiche Reaktion konnte auch durch gewöhnliche Wärme ausgelöst werden.

Eine weitere Anzeige für die Kurzwellentherapie bilden die entzündlichen Erkrankungen der Gallenblase und der Gallengänge, die Cholezystitis und Cholangitis, die nicht selten mit Steinbildung, Cholelithiasis, gepaart sind. Für die Kurzwellenbehandlung kommen nicht so sehr die akuten, als vielmehr die subakuten und chronischen Fälle in Betracht. Auffallend ist die rasche schmerzstillende Wirkung, die sich häufig schon nach der ersten Behandlung in einem Gefühl der Entspannung kundgibt (R. Wolf). Bestehende Temperatursteigerungen oder ein vorhandener Ikterus klingen rasch ab. Auch Kowarschik sah bei Erkrankungen der Gallenblase und Gallengänge von der Kurzwellenbehandlung rasch eintretende Besserungen. Bei zwei von seinen Kranken, die vor einem chirurgischen Eingriff standen, konnte mit Rücksicht auf die rasche Wendung zum Besseren von diesem vorderhand

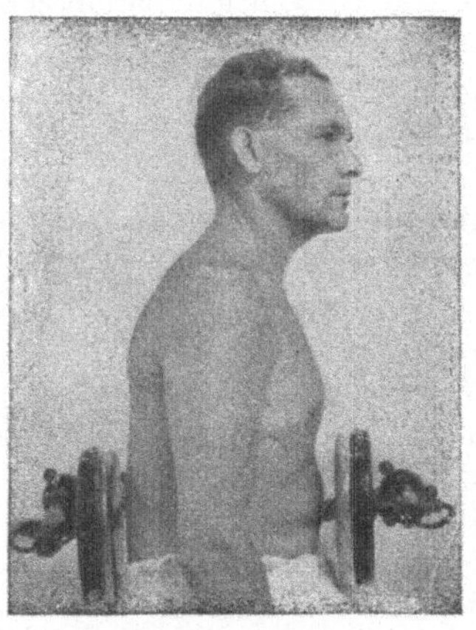

Abb. 115. Behandlung des Abdomens.

abgesehen werden. In einem anderen Fall, bei dem trotz Operation noch Schmerzen bestanden, verschwanden diese in kurzer Zeit. Über ähnliche Erfahrungen berichten Laqueur, Dausset, Réchou u. a.

Schliephake beschreibt zwei Erfolge bei chronischer Hepatitis. Bei dem einen Kranken bestanden seit einem Jahr Fieberanfälle bis 39,5° C. Sein Befinden war derartig, daß er als aufgegeben galt. Eine Kurzwellenbehandlung in der Dauer von 3 Wochen machte ihn fieberfrei. Eine Wiederkehr des Fiebers nach einem halben Jahr wurde mit sechs Behandlungen neuerdings beseitigt. Knipfer lobt den günstigen Einfluß der Kurzwellen auf Leberstauungen, die im Anschluß an eine Amöbenruhr oder eine andere tropische Darminfektion auftreten.

Recht gute Erfahrungen mit der Kurzwellentherapie wurden auch bei der chronischen Appendizitis gemacht. Natürlich sind der Kurzwellenbehandlung nur jene Kranke zuzuführen, bei denen ein chirurgischer Eingriff nicht in Frage kommt, ferner solche, bei denen trotz vollzogener Operation infolge entzündlicher Restbestände oder Verwachsungen weiterhin Beschwerden vorhanden sind. Im allgemeinen darf man sagen, daß die Kurzwellen zur Nachbehandlung von Laparotomierten oft ausgezeichnete Dienste leisten.

Kowarschik hat eine größere Zahl von Mastdarmfisteln teils tuberkulöser, teils andersartiger Natur behandelt und konnte in mehreren Fällen, die seit längerer Zeit bestanden, einen recht günstigen Einfluß der Kurzwellen beobachten. Die Heilung ist zwar unsicher, doch war wiederholt eine deutliche Schmerzstillung und eine Verminderung der Sekretion zu bemerken. Ähnliche Erfolge sahen Saidman und Cahen. Baumgart berichtet über vier Fälle von äußeren Analfisteln, die auf dem Boden einer Periproktitis entstanden und erfolglos operiert worden waren. Alle konnten restlos geheilt werden. Delherm und Fainsilber loben den günstigen Einfluß der Kurzwellen bei Pruritus ani, Hämorrhoiden und Analfissuren.

Behandlungstechnik. Zur Durchwärmung der Bauchorgane wird das Kondensatorfeld in anterio-posteriorer Richtung angewendet. Will man den Darm in seiner ganzen Ausdehnung gleichmäßig erfassen, so wählt man zwei gleich große Elektroden, am besten starre Platten mit einem Durchmesser von 18—20 cm, die man in einem Abstand von 5—10 cm dem Körper gegenüberstellt (Abb. 115). Dabei sitzt der Kranke quer über einem Stuhl, an dessen Rückenlehne er sich seitlich stützt, um den Körper zu fixieren. Bequemer ist für den Kranken die Behandlung auf einem Tisch, der es ermöglicht, über und unter dem Körper je eine Elektrode mit Luftabstand anzubringen. Verfügt man nicht über ein solches Lagerungsgerät, so kann man sich, um die Behandlung im Liegen auszuführen, zweier Weichgummielektroden bedienen, auf deren eine sich der Kranke legt. Dabei muß natürlich durch Filz- oder Gummiauflagen ein hinreichend großer Körperabstand gewahrt werden.

Zur Behandlung von Analfisteln kann man zweckmäßigerweise die gleiche Elektrode verwenden, die zur Behandlung der Hidroadenitis dient (Abb. 120, S. 119). Sie wird bei Seitenlage des Kranken in die Analfalte eingeschoben, während den Bauchdecken gegenüber eine starre runde Elektrode in etwas größerer Entfernung angebracht wird. Man kann aber auch eine metallisch nackte Elektrode verwenden, die in das Rektum eingeführt wird. Nur muß der herausragende Stiel mit dem Kabelanschluß vollkommen isoliert sein, damit seine Berührung mit der Haut nicht zu einer Verbrennung führt.

Quellennachweis.

Aimé, P.: Traitement de la constipation par les ondes courtes. IV. Internat. Radiol.-Kongr., Zürich, 1934. S. 510.

Bauer, H.: Der Einfluß der Kurzwellentherapie auf die Funktionen des gesunden Magens. Arch. Verdgskrkh. 58, 329 (1935).

Baumgart, W.: Behandlung der Analfisteln mit Kurzwellen. Zbl. ges. Gynäk. 1937, Nr. 33.

Benassi, E. u. L. Montagnini: Die Behandlung der Magensekretionsstörungen mit Kurzwellen. Policlinico, Sez. med. 1937, 353.

Dausset, H.: Sur la thérapeutique par la d'Arsonvalisation à ondes courtes. Bull. Soc. franç. Électrothér. et Radiol. 1933, Nov.

Delherm et Fainsilber: Ondes courtes intra-rectales dans les affections ano-rectales. Bull. Soc. franç. Électrothér. et Radiol. 44, 154 (1935).

Jordaan, M.: Der Einfluß der Kurzwellentherapie auf die Acidität und Motilität des Magens. Arch. Verdgskrkh. 61, 129 (1937).

Knipfer, A.: Die kombinierte Röntgen-Ultrakurzwellen-Bestrahlung der tropischen Leberkongestion. Med. Welt 1935, Nr. 52, 1670.

Knopfmacher: Wirkung elektrischer Schwingungen hoher Frequenz auf Geschwüre des Magens und Zwölffingerdarms und auf Entzündungen der Gallenblase. Wien. med. Wschr. 1931, Nr. 12.

Laqueur, A.: Über Kurzwellenbehandlung. Jkurse ärztl. Fortbild. 24, H. 8 (1933).

Loughlin, Chr. J. Mc, F. C. Mann a. F. H. Krusen: Effect of

short wave diathermy on intestinal activity. Arch. phyic. Ther. (Am.) **22,** 325, 358 (1941).

Neidhardt, K. u. H. Schlinke: Die Einwirkung der Kurzwellenbehandlung auf den Magen. Balneologe **1937,** H. 7, 305.

Réchou, Wangermez, Halphen, Auclair et Dausset: Les ondes courtes et ultracourtes en thérapeutique. Arch. Électr. méd. **41,** 291 (1933).

Wolf, R.: Die Bedeutung der Kurzwellen in der Behandlung der entzündlichen Erkrankungen der Gallenwege. Fortschr. Ther. **11,** 721 (1935).

Die Krankheiten der Nieren und der Harnwege.

Anzeigen. Von den Erkrankungen der Niere kommen sowohl die entzündlichen wie die degenerativen Formen für die Kurzwellenbehandlung in Betracht. Die Behandlung fördert durch die Kapillarisierung die Durchblutung und damit die sekretorische Funktion des Organs. Gleich der Diathermie wird auch die Kurzwellentherapie bei der akuten Glomerulonephritis mit bestem Erfolg angewendet. Schweitzer behandelte eine Anzahl derartig Kranker und konnte bei den meisten von ihnen den durch nichts zu behebenden pathologischen Sedimentbefund rasch zum Schwinden bringen. Die gleiche Beobachtung machte E. A. Voß in acht Fällen von akuter Glomerulonephritis bei Kindern. Das Sediment wurde in durchschnittlich 8—10 Tagen normal, die Diurese besserte sich, nur die Konzentrationsfähigkeit der Niere blieb herabgesetzt.

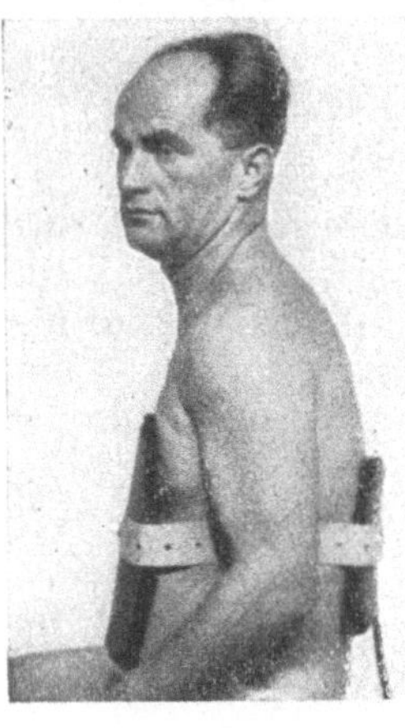

Abb. 116.
Behandlung einer Niere.

Nach den Erfahrungen von Kowarschik wirkt die Durchwärmung der Niere zweifellos fördernd auf die Harnsekretion und wird daher überall dort mit Vorteil zur Anwendung kommen, wo diese erhöht werden soll. Das bestätigt auch Hauer, der bei bestehender Anurie und Präurämie nach einer Nierenoperation die Harnausscheidung selbst dort wieder in Gang bringen konnte, wo Diuretika, Kochsalzinfusionen und die Dekapsulation der Niere vergebens angewendet worden waren. Auch Eisenrelch sah in zwei Fällen von Anurie im Verlaufe einer Eklampsie von den Kurzwellen einen deutlichen Erfolg.

Weiterhin bildet die Nephrosklerose nach Rausch eine Anzeige für die Kurzwellentherapie. Die Durchwärmung im Kondensatorfeld bewirkt eine Besserung der Beschwerden und ein Sinken des Blutdruckes.

Auch bei der Nierentuberkulose wurde die Kurzwellentherapie versucht, wohl nicht in der Absicht, die erkrankte Niere zu retten, sondern vielmehr um die nicht selten nach einer Nephrektomie zurückbleibenden Fisteln zu heilen. Hutter und Liebesny berichten über einen Fall, bei dem es gelang, eine seit 9 Jahren bestehende Fistel wesentlich zu bessern. Kowarschik konnte in zwei ähnlichen Fällen einen günstigen Einfluß der Kurzwellen auf das Allgemeinbefinden wie auf die Sekretion feststellen. Eine Heilung wurde nicht erzielt.

Wertvoll erweist sich die Kurzwellentherapie bei eingeklemmten Uretersteinen, die unter dem krampflösenden Einfluß der Wärme nicht selten abgehen. In dem gleichen Sinn wird die Hochfrequenzwärme auch bei Krampfzuständen der Harnblase mit bestem Erfolg zur Anwendung gebracht. Feustel erprobte die Kurzwellen bei ulzeröser Zystitis und konnte nicht nur die subjektiven Beschwerden, sondern auch die objektiven Krankheitserscheinungen ·vorteilhaft beeinflussen. Von 27 Kranken wurden 7 vollkommen geheilt, 13 einwandfrei gebessert.

Behandlungstechnik. Die Behandlung der Nieren kann sowohl am liegenden wie am sitzenden Kranken vorgenommen werden. Dabei gelten die gleichen Grundsätze, die wir bereits für die Behandlung anderer Bauchorgane angeführt haben (S. 109). Da bei den meisten Erkrankungen der Nieren, bei denen es gilt, die Sekretion anzuregen, eine Durchwärmung von 30—60 Minuten notwendig ist, wird man, um den Erkrankten nicht zu ermüden, eine Behandlung im Liegen vorziehen. Verfügt man nicht über einen Behandlungstisch mit Untertischelektrode, dann wird die Behandlung mit weichen Elektroden ausgeführt. Am sitzenden Kranken können auch starre Elektroden Verwendung finden.

Ist nur eine Niere erkrankt, so wird in der Höhe der zwölften Rippe seitlich neben der Wirbelsäule eine Elektrode aufgesetzt, deren Größe die der Niere etwas übertrifft (Abb. 116). Gegenüber auf das Abdomen kommt eine inaktive Elektrode. Inaktiv wird sie dadurch, daß sie etwas größer ist als die Rückenelektrode oder daß sie bei gleicher Größe in einem etwas größeren Abstand vom Körper angebracht wird. In analoger Weise wird die Durchwärmung beider Nieren gleichzeitig mit entsprechend größeren Platten durchgeführt.

Quellennachweis.

Feustel, K.: Bericht über die Ergebnisse mit Kurzwellenbehandlung bei Blasenulzera. Ther. Gegenw. 1939, H. 3.

Hauer, A. v.: Kurzwellenbehandlung bei Anurie und präurämischen Zuständen. Wien. klin. Wschr. 1938, 585.

Hutter, K. u. P. Liebesny: Kurzwellenbehandlung von Fisteln nach Nephrektomie wegen Tuberkulose. Wien. klin. Wschr. 1933, Nr. 21.

Rausch, Z.: Über Indikationen und Erfolge der Kurzwellendiathermie bei Erkrankungen des Kreislaufs und der Niere. Fortschr. Ther. 10, 394 (1934).

Rocchini, G. e G. Calchi-Novati: Funzionalita renale ed onde corte. Radiol. med. 23, 240 (1936).

Schweitzer, G.: Die Kurzwellen in der inneren Medizin. Med. Klin. 1935, Nr. 48.

Voss, E. A.: Kurzwellentherapie bei Kindern. Kinderärztl. Prax. 5, 289 (1934).

Die Krankheiten der männlichen Geschlechtsorgane.

Anzeigen. Bei der Gonorrhöe des Mannes dürften die Kurzwellen weniger zur Behandlung der akuten Urethritis als ihrer Komplikationen geeignet sein. Gumpert berichtet wohl in einer vorläufigen Mitteilung, daß in frischen und selbst einige Monate alten Fällen von urethraler Infektion eine wesentliche Besserung eintrat, indem sich der Harn klärte und die Gonokokken verschwanden. Zu einer vollkommenen Ausheilung kam es anscheinend nicht. Nagell und Bergreen dagegen negieren jeden Einfluß der Behandlung auf die Erkrankung. Ruete sah sogar eine Verschlechterung der Beschwerden, der Schmerzen und des Brennens beim Harnlassen, ohne daß der Gonokokkenbefund irgendwie verändert wurde. Er lehnt daher die Kurzwellenbehandlung ab.

Anders ist es mit der gonorrhoischen Epididymitis und Prostatitis, bei denen die Heilwirkung der Kurzwellen allgemein anerkannt ist. Es steht außer allem Zweifel, daß durch die richtige Anwendung der Hochfrequenzwärme die Heilung beschleunigt wird. Die Epididymitis kann bereits im akuten Stadium therapeutisch in Angriff genommen werden. Die schmerzstillende Wirkung ist eine fast augenblickliche, auch die Schwellung geht sehr rasch zurück. Ein Vorzug der Kurzwellentherapie gegenüber der Diathermie ist ihre einfachere technische Anwendung. Es ist ein großer Vorteil, daß die Elektroden der Haut nicht genau angepaßt werden müssen, so daß jeder Druck auf das erkrankte, meist sehr schmerzhafte Organ wegfällt.

Auch die Prostatitis gonorrhoica wurde wiederholt erfolgreich mit Kurzwellen behandelt. So konnte Kowarschik in einem Fall von chronischer Prostatitis, der seit Jahren zu immer wiederkehrenden Abszedierungen führte, durch eine rechtzeitig eingeleitete Kurzwellenanwendung das Auftreten einer neuen Eiterung verhüten. Weiterhin werden die Kurzwellen bei paraurethralen Infiltraten und Fisteln empfohlen.

Neuerdings wird besonders von amerikanischer Seite immer mehr die ausgezeichnete Wirkung der allgemeinen Hyperthermie auf gonorrhoische Infektionen hervorgehoben, worüber auf S. 139 noch Näheres gesagt werden soll.

Überraschend sind die Mitteilungen von Jachmann und Schubert über die Erfolge der Kurzwellentherapie bei der Induratio penis plastica. Der erste Autor berichtet über 9 Kranke, von denen 3 praktisch geheilt, 3 wesentlich gebessert wurden. Der zweite über 8 Fälle, von denen 3 geheilt und 2 gebessert wurden. Man erinnert sich dabei, daß vor Jahren ganz die gleichen Erfolge von der Diathermie gemeldet wurden, ohne daß sie später eine Bestätigung fanden. Kowarschik sah bei zwei Kranken mit plastischer Induration trotz längerer Behandlung nicht die geringste Veränderung des anatomischen Befundes.

C. E. Schmidt, Ruete, Kobak und Schliephake beobachteten bei der Prostatahypertrophie ganz außerordentliche Besserungen, die in einem Schwinden der Schmerzen und des Harndranges, ja selbst in einer Verkleinerung des Tumors zum Ausdruck kamen. C. E. Schmidt, der selbst an einer Prostatahypertrophie litt, die bereits eine Operation notwendig erscheinen ließ, konnte durch 30 Kurzwellenanwendungen alle seine Beschwerden beseitigen. Ähnlich waren die Erfolge, die er und andere Autoren an Kranken machten.

Behandlungstechnik. Zur Behandlung der Urethritis, der paraurethralen Infiltrate und der Induratio plastica wird der Penis zwischen zwei gleich große Kondensatorplatten gebracht und, wenn nötig, durch einen Leukoplaststreifen festgehalten. Dabei wird ein Elektrodenabstand von 1—2 cm eingestellt.

Die Durchwärmung des Hodens und Nebenhodens nimmt man am besten in der Weise vor, daß man eine große weiche Elektrode unter das Gesäß legt, während man eine kleine starre Elektrode über dem Skrotum in einer Entfernung von 1—2 cm befestigt. Ein Druck auf die erkrankten Organe soll dabei vermieden werden.

Zur Kurzwellenbehandlung der Prostata verwendet man am besten zwei Elektroden, von denen die eine auf den Damm, die andere oberhalb der Symphyse zu liegen kommt. Die Behandlung kann sowohl in liegender wie in sitzender Stellung ausgeführt werden. Liegt der Kranke, so beugt er die beiden Beine in den Hüft- und Kniegelenken und abduziert sie gleichzeitig so weit, daß eine starre Elektrode in der Größe von 100—150 qcm dem Perineum gegenübergestellt werden kann. Eine zweite gleich große Elektrode wird über der Symphyse angebracht. Der Kranke kann sich aber auch mit abduzierten Oberschenkeln auf eine Weichgummielektrode setzen, so daß diese dem Damm anliegt, während eine zweite weiche oder starre Elektrode über die Symphyse kommt. Diese Art der Durchwärmung hat gegenüber der rektalen Behandlung, die heute nicht mehr geübt wird, zunächst den Vorteil, daß nicht nur die Prostata, sondern auch die Blase und ihre Umgebung von dem Feld erfaßt werden, wodurch die Einwirkung eine viel nachhaltigere wird. Abgesehen davon wird dem Kranken die Unannehmlichkeit und dem Arzt die Mühe erspart, die mit dem Einführen einer Elektrode in den Mastdarm verbunden sind.

Quellennachweis.

Gumpert, M.: Behandlung der Gonorrhöe mit Kurzwellen. Med. Welt **1933**, 558.

Hibbs, D. K. a. St. L. Osborne: Short wave diathermy in chronic prostatitis. Amer. J. med. Sci. **201**, 547 (1941).

Jachmann, E. v.: Kurzwellenbehandlung in der Dermatologie, unter besonderer Berücksichtigung des Krankheitsbildes der Induratio penis plastica. Derm. Wschr. **1937**, Nr. 31.

Kobak, D.: Radiathermy in medicine. Arch. physic. Ther. (Am.) **16**, 5 (1935).

Nagell, H. u. P. Bergreen: Über Kurzwellentherapie bei Gonorrhöe. Derm. Z. **67**, 151 (1933). — Behandlung der Gonorrhöe mit Kurzwellen. Med. Welt **1933**, Nr. 20.

Ruete, A.: Über die Kurzwellenbehandlung in der Dermatologie. Derm. Wschr. **1936**, Nr. 1.

Schmidt, C. E.: Prostatahypertrophie. Ars Medici **1936**, 50.

Schubert, E.: Erforschung und Praxis der Wärmebehandlung in der Medizin, S. 172. Dresden u. Leipzig: Th. Steinkopff, 1937.

Die Krankheiten der weiblichen Geschlechtsorgane.

Anzeigen. Ein weites Anwendungsgebiet der Kurzwellen stellen die Erkrankungen der weiblichen Geschlechtsorgane dar. Das wichtigste Heilmittel der konservativen Frauenheilkunde ist bekanntlich die Wärme, weshalb hier schon die Diathermie und jetzt noch in erhöhtem Maße die

Kurzwellen sehr bald allgemeine Anerkennung gefunden haben. Dies bezeugt eine große Anzahl von Autoren, u. a. Raab, Vogt, Dalchau, Siedentopf, Wintz, Schuhmacher, Guthmann, Döderlein, Wittenbeck, Saidman und Meyer.

Es sind in erster Linie die entzündlichen Erkrankungen des Uterus und seiner Adnexe, des Perimetriums, des Parametriums, die Pelveoperitonitis, Stumpfexsudate u. dgl., die für die Durchwärmung in Betracht kommen. Dabei spielt weniger die Art der bakteriellen Infektion, als vielmehr der Grad und die Stärke der Entzündungserscheinungen eine Rolle. Man kann die Kurzwellen im Gegensatz zu energischeren Wärmeverfahren auch schon im akuten Stadium zur Anwendung bringen, doch muß dabei natürlich eine entsprechende Vorsicht gewahrt werden. Der allgemeine Grundsatz der Thermotherapie: Je frischer die Erkrankung, desto kleiner muß die Dosis sein, gilt auch hier (Wintz). In den ersten Tagen nach Beginn der Erkrankung sieht man bisweilen eindeutige Verschlechterungen im Anschluß an die Behandlung. Man wird sich daher in dieser Zeit mit Bettruhe und symptomatischen Mitteln begnügen (Raab). Je älter die Erkrankung ist, um so energischer wird man vorgehen. Daß die Wirkung der Kurzwellen in frischen Fällen sinnfälliger ist als bei alten chronischen Erkrankungen, liegt in der Natur der Sache, d. h. in der noch stärkeren Abwehrreaktion des Organismus. Immerhin gelingt es nicht selten, Frauen mit ganz veralteten und verschleppten Adnextumoren beschwerdefrei und arbeitsfähig zu machen (Vogt). In vielen Fällen wird dort, wo eine örtliche Behandlung versagt, noch eine allgemeine Hyperthermie zum Ziel führen (S. 139). Stets wird man neben der Kurzwellenbehandlung noch alle sonstigen Mittel der konservativen Therapie zu Hilfe nehmen, da die Hochfrequenzbehandlung allein in den meisten Fällen ungenügend ist (Wintz).

Auch bei gonorrhoischen Infektionen haben sich die Kurzwellen therapeutisch bewährt (Gumpert, Wintz, Vogt, Föderl u. a.). Eine unmittelbare Schädigung der Bakterien durch die Wärme ist nicht zu erwarten, der Erfolg liegt vielmehr in der Anregung der Abwehrkräfte des lebenden Gewebes (Wintz).

Wenig Aussicht scheinen die Kurzwellen bei der Genitaltuberkulose zu bieten, die in der Regel nicht beeinflußt wird (Gesenius, Kowarschik). Otto und Schuhmacher sahen sogar Verschlechterungen. Stoeckel ist der Ansicht, daß die Verschlechterung des Leidens durch die Kurzwellen geradezu den Verdacht einer Tuberkulose nahelegt. Nach Bier ist bekanntlich jede aktive Hyperämie bei der Tuberkulose gegenangezeigt.

Eine weitere Anwendung finden die Kurzwellen bei Amenorrhoe auf Grundlage einer Hypoplasie des Genitales oder inkretorischen Unterfunktion. Hier kommt uns der hyperämisierende, die Ernährung und Funktion fördernde Einfluß der Kurzwellen zugute. In diesem Sinn dürfen wir vielleicht auch bei Sterilität eine günstige Wirkung der Kurzwellen erwarten. Daß die Kurzwellenwärme infolge ihrer schmerzstillenden Wirkung bei Dysmenorrhoe sehr wohltuend empfunden wird, konnte wiederholt festgestellt werden.

Raab, Wintz, Dalchau u. a. haben bei Störungen der Menstruation, wie Amenorrhoe und Dysmenorrhoe, die durch eine örtliche Durchwärmung des Genitales nicht beeinflußt werden konnten, die Kurzwellenbehandlung der Hypophyse, als der dem Ovarium hormonal übergeordneten Drüse, vorgeschlagen. Die Erfolge sollen gute sein. Giudici empfahl die Durchwärmung der Hypophyse bei Wehenschwäche. Die Austreibungszeit soll dadurch verkürzt werden. Aus anatomischen Gründen · ist natürlich eine Kurzwellenbehandlung der Hypophyse unausführbar, ohne gleichzeitig große Teile der übrigen Gehirnmasse mitzuerwärmen. Was dabei das Wirksame ist, die Erwärmung der Hypophyse, des Mittel- oder Zwischenhirns oder anderer Gehirnteile, läßt sich begreiflicherweise nicht sagen.

Als Gegenanzeigen der Kurzwellentherapie müssen genitale Blutungen, welcher Art sie auch seien, angesehen werden. Jeder Eingriff, der hyperämisierend wirkt, ist geeignet, bereits bestehende Blutungen zu verstärken. Darum ist die Kurzwellenanwendung in der Zeit der Menses zu unterlassen, zumal die praktische Erfahrung lehrt, daß die Menses bei Frauen, die in einer Kurzwellenbehandlung stehen, nicht selten verfrüht oder verstärkt auftreten (Kowarschik). Daher wird auch die Gravidität als eine Gegenanzeige betrachtet werden müssen.

Eine Beobachtung Heislers soll an dieser Stelle nicht mit Stillschweigen übergangen werden. Das vierte Kind aus einer völlig gesunden Familie, das bei der Geburt einen durchaus normalen Eindruck machte, bleibt vom zweiten Lebensjahr an in der Entwicklung zurück, ist nächtelang schlaflos und schlägt mit dem Kopf stundenlang gegen die Wand oder das Bett. Die genaueste klinische Untersuchung, Lumbalpunktion, Enzephalographie ergeben keinen Anhaltspunkt für ein organisches Leiden. Anamnestisch läßt sich feststellen, daß die Mutter des Kindes bei dem Ausbleiben der Periode und gleichzeitig auftretenden Kreuzschmerzen von einem Facharzt, der die Schwangerschaft übersah, von der Scheide aus energisch mit Kurzwellen behandelt wurde, wobei jedesmal heftige Schmerzen auftraten, so daß die Frau die Behandlung aufgab. Die Möglichkeit, daß es bei dieser Behandlung zu einer Überhitzung des Kindesschädels kam, ist nicht von der Hand zu weisen (s. Schädigungen des Gehirns, S. 65).

Ausgezeichnete Erfolge ergibt die Kurzwellentherapie bei der Mastitis (Wintz, Raab). In frischen Fällen wird öfters eine Resorption des Infiltrats beobachtet. Jede Wöchnerin, bei der sich irgendeine Stauung in der Brust zeigt, sollte daher ehestens mit Kurzwellen behandelt werden. Die Schmerzen verschwinden oft schlagartig. Ist bereits eine Abszedierung in Gang, so ist eine Rückbildung nicht mehr zu erwarten. Die Kurzwellen können hier den Ablauf des Krankheitsprozesses nur beschleunigen.

Behandlungstechnik. Die Durchwärmung der weiblichen Geschlechtsorgane erfolgt mit Hilfe von zwei großflächigen weichen Gummielektroden, von denen die eine, mit einer stärkeren Zwischenlage versehen, unter das Kreuzbein zu liegen kommt, während die andere der Symphysengegend aufgelegt wird. Dabei wird in der Regel der Fehler gemacht, daß die rückwärtige Elektrode zu hoch gelegt wird, sodaß der hauptsächlich wirksame Anteil des Feldes über das kleine Becken hinwegzieht (Abb. 117 u. 118).

Ganz die gleichen Erwägungen gelten, wenn an Stelle der weichen starre Elektroden mit Luftabstand benützt werden. Diese können natürlich nur in Verwendung mit einem besonderen Behandlungstisch gebraucht werden. Verfügt man über das von den Siemens-Reiniger-Werken

Abb. 117. Hauptwirkungsbereich des Feldes bei richtiger Lage der Elektroden.

Abb. 118. Hauptwirkungsbereich des Feldes bei falscher Lage der Elektroden.

gebaute Lagerungsgerät, so ist die von Korb aus der Klinik Wintz vorgeschlagene Technik empfehlenswert. Dabei wird die Liegefläche winklig eingestellt, so daß die Hüft- und Kniegelenke der Kranken gebeugt sind. Die eine Elektrode befindet sich dann unter dem Kreuzbein, die andere unter dem proximalen Teil der Oberschenkel. Dadurch kommt ein bogenförmiges, das Becken durchziehendes Feld zustande (Abb. 119). Diese

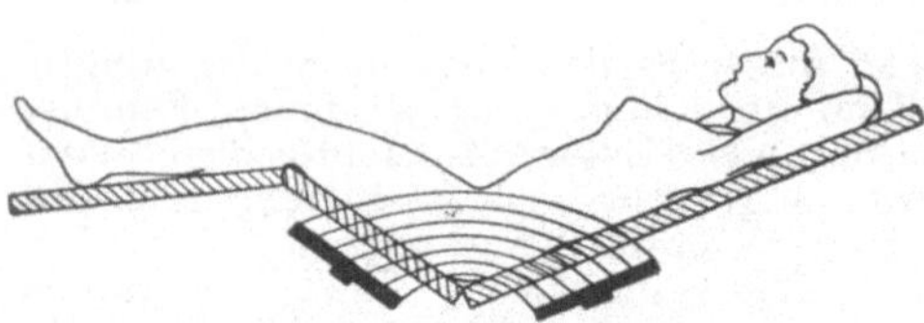

Abb. 119. Behandlung des weiblichen Beckens nach Korb.

Art der Durchwärmung läßt sich auch ohne besonderen Behandlungstisch, etwa auf einem Liegestuhl, oder bei leicht gebeugten Oberschenkeln dadurch ausführen, daß man ein Keilkissen, dem die Elektrode aufliegt, unter diese schiebt. Die Kurzwellenbehandlung von der Scheide aus hat gegenüber den eben beschriebenen Methoden keinerlei Vorteil und wird daher nicht mehr geübt.

Quellennachweis.

Dalchau, K.: Kurzwellentherapie in der Gynäkologie. Dtsch. med. Wschr. 1934, Nr. 46.

Döderlein, G.: Über die Anwendung der Kurzwellen in der Gynäkologie. Berl. med. Ges. 15. 6. 1932.

Gesenius, H.: Über Tiefenhyperämie, zugleich ein Beitrag zur Wirkungsweise der Kurzwellen. Dtsch. med. Wschr. 1936, Nr. 38 und 39.

Föderl, V.: Kurzwellenbehandlung in der Frauenheilkunde. Wien. klin. Wschr. 1938, Nr. 8.

Guthmann, H.: Kurzwellenbehandlung in der Frauenheilkunde. Frankfurt. med. Ges. 6. 5. 1936; Ref. Münch. med. Wschr. 1936, Nr. 40, 1658.

Heisler, A.: Landarzt und Naturheilverfahren, 3. Aufl. Stuttgart u. Leipzig: Hippokratesverlag, 1939.

Korb, H.: Gynäkologische Kurzwellentherapie. Beitrag zur Methodik. Kurzwellen-Kongr., Wien, 1937. S. 279.

Pätzold, J. u. F. Wittenbeck: Die Ultrakurzwellentherapie in der Gynäkologie. Strahlenther. **47**, 540 (1933).

Raab, E.: Grundlagen der gynäkologischen Kurzwellentherapie. Stuttgart: F. Enke, 1938. — Versuche zur Beeinflussung von endokrin bedingten gynäkologischen Erkrankungen mit Kurzwellendurchströmung der Hypophyse und des Ovariums. Wien. med. Wschr. **1937**, Nr. 28 und 29.

Schuhmacher, P. H.: Kurzwellentherapie in der Gynäkologie. Zbl. ges. Gynäk. **1936**, Nr. 33.

Sieburg, F.: Erfahrungen mit der Kurzwellentherapie gynäkologischer Erkrankungen. Med. Welt **1936**, Nr. 42.

Siedentopf, H.: Erfahrungen mit der Kurzwellenbehandlung gynäkologischer Entzündungen. Münch. med. Wschr. **1935**, Nr. 10, 382.

Vogt, E.: Erfahrungen mit der Kurzwellentherapie in der Gynäkologie, besonders bei Adnextumoren. Strahlenther. **51** (1934).

Wintz, H.: Die Kurzwellentherapie in der Gynäkologie. Wien. med. Wschr. **1937**, Nr. 28. und 29, 781.

Wittenbeck, Fr.: Weitere Erfahrungen mit der Ultrakurzwellentherapie in der Gynäkologie. Strahlenther. **1934**, H. 2, 348.

Die Krankheiten der Haut.

Anzeigen. Schliephake hat die Kurzwellen zuerst bei pyogenen Erkrankungen der Haut, wie Furunkeln, Karbunkeln, Hidroadenitis, und dann weiterhin bei Panaritien und anderen Wundinfektionen empfohlen. Schliephake sagt selbst über seine Erfahrungen: „Ich habe viele Hunderte von Furunkeln, Furunkulosen, Karbunkeln in allen Größen behandelt, ferner Hidroadenitiden, Panaritien, Tendovaginitis, Wundinfektionen, und kann sagen, daß das Ultra-Kurzwellenverfahren in keinem Fall versagt hat. Bei keinem der Kranken ist eine Inzision oder ein sonstiger operativer Eingriff nötig gewesen."

Diese Schilderung Schliephakes erweckt den Eindruck, als ob wir in den Kurzwellen ein spezifisch wirksames, fast unfehlbares Heilmittel gegen pyogene Infektionen gefunden hätten, das allen anderen bisher bekannten Methoden überlegen ist. Diese Anschauung kann von dem Verfasser nicht geteilt werden.

Daß die Wärme, in entsprechender Form angewendet, ein ausgezeichnetes Mittel zur Behandlung von Furunkeln, Karbunkeln und ähnlichen Infektionen darstellt, ist wohl hinreichend bekannt. Seit Jahrhunderten werden darum warme Umschläge, Kataplasmen, Thermophore bei diesen Erkrankungen mit dem besten Erfolg angewendet. Sie stillen nicht nur die Schmerzen, sondern fördern auch unmittelbar die Heilung. Daß die Kurzwellentherapie diesen älteren Methoden unter Umständen überlegen ist, soll keineswegs geleugnet werden. Sie vermeidet jeden Druck der erkrankten Stelle, sie vermeidet vor allem die Mazeration der Haut, die durch die Anwendung feuchter Wärme entsteht und die Ausbreitung des Prozesses begünstigt. Diesen Vorteilen steht jedoch der Nachteil des ungleich größeren technischen Aufwandes gegenüber. Ob sich dieser lohnt, ist in vielen Fällen durchaus fraglich.

Leider gelingt es dem Kurzwellenverfahren ebensowenig wie irgendeiner anderen Methode, eine Infektion in ihren Anfängen auch nur mit einiger Sicherheit aufzuhalten. Man sieht zwar hier und da, daß sich ein

Infiltrat im Anfangsstadium resorbiert, ohne daß es zur Eiterung oder Nekrose kommt. Das ist jedoch ein Ereignis, das man auch bei Anwendung anderer Heilmethoden, ja selbst ohne diese zu beobachten Gelegenheit hat.

Der Verlauf eines Furunkels oder Karbunkels unter der Einwirkung der Kurzwellen ist grundsätzlich kein anderer, als dies der Verfasser seit 30 Jahren unter der Anwendung anderer physikalischer Maßnahmen zu sehen gewohnt war. Daß manchmal bösartig aussehende Infektionen gegen alles Erwarten rasch abheilen, wird nur den Unerfahrenen in Erstaunen setzen. Das kann man gelegentlich unter jeder Therapie beobachten. Das, was für die Behandlung von Furunkeln entscheidend wäre, nämlich die Verhütung einer Ausbreitung der Erkrankung, bzw. die Verhütung eines Rezidivs, vermag auch die Kurzwellentherapie nicht zu erreichen.

Die Autoren, welche die Wirkung der Kurzwellen auf pyogene Infektionen der Haut nachprüften, sind daher in ihrem Urteil über den Wert der Methode durchaus nicht einig. Lobend äußern sich unter anderen Liebesny, Ruete, Egan, W. H. Schmitt, während Kowarschik, Haas und Lob, Krusen, Schubert eine überlegene Wirkung der Kurzwellen gegenüber den älteren Methoden nicht feststellen konnten.

Bei tiefer greifenden Infektionen, wie Panaritien, Sehnenscheidenentzündungen und Phlegmonen, erfordert die Anwendung der Kurzwellen ganz besondere Vorsicht, da durch eine unzweckmäßige Dosierung die Neigung dieser Erkrankungen zu fortschreitender Ausbreitung auch gefördert werden kann. Es ist gefährlich, in allzu großem Vertrauen auf die Kurzwellen die Einschmelzung und den spontanen Durchbruch des Eiters abzuwarten. Ebenso zwecklos und schädlich ist es, bei einem bereits vorhandenen Eiterherd eine Aufsaugung des Eiters erreichen zu wollen. Hier muß nach den allgemein gültigen chirurgischen Grundsätzen verfahren werden, denn die Kurzwellentherapie ist keine der Chirurgie gleichgeordnete, sondern ihr untergeordnete, d. h. eine sie unterstützende Behandlung.

Liebesny berichtet über einige Kranke mit Aktinomykose, die durch Kurzwellen geheilt wurden. E. Wessely teilt gleichfalls drei solche Fälle mit.

Die Wirkung der Kurzwellen auf Erysipele und Erysipeloide ist bei dem wechselnden Verlauf dieser Erkrankungen schwer zu beurteilen. Da Erysipele, ohne daß man das vorauszusehen vermag, fortschreiten und ebenso oft plötzlich haltmachen, so muß man mit der Beurteilung seiner therapeutischen Erfolge vorsichtig sein. Von Schliephake, Ruete, Freund und Isler liegen günstige Berichte vor.

G. Mahn und José Martin Crespo loben die gute Wirkung der Kurzwellen auf Röntgenverbrennungen. Kowarschik konnte in zwei Fällen von Röntgenulkus diesen Einfluß bestätigen, jedoch keine Heilung erzielen. Daß die Kurzwellen ein ausgezeichnetes Mittel zur Behandlung von Erfrierungen und anderen Gefäßschädigungen der Haut sind, wurde bereits auf S. 97 erwähnt. Da die Gefäße der gesamten Körperoberfläche gleichsinnig reagieren, wird man hier oft viel bessere Erfolge durch eine allgemeine Hyperthermie als durch eine örtliche Durchwärmung der geschädigten Stellen erhalten (Kowarschik).

Behandlungstechnik. Zur Behandlung von Hauterkrankungen kommen nur starre Elektroden mit Luftabstand in Frage, da eine Berührung der Elektrode mit der Haut vermieden werden soll. Da hierbei auf eine größere Tiefenwirkung verzichtet werden kann, wird ein Hautabstand von 1—2 cm genügen. Es wird nur ein Vorteil sein, wenn die Elektrode den Krankheitsherd nach allen Seiten überragt, um auch die Umgebung therapeutisch zu beeinflussen. Wir werden daher auch zur Behandlung eines einzelnen Furunkels Elektroden mit einem Durchmesser von etwa

Abb. 120. Elektrode zur Behandlung von Schweißdrüsenentzündungen der Achselhöhle (Siemens-Reiniger-Werke).

10 cm wählen, nur am Schädel wird man sich vielleicht mit kleineren Größen begnügen, um das Gehirn nicht überflüssigerweise in das Streufeld zu bekommen. Die kleinen becherförmigen Elektroden, wie man sie eigens zur Behandlung von Furunkeln gebaut hat, sind nicht sehr zweckmäßig, weil ihre Wirkungsfläche in der Regel zu klein ist.

Als inaktive Elektrode dient eine zweite größere oder gleich große Elektrode mit weiterem Körperabstand. Behandelt man Gesichtsfurunkeln, so achte man darauf, daß die inaktive Elektrode so lokalisiert ist, daß eine Feldeinwirkung auf das Gehirn möglichst vermieden wird. Man wird sie also nicht direkt dem Hinterhaupt gegenüber, sondern etwa in der Höhe der obersten Brustwirbel anbringen. Es wurden einige Male meningitische Reizerscheinungen nach einer Behandlung von Gesichtsfurunkeln beobachtet, für die sich ein ursächlicher

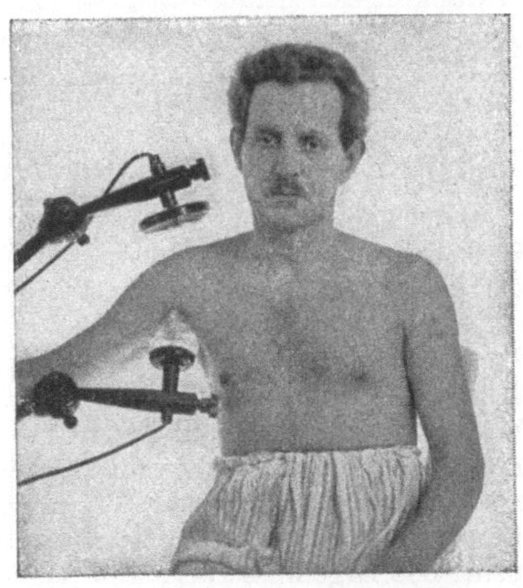

Abb. 121. Behandlung einer Schweißdrüsenentzündung der Achselhöhle.

Zusammenhang mit der Therapie zwar nicht mit Sicherheit nachweisen ließ, für die jedoch ein solcher Zusammenhang immerhin sehr nahe lag.

Zur Behandlung von Schweißdrüsenentzündungen in der Achselhöhle eignet sich am besten eine Elektrode in einem keilförmigen Schutzgehäuse (Abb. 120), die bei leicht abduziertem Arm angelegt wird. Um den Arm zu stützen, hält sich der Kranke dabei mit der Hand an einer Sessellehne oder einem anderen Gegenstand fest. Die inaktive Elektrode befindet sich in Form einer starren Platte über der Schulterhöhe (Abb. 121).

Quellennachweis.

Egan, W. J.: Ultrashort wave diathermy in pyogenic infections. Arch. physic. Ther. (Am.) **1936,** H. 11, 688.

Freund u. Isler: Behandlung mit Ultrakurzwellen. Wien. med. Wschr. **1937,** Nr. 8.

Haas, M. u. A. Lob: Die Kurzwellendiathermie und ihre Anwendung in der Chirurgie. Dtsch. Z. Chir. **243,** H. 4 und 5 (1934).

Krusen, F. H.: The present status of short wave diathermy. J. amer. med. Assoc. **110,** 1280 (1938).

Lob, A.: Anzeigestellungen und Ergebnisse der Kurzwellenbehandlung in der Chirurgie. Münch. med. Wschr. **1934,** Nr. 47, 1812. — Die Kurzwellenbehandlung in der Chirurgie. Stuttgart: F. Enke, 1936.

Mahn, G.: Ein mit Kurzwellen behandelter Fall von Röntgenverbrennung. Derm. Wschr. **1935,** Nr. 4.

Martin Crespo, J.: Acta dermosiphil. **28,** 677 (1936); Ref. Zbl. Hautkrkh. **54,** 501.

Ruete, A.: Über die Kurzwellenbehandlung in der Dermatologie. Derm. Wschr. **1936,** Nr. 1. — Über Indikationsfragen bei der Anwendung der Kurzwellen und über Erfolge in der Dermatologie. Dtsch. med. Wschr. **1937,** Nr. 28, 1098.

Schubert, M.: Erforschung und Praxis der Wärmebehandlung in der Medizin, S. 172. Dresden u. Leipzig: Th. Steinkopff, 1937.

Schliephake, E.: Die Heilwirkung kurzer elektrischer Wellen auf eitrige Erkrankungen. Strahlenther. **45,** 789 (1932).

Schmidt, W. H.: Ultrashort wave therapy. Arch. physic. Ther. (Am.) **1936.** Nr. 4, 231.

Wessely, E.: Laryngol. Ges. Wien; Ref. Mschr. Ohrenhk. **1935,** H. 3.

Die Krankheiten der Zähne und der Mundhöhle.

Anzeigen. Schliephake rühmt die Wirkung der Kurzwellen bei der Paradentose. Wenn auch nicht in allen Fällen eine völlige Heilung verzeichnet werden konnte, so waren die Ausnahmen doch selten. Oft trat ein voller Erfolg schon nach wenigen Tagen ein. Dazu bemerkt E. Wagner, daß diese Schilderung für einen Zahnarzt, der sich mit der Behandlung dieser chronischen Erkrankung abgemüht hat, wie ein Wunder klingen muß. Wagner behandelte selbst eine große Zahl von Paradentosen mit Kurzwellen, konnte aber in keinem Fall Erfolge, wie sie Schliephake beschreibt, erzielen. Objektiv war nur eine leichte Besserung im Aussehen des Zahnfleisches eingetreten. Über gute therapeutische Ergebnisse berichtet dagegen A. Kohl. Er sah solche besonders bei marginaler Paradentose, und zwar auch in älteren Fällen. Desgleichen schildert Gonter an der Hand von fünf Krankengeschichten die ausgesprochene Besserung der Durchblutung und die Festigung des Zahnfleisches, die unter der Behandlung mit Kurzwellen eintraten.

Die auffälligen Erfolge, die Schliephake bei Granulomen beschreibt, konnten von E. Wagner nicht bestätigt werden. Nach seiner Ansicht läßt das, was erzielt werden konnte, die zur Behandlung aufgewendete Zeit, Arbeit und Kosten nicht gerechtfertigt erscheinen. Die Kurzwellenbehandlung der Granulome ist als alleinige Therapie in jedem Fall ungenügend, sie kann nur im Verein mit einer sorgfältigen Wurzelbehandlung einen Zweck haben. Auch Stein, der die von Liebesny behandelten Fälle zahnärztlich begutachtete, ist der Anschauung, daß die Kurzwellentherapie die älteren und einfacheren Behandlungsmethoden, wie Wärme- und Röntgentherapie, nicht übertrifft.

Nach H. Heise stellen die entzündlichen Erkrankungen des Zahnfleisches und der Zähne das Hauptanwendungsgebiet der Kurzwellen dar. Doch können diese immer nur in Verbindung mit einer sonstigen fachärztlichen Behandlung zum Erfolg führen.

Bei 14 Kranken konnte Kohl eine ulzeröse Gingivitis und Stomatitis in kurzer Zeit zur Heilung bringen. In zwei Fällen gleicher Art, die Wagner behandelte, trat durch die Kurzwellenanwendung wohl eine gewisse Besserung, vor allem ein Nachlassen der Schmerzen ein, eine endgültige Heilung konnte jedoch erst durch die gleichzeitige Anwendung von Medikamenten herbeigeführt werden.

Gutzeit und Küchlin benützten die Kurzwellen als ein Mittel zur Provokation dentaler Infektionsherde. Mittels einer besonderen doppelpoligen Elektrode, die den Alveolaransatz zangenförmig umfaßt, kann die Wurzel eines Zahnes durchwärmt werden. Tritt nach einer solchen Durchwärmung eine Erhöhung der Sinkgeschwindigkeit der roten Blutkörperchen ein, so kann dieser Zahn als Infektionsherd angesehen werden. Zu dieser Feststellung wird aus einer nicht gestauten Vene des Kranken, der nüchtern ist, Blut entnommen und die Sinkgeschwindigkeit nach Westergreen bestimmt, dann folgt eine 5—10 Minuten lange Kurzwellenbehandlung des verdächtigen Zahnes. Zwei Stunden und dann vier Stunden später wird wieder eine Sinkreaktion gemacht und das Ergebnis mit der ersten Probe verglichen. Nach W. Strauch, der das Verfahren von Gutzeit und Küchlin nachprüfte, soll es geeignet sein, fokale Infektionen, die von den Zähnen ausgehen, aufzudecken. Nach eigener Erfahrung leidet die Methode an dem Mangel, daß in einem Fall, wo zwei oder mehrere infektionsverdächtige Zähne nebeneinanderstehen, infolge der unvermeidlichen Streuung des Feldes die streng isolierte Prüfung eines bestimmten Zahnes schwer möglich ist. Dadurch entstehen nicht selten Zweifel, welcher von den in Frage kommenden Zähnen den Streuherd darstellt. O. Scheuer hat die Methode nachgeprüft und eine Verbesserung der Technik angegeben.

Behandlungstechnik. Die Durchwärmung der Mundhöhle und der Zähne kann in querer Richtung von Wange zu Wange oder in sagittaler Richtung von vorn nach hinten erfolgen. Zur Querdurchwärmung verwendet man zwei gleich große Elektroden mit einem Durchmesser von 6—8 cm, die man parallel zu den Wangenflächen in einem Abstand von 2 cm einstellt. Dadurch, daß die vorderen Ränder der beiden Elektroden einander näher sind, kommt es in dem vorderen Anteil zu einer Verdichtung des Feldes, so daß meist auch die Schneidezähne hinreichend durchwärmt werden.

Will man auf diese in besonderer Weise einwirken, so wird man die sagittale Feldrichtung vorziehen. Man stellt dann eine aktive Elektrode den Vorderzähnen gegenüber, während eine inaktive Elektrode am Nacken unterhalb der Haargrenze angebracht wird. Diese ist entweder etwas größer oder hat bei gleicher Fläche einen etwas weiteren Körperabstand. Auch dort, wo wie bei der Behandlung von Granulomen nur ein einziger Zahn den Sitz der Erkrankung bildet, wähle man nicht zu kleine Elektroden, da die Miterwärmung der benachbarten gesunden Zähne keinen Nachteil, sondern nur einen Vorteil bedeutet.

Die Behandlung der Zähne und der Mundhöhle erfolgt am besten in sitzender Stellung, wobei der Kopf durch eine dem Hinterhaupt anliegende Stütze aus isolierendem Stoff fixiert wird. Es genügt auch ein Stuhl mit entsprechend hoher Rückenlehne.

Quellennachweis.

Besuch, H.: Das Wesen der Ultrakurzwellen und ihre therapeutische Ausnützung in der Stomatologie. Z. Stomat. 1933, H. 15.

Gonter: Schliephake, Kurzwellentherapie, S. 145. Jena: G. Fischer, 1936.

Gutzeit, K. u. W. Küchlin: Beitrag zur dentalen Infektion und ein neuer Weg zu ihrer Diagnosestellung durch Kurzwellenprovokation. Münch. med. Wschr. 1937, 961.

Heise, H.: Erfahrungen über Kurzwellentherapie in der Zahnheilkunde. Dtsch. zahnärztl. Wschr. 1935, Nr. 33.

Kohl, A.: Ultrakurzwellen in der Zahnheilkunde. Dissert. Frankfurt a. M.: O. E. Schröder, 1935.

Liebesny, P.: Kurzwellentherapie in der Zahnheilkunde. Prakt. Zahnarzt 1933, H. 1.

Scheuer, O.: Über den Nachweis der Streuung dentaler Herde durch Kurzwellenprovokation. Prakt. Zahnarzt 1938, H. 1.

Strauch, W.: Zur Diagnose aktiver Fokalherde mit Kurzwellen. Dtsch. med. Wschr. 1940, Nr. 39.

Wagner, E.: Über Erfahrungen mit der Anwendung der Kurzwellentherapie bei Zahn- und Munderkrankungen. Dissert. Halle a. S.: E. Klinz, 1934.

Weinmann, J. u. E. Weissenberg: Kurzwellentherapie in der Zahnheilkunde. Zahnärztl. Rdsch. 1933, Nr. 45.

Die Krankheiten des Auges.

Anzeigen. Man wird mit der Annahme nicht fehlgehen, daß die Kurzwellen überall dort ihre Anzeige finden, wo auch sonst Wärme in anderer Form sich als zweckmäßig erweist, doch wird man nicht selten eine Überlegenheit der Kurzwellen feststellen können (Decker und Arendt).

Bei Entzündungen des Lides und des Tränensackes haben Sattler, Gutsch, Scheying, Krause u. a. die Kurzwellen erfolgreich zur Anwendung gebracht. Lidabszesse und Tränensackphlegmonen, die fast zur Inzision reif erschienen, bildeten sich nach Sattler zurück, andere kamen nach der Inzision auffallend rasch zur Heilung. Bürki dagegen konnte bei akut eitrigen Entzündungen der Adnexe des Auges einen wesentlichen Unterschied in der Wirkung der Kurzwellen gegenüber den älteren Methoden nicht feststellen.

Epitheliale Formen des Herpes heilten, wie gleichfalls Sattler berichtet, unter der Kurzwellenanwendung in kurzer Zeit ab. Auch bei den tieferen Formen der Keratitis disciformis war der gute Einfluß der Kurzwellen unverkennbar. Nicht so eindeutig waren die Erfolge, die Gutsch bei den Erkrankungen der Kornea und Sklera beobachten konnte. Nach seiner Erfahrung reagierten am besten die parenchymatösen Hornhautentzündungen auf luetischer Basis. Dem stimmt auch Bergler bei. Nach dem Urteil dieser Autoren wird der Heilungsverlauf der parenchymatösen Keratitis abgekürzt und die sonst so starken Trübungen der Hornhaut werden auf ein geringes Maß herabgedrückt. Auch auf alte Hornhautnarben anderer Genese üben die Kurzwellen nach Decker und Arendt eine erheblich resorbierende Wirkung aus.

Nicht sehr erfolgreich erwiesen sich die Kurzwellen nach den Mitteilungen von Sattler, Birch-Hirschfeld, Decker und Arendt bei Skleritis und Episkleritis. Bei 9 Kranken mit infizierten Hornhautverletzungen konnte Hausmann nur bei 2 einen Erfolg erzielen. Ein Fall von Sattler zeigte einen günstigen Verlauf.

Die ausgezeichnete Wirkung der Kurzwellen bei Iritis und Iridozyklitis wird von zahlreichen Autoren hervorgehoben. Sattler konnte bei einer größeren Anzahl von Kranken durch die Kurzwellentherapie einen auffallend günstigen Verlauf dieser Erkrankungen erreichen. Auch bei den chronisch verlaufenden Formen von Iridozyklitis ist nach Gutsch die Wirkung unverkennbar. Sowohl die schleichenden Entzündungen nach operativen Eingriffen, wie Staroperation, als auch tuberkulöse Formen der Iridozyklitis reagieren außerordentlich günstig. Das gleiche berichten Decker und Arendt, Scheying und Rieger.

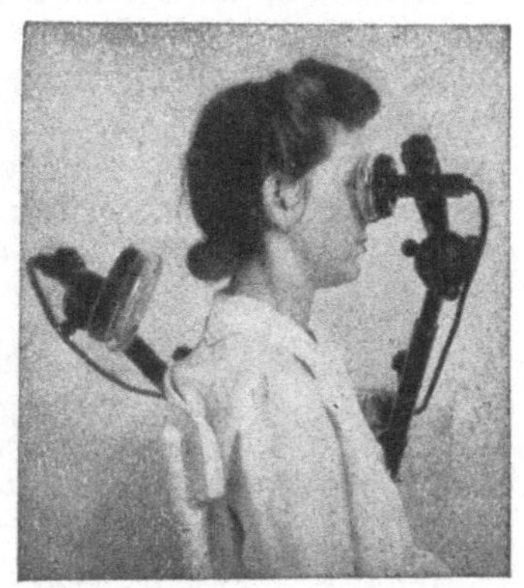

Abb. 122. Behandlung eines Auges.

Auch die Erkrankungen der Retina und Chorioidea sprechen nach Gutsch auf die Kurzwellen gut an. Bei mehr als 200 Kranken konnte er eine rasche Rückbildung der entzündlichen Erscheinungen unter der Einwirkung der Kurzwellen feststellen. Besonders gut scheinen die tuberkulösen Erkrankungen der Netz- und Aderhaut zu reagieren. Netzhautblutungen resorbierten sich oft, ohne eine Sehstörung zu hinterlassen. Bei retrobulbärer Neuritis beobachtete Gutsch bisweilen schon nach wenigen Sitzungen ein Schwinden des zentralen Skotoms und eine rasche Wiederherstellung der normalen Sehschärfe. Auch Sattler konnte bei drei Kranken mit Neuritis retrobulbaris eine deutliche Besserung feststellen. Dieser günstige Erfolg wurde von Bürki bestätigt.

Überraschend war ein Erfolg, den Sattler bei einer orbitalen Entzündung mit starkem Exophthalmus und heftigen Schmerzen bei Augenbewegungen zu beobachten Gelegenheit hatte, die im Anschluß an eine Tränensacksondierung aufgetreten war. Auch Birch-Hirschfeld sah in einem Fall von Orbitalphlegmone und einem solchen von Orbitalabszeß unter der Kurzwellenbehandlung eine rasche Rückbildung der entzündlichen Erscheinungen. Gleiches berichtet Gutsch von einem Orbitalabszeß. Auch ein von ihm behandelter Abszeß des Glaskörpers konnte mit normaler Sehschärfe ausgeheilt werden. Die günstige Wirkung der Kurzwellen auf phlegmonöse und septische Infektionen des Auges wird auch von Thiel unterstrichen. Desgleichen sahen Ruedemann und Zeiter schöne Erfolge bei Orbitalentzündungen und postoperativen Infektionen. Bürki, der im allgemeinen der Kurzwellentherapie ziemlich skeptisch gegenübersteht, konnte gleichfalls eine Abkürzung des Heilungsverlaufes bei entzündlichen Zuständen nach Operationen und perforierenden Augenverletzungen feststellen.

Keine Erfolge wird man nach Ansicht der meisten Autoren bei Katarakt, Glaukom, Netzhautablösung und tabischer Optikusatrophie erwarten dürfen. Schädigungen des Auges durch die Kurzwellen wurden niemals beobachtet.

Behandlungstechnik. Der Behandelte sitzt auf einem Stuhl, der eine Kopfstütze aus isolierendem Stoff trägt. Verfügt man nicht über einen solchen Stuhl, dann kann man eine Sitzgelegenheit mit höherer Rückenlehne wählen, gegen die der Kranke seinen Kopf stützen kann. Letzten Endes genügt auch ein gewöhnlicher Stuhl. Eine starre Elektrode mit einem Durchmesser von 5 cm wird in einem Abstand von 1—2 cm dem geschlossenen Auge gegenübergestellt, während eine zweite größere Elektrode über den Nacken, etwas unterhalb der Haargrenze angebracht wird (Abb. 122). Das Feld soll ein leichtes angenehmes Wärmegefühl auslösen.

Quellennachweis.

Bergler: Über Kurzwellenbehandlung bei Augenerkrankungen. Z. Augenheilk. 95, Oktober (1935).

Birch-Hirschfeld, zit. nach Sattler.

Bürki, E.: Über Ultrakurzwellentherapie in der Ophthalmologie. Ophthalmologica (Basel) 100, 43 (1940).

Decker, J. F. u. J. Arendt: Über die Wirksamkeit von Ultrakurzwellen auf die Erkrankungen des menschlichen Auges. Klin. Mbl. Augenheilk. 95, 462 (1935).

Gutsch, W.: Kurzwellenbehandlung in der Augenheilkunde. Dtsch. med. Wschr. 1937, Nr. 49; — Kurzwellen-Kongr., Wien, 1937. S. 289. — Fritsch u. Schubart, Einführung in die Kurzwellentherapie, 2. Aufl., S. 141. 1938.

Hausmann, G.: Bericht über die an der I. Augenklinik mit Kurzwellen bestrahlten Fälle. Kurzwellen-Kongr., Wien, 1937. S. 350.

Krause: Die Wechselstromdurchflutung (sog. Kurzwellenbehandlung) in der Augenheilkunde. Z. Augenheilk. 89, H. 5 (1936).

Rieger, H.: Bericht über die an der II. Augenklinik mit Kurzwellen bestrahlten Fälle. Kurzwellen-Kongr., Wien, 1937. S. 291.

Ruedemann, A. D. a. W. J. Zeiter: Diathermy in ophthalmology. Arch. physic. Ther. (Am.) 21, 451 (1940).

Sattler, C. H.: Schliephake, Kurzwellentherapie, 3. Aufl., S. 198. Jena: G. Fischer, 1936.

Scheyhing, H.: Über Kurzwellenbehandlung des Auges. Klin. Mbl. Augenheilk. 98, H. 3 (1937).

Die Krankheiten des Ohres.

Anzeigen. Bei akuter Otitis media ist nach Hünermann die Kurzwellenbehandlung nur mit Vorsicht anzuwenden, da bekanntlich eine stärkere Wärmeeinwirkung zu Beginn der Erkrankung schaden kann. Nach Ansicht desselben Autors ist bei chronischen Mittelohrentzündungen eine Beeinflussung nur dann möglich, wenn es sich um akute Verschlimmerungen handelt. Auch K. Löwy konnte bei 16 Kranken mit chronischer Mittelohreiterung keinerlei therapeutischen Erfolg erzielen. Übereinstimmend damit ist eine Mitteilung von Matheja, der bei den Mittelohrentzündungen der Kinder die Kurzwellen erfolglos versuchte.

Dagegen behandelten Meller und G. Fuchs 20 Kranke, die radikaloperiert worden waren und bei denen die Operationshöhle weiter sezernierte, mit bestem Ergebnis. Bei 10 von ihnen wurde die Operationshöhle vollkommen epithelisiert und gleichzeitig damit die Schmerzen und die Sekretion zum Schwinden gebracht. 9 Kranke wurden wesentlich gebessert. Bei allen konnte eine Rückbildung der meist im Mittelohr bestehenden Granulationen wahrgenommen werden.

Ohrgeräusche und Otosklerose werden nach Hünermann nicht beeinflußt, dagegen ist die Wirkung der Kurzwellen bei trockenem Tubenkatarrh recht gut.

Behandlungstechnik. Eine starre Elektrodenplatte mit einem Durchmesser von etwa 5 cm wird in einem Abstand von 2 cm an die Ohrmuschel angelegt. Gegenüber der anderen Kopfseite wird eine gleich große oder auch etwas größere Elektrode in einem Abstand von etwa 10 cm eingestellt (Abb. 123).

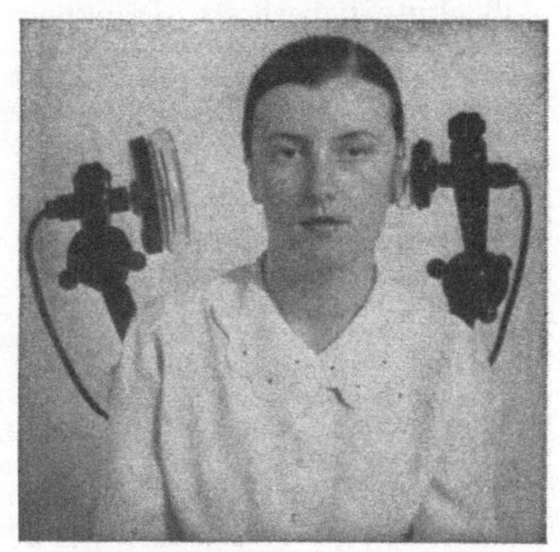

Abb. 123. Behandlung eines Ohres.

Quellennachweis.

Hünermann, Th.: Kurzwellenbehandlung in der Hals-Nasen-Ohrenheilkunde. Fortschr. Med. **1934**, Nr. 8, 165.

Löwy, A.: Bemerkungen zur Kurzwellenbehandlung der chronischen Mittelohreiterungen. Wien. med. Wschr. **1937**, Nr. 28 und 29.

Matheja: Erfolge und Mißerfolge der Kurzwellenbehandlung im Kindesalter. Kinderärztl. Prax. 8, 453 (1938).

Meller, H. u. G. Fuchs: Zur Kurzwellenbehandlung der nicht ausgeheilten Radikaloperationshöhle. Wien. med. Wschr. **1937**, Nr. 28 und 29.

VI. Die Kurzwellenhyperthermie.

Einleitung.

Wie bereits erwähnt, machte Whitney von der General Electric Company 1928 die Beobachtung, daß Leute, die an starken Kurzwellensendern arbeiteten, eine erhöhte Körpertemperatur aufwiesen. Gestützt auf diese Beobachtung baute man in Amerika Kurzwellenapparate, durch welche die allgemeine Körpertemperatur erhöht, also eine Art Fieber erzeugt werden sollte. Man hat diese Methode als Elektropyrexie und die dadurch bedingte Temperatursteigerung als elektrisches Fieber bezeichnet. Die Kurzwellenhyperthermie sollte dazu dienen, die Malariatherapie und andere Fieberkuren zu ersetzen. In Amerika war es also die Allgemeinbehandlung, mit der die Kurzwellen in die Heilkunde eingeführt wurden, im Gegensatz zu Europa, wo man die Kurzwellen zuerst zur örtlichen Behandlung benützte. Wenn auch die allgemeine wie die örtliche Kurzwellentherapie auf denselben physikalischen, technischen und biologischen Grundlagen beruhen, so weicht die allgemeine Hyperthermie von der örtlichen doch bezüglich ihrer Anwendungsform und ihren Heilanzeigen so weit ab, daß eine gesonderte Besprechung gerechtfertigt erscheint.

Historisches. Es war den Ärzten schon lange vor Hippokrates bekannt, daß akute fieberhafte Krankheiten, die einen Menschen plötzlich befallen, chronische, oft lang bestehende Leiden in günstiger Weise beeinflussen, ja nicht selten heilen. Hippokrates hebt an verschiedenen Stellen seines Werkes vor allem den heilenden Einfluß der Malaria auf Epilepsie und andere Krampfzustände hervor. Celsus empfiehlt im 3. Buch „augere morbum et febres accendere". Ruphos gibt dem Wunsch Ausdruck, Fieber künstlich erzeugen zu können, und berichtet von den Libyern, daß sie zu diesem Zweck Bocksharn verwenden. Im Mittelalter war es allgemein üblich, nicht nur rheumatische, sondern auch andere chronisch Kranke, ja selbst Pest- und Cholerakranke unter Anwendung von Heißluft, Heißwasserkrügen oder heißen Steinen stundenlang schwitzen zu lassen. Es ist nicht der geringste Zweifel, daß diese Behandlung mit dem, was wir heute als Hyperthermie bezeichnen, identisch ist. Der Unterschied besteht einzig und allein darin, daß man früher das Schwitzen, das heißt die Hautausscheidung als das Wesentliche ansah, während man heute das therapeutisch Wirksame in der Temperatursteigerung erblickt.

Zu den physikalischen Fiebermethoden zählen auch die heißen Bäder, wie man sie seit dem 17. Jahrhundert in Kusatsu (Japan) vornehmlich gegen Lues, in Teplitz-Schönau seit mehr als 100 Jahren gegen Tabes anwendet.

Die physikalischen Fiebermethoden wurden dann in neuerer Zeit durch die Verwendung chemischer Mittel (parenterale Eiweißinjektionen) oder bakterielle Impfungen (Malaria, Typhus) etwas in den Hintergrund gedrängt, rücken aber heute wieder an den ihnen gebührenden Platz vor. Entsprechend den technischen Fortschritten verwendet man derzeit vielfach die Hochfrequenzwärme. Neymann und Osborne haben als erste die Diathermie zur Erzeugung künstlichen Fiebers empfohlen, Carpenter und Page die Kurzwellenbehandlung.

Die Apparate zur Kurzwellenhyperthermie.

Um den ganzen Körper aufzuheizen, sind Apparate mit einer Hochfrequenzleistung von 600—800 Watt erforderlich. In Amerika gibt man aus ökonomischen Gründen Apparaten mit großer Wellenlänge (15 bis

25 m) den Vorzug, da der Wirkungsgrad der Apparate mit zunehmender Wellenlänge steigt (S. 28). An Stelle eines einzigen großen Apparats kann man auch zwei kleine mit je einer Leistung von 300—400 Watt verwenden. Es wirken dann zwei Felder auf den Kranken ein, deren Heizwirkungen sich summieren (Abb. 126). Man kann aber auch mit einem einzigen Apparat der genannten Leistung sein Auslangen finden, wenn man nach amerikanischem Muster eine zusätzliche Heizung mit heißer Luft vorsieht (S. 128).

Man kann sowohl im Kondensatorfeld wie im Spulenfeld behandeln. Letzteres Verfahren wird von den Amerikanern bevorzugt. In beiden Fällen ist es wesentlich, daß die Elektroden so angeordnet sind, daß die gesamte Körpermasse (ausschließlich des Schädels) möglichst gleichmäßig durchwärmt wird, so daß nicht an irgendeiner Körperstelle die Wärmeempfindung in besonderer Weise hervortritt. Bedingung hierzu ist, daß die Elektroden hinreichend groß sind und einen genügend weiten Abstand vom Körper haben. Dieser soll durchschnittlich 10 cm betragen. Besser als eine Beschreibung werden einige Abbildungen die besten Elektrodenanordnungen zeigen (Abb. 124—128).

Die Ausführung der Kurzwellenhyperthermie.

Die Vorbereitung. Eine allgemeine Hyperthermie kann in sehr verschiedener Weise ausgeführt werden. Fast jeder Autor hat sich eine besondere Technik zurechtgelegt, die von der anderer Autoren mehr oder weniger abweicht. Wir beschränken uns hier darauf, jene Technik zu schildern, die der Verfasser seit Jahren mit bestem Erfolg anwendet. Es ist eine Behandlung im Spulenfeld mit Hilfe des „Hypertherm" der Elektrizitätsgesellschaft Sanitas, der eine Wellenlänge von 25 m aufweist. Als Elektroden werden zwei dicke isolierte Kabel benützt, die jedes für sich die Umrahmung eines Rechteckes mit einer Seitenlänge von 47 × 33 cm bilden (Abb. 129). Die Enden

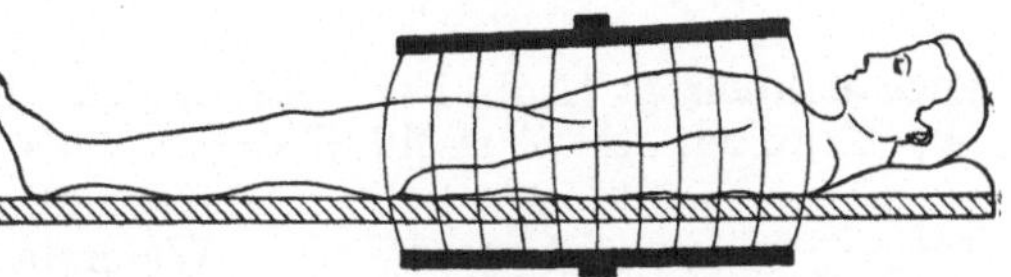

Abb. 124. Kurzwellenhyperthermie im Kondensatorfeld.

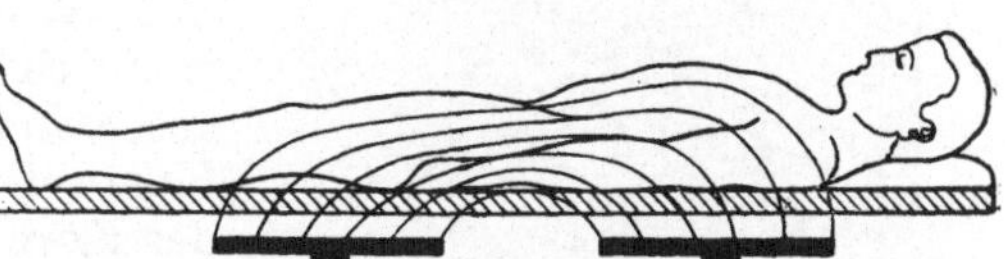

Abb. 125. Kurzwellenhyperthermie im Kondensatorfeld.

der Kabel werden an den Apparat angeschlossen. Sie stellen so zwei parallel geschaltete Stromkreise dar (Abb. 128). Die eine dieser Elektroden wird über dem Rumpf, die andere unterhalb desselben angeordnet, so daß die magnetischen Kraftlinien in der Richtung von vorne nach hinten den Körper durchsetzen. Die beiden Kabel können aber auch schlingenartig rings um den Rumpf gelegt werden, so daß sie diesen in zwei parallelen Schleifen umfassen (Abb. 127 u. 130). In diesem Fall verläuft das magnetische Kraftfeld in der Längsachse des Körpers.

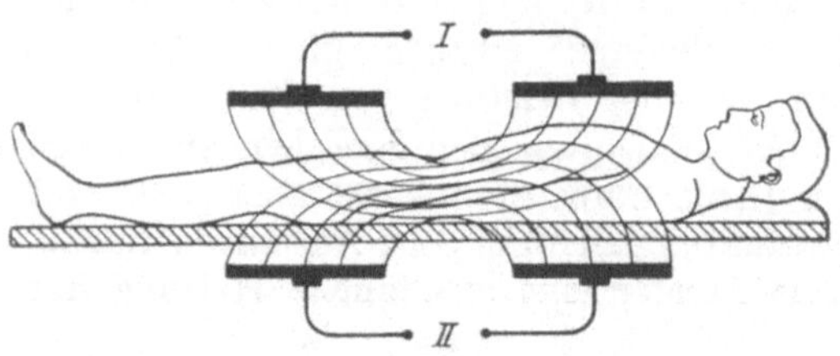

Abb. 126. Kurzwellenhyperthermie im Kondensatorfeld mit
zwei Apparaten.

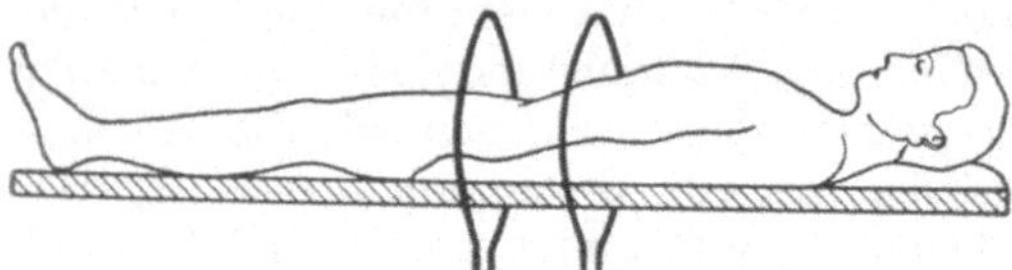

Abb. 127. Kurzwellenhyperthermie im Spulenfeld mit zwei
parallel geschalteten, den Körper umfassenden Kreisen.

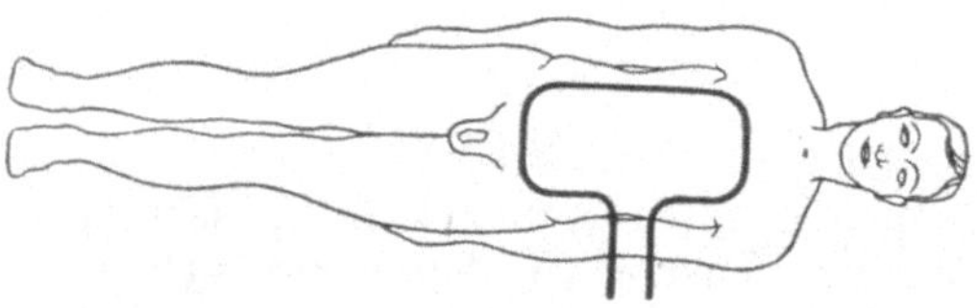

Abb. 128. Kurzwellenhyperthermie im Spulenfeld mit zwei
parallel geschalteten Kreisen, der eine über, der andere unter
dem Körper.

Die Hyperthermie kann auf jedem Behandlungstisch, aber auch im Bett durchgeführt werden, unter der Voraussetzung, daß dieses Gurten, aber kein Metallgeflecht als Liegefläche besitzt. Eine weiche Unterlage in Form einer Roßhaarmatratze in der Dicke von 8—10 cm ist notwendig, um dem Kranken ein längeres Liegen zu ermöglichen. Zweckmäßig ist auch ein von der Firma Sanitas angefertigter Behandlungsstuhl, dessen Liegefläche durch ein hängemattenartiges Geflecht gebildet wird (Abb. 131).

Die Siemens-Reiniger-Werke fertigen zur Behandlung mit Kurzwellenhyperthermie eine besondere „Fieberkabine" an, wie sie in den Vereinigten Staaten von Nordamerika allgemein gebräuchlich ist (Abb. 132). Es ist dies ein Kasten, in dem der Körper des Kranken mit Ausschluß des Kopfes ruht. Die Luft im Innern des Kastens wird durch regelbare elektrische Widerstände geheizt und gleichzeitig durch einen Ventilator über ein flaches mit Wasser gefülltes Gefäß getrieben, wodurch eine feuchtwarme Atmosphäre geschaffen wird, die schon an sich, ohne Kurzwellenheizung, einen leichten Anstieg der Körpertemperatur zu bewirken vermag. Man ist so in der Lage, mit jedem Kurzwellengenerator mittlerer Leistung (200—400 Watt) Fiebertemperaturen beliebiger Höhe zu erzeugen.

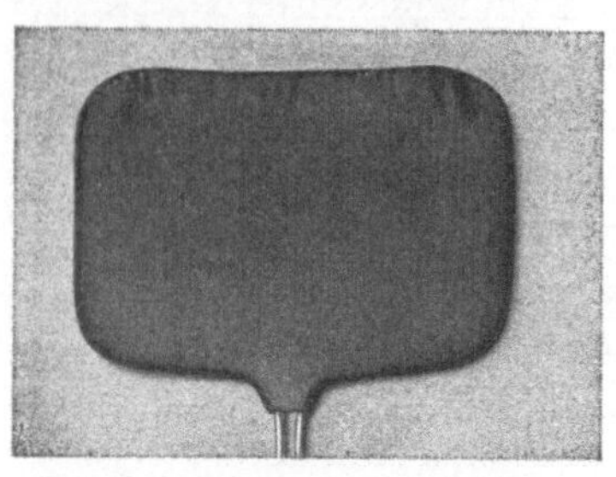

Abb. 129. Elektrode zur Hyperthermiebehandlung im Spulenfeld (Sanitas).

Die Behandlung erfolgt dabei im Spulenfeld, indem man ein großes, dick isoliertes Kabel, dessen Enden an die beiden Pole des Apparats angeschlossen sind, in den Kasten einführt und unter der Liegefläche in einer einzigen Schlinge ausbreitet, in ähnlicher Weise, wie das auch bei örtlichen Behandlungen im Spulenfeld geschieht (Abb. 75, S. 48). Ein weiterer Vorteil der Behandlung in der Fieberkabine

ist, abgesehen von ihrem geringen Verbrauch an Kurzwellenenergie, der, daß
der Kranke nicht in mehrfache Decken eingehüllt werden muß, sondern
nackt in dem Kasten liegt und somit volle Bewegungsfreiheit genießt.

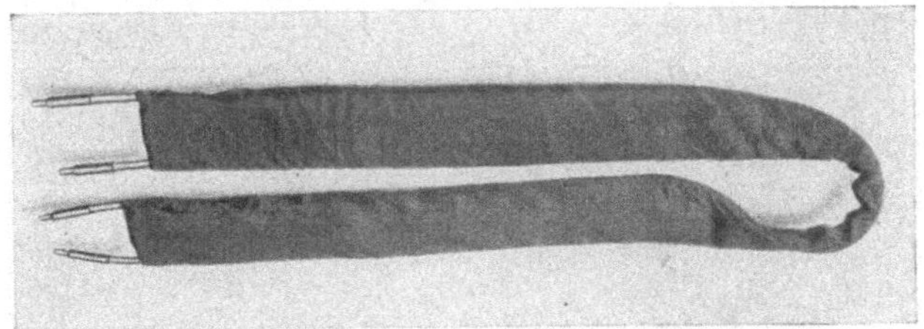

Abb. 130. Schleifenelektrode zur Hyperthermiebehandlung im Spulenfeld (Abb. 130).

Bei der Behandlung auf einem gewöhnlichen Bett wird die eine Elektrode
unter die Matratze gelegt. Auf der Matratze wird eine Wolldecke offen
ausgebreitet. Darauf kommt ein Mollbatist oder ein anderer Gummistoff
in dem Ausmaß von 200 × 200 cm, der zur Umhüllung des Kranken dient.
In Amerika benützt man Gummisäcke mit Reißverschluß. Auf den

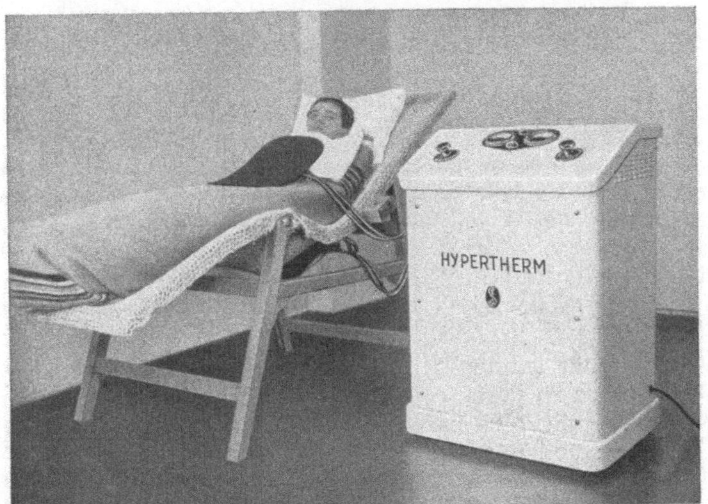

Abb. 131. Hyperthermiebehandlung mit dem „Hypertherm" der Elektr. Ges. Sanitas, Berlin.

Mollbatist kommt noch ein Leintuch zu liegen. Sind diese Vorbereitungen
getroffen, so legt sich der mit einem Bademantel bekleidete Kranke
auf das Bett. Für die Entleerung seiner Blase und seines Darmes muß
vor der Behandlung Vorsorge getroffen werden. Auch wurde er vor der
Behandlung bereits gewogen. Nun wird der Kranke mit dem Bademantel
in das Leintuch eingeschlagen. Dabei ist darauf zu achten, daß der Bademantel wie das Leintuch zwischen die beiden Beine eingeschoben werden, so

daß sich diese an keiner Stelle unmittelbar berühren. Eine Einlage von Zellstoff für das Genitale ist zweckmäßig. Dann wird der Kranke mit dem Mollbatist umhüllt und regelrecht in die Wolldecke eingepackt. Dabei soll jedoch den Armen etwas Bewegungsfreiheit gelassen werden.

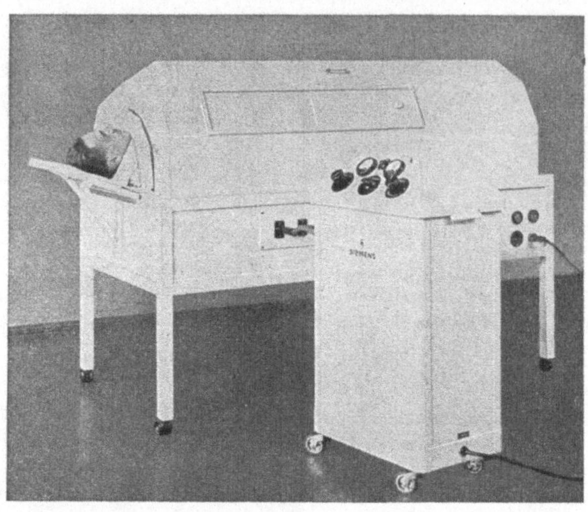

Abb. 132. Behandlung in der Fieberkabine (Siemens-Reiniger-Werke).

Um das Kratzen der Wolldecke am Hals zu vermeiden, werden der Gummistoff und das Leintuch, in die der Kranke eingeschlagen wurde, kragenartig über die Wolldecke gezogen. Im übrigen ist diese aber am Hals gut abzudichten. Der Kopf ruht auf einem Kissen, das durch Auflage eines Gummistoffes vor der Durchnässung durch den Schweiß geschützt ist. Von der Bedeckung des Kopfes mit einem Tuch ist abzusehen.

Manche Kranke empfinden es angenehm, mit leicht gebeugten Knie- und Hüftgelenken zu liegen, weshalb man unter die Packung eine Knierolle schieben kann. Man kann eine solche bereits unter den Sack aus Mollbatist legen und mit in die Packung einschließen. Ist der Kranke so weit, so wird auf die Vorderseite des Rumpfes ein Zellstoffpolster in der Dicke der verwendeten Roßhaarmatratze und auf dieses die zweite Elektrode gebracht. Dadurch wird ein gleicher Abstand beider Elektroden vom Körper gewährleistet. Die Behandlung soll in einem gut ventilierten Raum durchgeführt werden, so daß der Kranke stets in frischer guter Luft atmet.

Die Aufheizung. Der Behandelte muß während der Stromeinwirkung andauernd genauestens überwacht werden, um bei einem immerhin möglichen Zwischenfall sofort einschreiten zu können. Zu dem Zweck wird die orale Temperatur mit Hilfe eines rasch reagierenden Präzisionsthermometers vor Beginn der Behandlung und dann fortlaufend alle fünf

Minuten gemessen. Messungen der Rektaltemperatur mittels elektrischer Instrumente sind unzuverlässig, da diese infolge der Induktionswirkung des Feldes falsche Werte angeben. Der Puls wird an der Arteria temporalis gezählt und die gefundenen Werte neben der Temperatur in ein Protokoll eingetragen. Wir pflegen auch, mehr aus wissenschaftlichen als aus praktischen Gründen, die Hauttemperatur vor und nach der Behandlung festzustellen. Dazu dient uns ein von Pfleiderer und Büttner angegebenes thermoelektrisches Meßgerät, das die Hauttemperatur in 10—15 Sekunden zu messen gestattet.

Die Körpertemperatur steigt schon in wenigen Minuten nach Einschalten des Stromes an und erreicht bei mittlerer Leistung des Apparates in 50—60 Minuten 39° C und steigt in weiteren 5—10 Minuten in der Regel auf 40° C an. Natürlich kann man durch Anwendung maximaler Feldstärken den Temperaturanstieg beschleunigen, was aber weder notwendig noch auch zweckmäßig sein dürfte. Ein langsamer Anstieg ist für den Kranken nicht nur angenehmer, sondern auch gefahrloser, da Herz und Kreislauf sich leichter der Erhöhung der Körperwärme anpassen können. Es lassen sich dadurch Erregungszustände, wie sie von manchen Autoren beschrieben werden, leichter vermeiden, so daß es nicht notwendig wird, irgendwelche Beruhigungsmittel zu verabfolgen. Als solche wurden Injektionen von Morphium (0,01) mit Scopolamin (0,005) oder Hyosciamin, auch Pantopon empfohlen. Wir beschränken uns darauf, dem Kranken, wenn er über ein Beklemmungsgefühl, Kopfschmerzen, Schwindel und dergleichen klagt, Baldriantinktur zu geben.

Meist tritt schon nach 10—15 Minuten ein Schweißausbruch ein. Viele Kranke empfinden es angenehm, wenn man ihnen mit einer kalten Kompresse den Kopf kühlt. Die im Gesicht auftretenden Schweißperlen werden mit einem feuchten Tuch abgewischt. Bisweilen kommt es durch Überhitzung des Schweißes an den Oberschenkeln und in der Hüftgegend zu einem Stechen oder Brennen, das der Kranke leicht durch Reiben dieser Stellen mit dem Bademantel beseitigen kann. Äußert der Behandelte Durst, so gebe man ihm ohne weiteres Wasser zu trinken, das nicht zu kalt sein soll. Das Trinken von Kochsalzlösungen, wie es von amerikanischen Ärzten empfohlen wurde, um einer Hypochlorämie vorzubeugen, haben wir nie für notwendig befunden. Um den nach der Behandlung auftretenden Gewichtsverlust durch Schweiß feststellen zu können, soll die dem Kranken während der Hyperthermie verabfolgte Flüssigkeitsmenge gemessen werden.

Es ist außerordentlich wichtig, daß die Behandlung von einer intelligenten, im Umgang mit Kranken erfahrenen Schwester überwacht wird, die durch ein ruhiges sicheres Auftreten dem Kranken Vertrauen einflößt und beruhigend auf ihn einwirkt. Durch ein anregendes Gespräch wird sie imstande sein, die Zeit der Behandlung zu verkürzen. Auch der Arzt soll es nicht unterlassen, den Kranken zeitweilig zu besuchen, um sich nach seinem Befinden zu erkundigen, den Puls zu fühlen, den Temperaturanstieg zu loben, um so dem Behandelten das Gefühl der sicheren Betreuung zu geben.

Ist man der gewünschten Temperatur bis auf einige Zehntel nahe gekommen, dann wird der Apparat abgeschaltet, denn man muß wissen, daß in den nächsten 5 Minuten nach der Ausschaltung die Temperatur meist noch um 0,3—0,5° C ansteigt und erst damit ihr Maximum erreicht. Wird die Packung nicht gelockert, so bleibt die Temperatur fast eine Stunde lang annähernd auf der gleichen Höhe. Soll sie noch längere Zeit auf dieser Höhe erhalten bleiben, so schaltet man den Strom, wenn ein Absinken bemerkbar wird, auf kurze Zeit wieder ein, worauf die Temperatur alsbald wieder ansteigt.

Bezüglich der Höhe der Temperatur und der Dauer der Behandlung, die im einzelnen Fall notwendig erscheinen, wird bei der Besprechung der therapeutischen Anzeigen das Nötige gesagt werden. Manche Autoren wollen als Hyperthermie nur eine stundenlange Aufheizung auf mindestens 40° C gelten lassen und lehnen grundsätzlich mildere Durchwärmungen ab. Diese einseitige Einstellung ist natürlich ebenso falsch wie die der Athermiker, die von Wärme überhaupt nichts wissen wollen. Es geht nicht an, alle Krankheiten seiner Methode anpassen zu wollen, vernünftigerweise wird man umgekehrt seine Methode der Krankheit anpassen. Es gibt genug Erkrankungen, bei denen ganz milde Durchwärmungen in der Dauer von 1—2 Stunden nicht nur ausreichend, sondern den extremen, mehrere Stunden währenden Überhitzungen unbedingt vorzuziehen sind.

Die Nachbehandlung. Ist die Kurzwellenbehandlung beendet, so lassen wir den Kranken noch eine Stunde in der Packung liegen, geben ihm aber die Freiheit, wenn er es wünscht, sich auf die Seite zu legen. Wird die Packung nicht gelockert, dann sinkt die Temperatur im Verlaufe dieser Stunde nur um 0,1—0,3° C ab. Wesentlich größer ist der Abfall, wenn der Abschluß am Hals auch nur zum Teil gelockert wird. Dann wird der Behandelte aus der Umhüllung genommen, trockengerieben, mit einem frischen vorgewärmten Mantel bekleidet, in ein trockenes Leintuch eingeschlagen und mit einer Wolldecke zugedeckt. Nun schwitzt er noch intensiv nach. Nach einer halben Stunde wird er für die Dauer von 20—30 Minuten in ein Bad von 36—37° C gebracht und vom Schweiß gereinigt. Darauf legt er sich in sein Bett, nachdem er vorher nochmals gewogen wurde, um den Schweißverlust festzustellen.

Handelt es sich nicht um einen klinischen, sondern um einen ambulanten Kranken, so muß dieser noch 2—3 Stunden ausruhen, ehe er entlassen wird. Die meisten Kranken haben trotz ihrer Müdigkeit ein Hungergefühl, das man ruhig befriedigen kann. Die Behandlung wird in der Regel zweimal in der Woche verabfolgt, mildere Formen der Hyperthermie können auch dreimal wöchentlich ausgeführt werden.

Die biologischen Wirkungen der Kurzwellenhyperthermie.

Die Erhöhung der Körperwärme. Die augenfälligste Erscheinung der Kurzwelleneinwirkung ist der Anstieg der allgemeinen Körpertemperatur.

Dieser kann mit starken Apparaten beliebig hoch getrieben werden. Die Schnelligkeit des Anstieges hängt in erster Linie von der Stärke des Feldes ab, zeigt aber auch sehr große individuelle Verschiedenheiten. Es gibt Kranke, die sich sehr leicht aufheizen lassen, und solche, bei denen die Temperatur nur schwer hoch zu bringen ist. Dabei scheint weniger das Körpergewicht, wie man vielleicht vermuten könnte, als vielmehr die Reaktionsfähigkeit der Haut eine Rolle zu spielen. Es fiel dem Verfasser auf, daß einige Personen mit schlecht durchbluteter Haut, die an Erfrierungen litten, eine besonders langsame Zunahme der Körpertemperatur zeigten.

Der Temperaturanstieg erfolgt anfangs langsam und gleichmäßig, wird aber, wenn eine Temperatur von 39—40° C erreicht ist, bisweilen plötzlich ganz steil. Auf dieser Höhe angelangt, muß also die Überwachung des Kranken eine besonders sorgfältige sein.

Es ist wichtig zu wissen, daß die durch physikalische Mittel aufgehöhten Körpertemperaturen in ihrer Gefährlichkeit nicht ohne weiteres den durch Fieber erzeugten gleichzusetzen sind. So werden Temperaturen von 40—41° C in der Regel noch recht gut vertragen, während ein solcher Temperaturanstieg, durch bakterielles Fieber bedingt, meist schon schwere Störungen macht. Die gute Verträglichkeit der physikalischen Hyperthermie ist zweifellos durch das Fehlen der den Kreislauf und das Nervensystem schädigenden Wirkung der Bakterientoxine bedingt.

Interessant ist auch das Verhalten der Hauttemperatur. Sie schwankt normalerweise, über dem Sternum gemessen, zwischen 30 und 34° C. Im Kurzwellenfeld steigt sie beträchtlich an. Nach eigenen Messungen beträgt dieser Anstieg ungefähr das Doppelte der oralen Temperaturerhöhung. Nach Ausschalten des Stromes hält sie sich, auch wenn der Kranke gut eingepackt bleibt, nur selten eine Stunde lang auf annähernd gleicher Höhe wie die Mundtemperatur, sondern fällt viel rascher ab als diese.

Man ist allgemein der Ansicht, daß die sogenannte Hautbelastung, das will sagen die Hauterwärmung im Kurzwellenfeld eine geringere sei als im Wasserbad, die gleiche Innenwärme als Vergleichsbasis vorausgesetzt. Das wird ja als besonderer Vorzug der Kurzwellenhyperthermie gegenüber anderen Formen der physikalischen Hyperthermie hervorgehoben und wäre aus physikalischen Gründen durchaus verständlich. Gegen alles Erwarten konnten wir jedoch in zahlreichen vergleichenden Versuchen feststellen, daß dies nicht der Fall ist. Die Hauterwärmung im Wasserbad ist bei gleicher Mundtemperatur um gar nichts höher als die im Kurzwellenfeld mit einer Wellenlänge von 25 m.

Die Schweißbildung setzt meist in der zweiten Viertelstunde der Behandlung ein und ist in der Regel so beträchtlich, daß der Bademantel und das den Kranken umhüllende Leintuch triefnaß werden. Der Wasserverlust beträgt durchschnittlich 1—2 kg, kann aber auch 3—4 kg erreichen. Der Schweiß enthält etwa 1% gelöster Substanzen, wovon ungefähr die Hälfte aus Kochsalz, der Rest aus Harnstoff, Harnsäure,

Ammoniak, Fettsäuren und anderen Stoffen besteht. Einem Gewichtsverlust von 2 kg würde demnach eine Ausscheidung von 10 g Kochsalz entsprechen, eine immerhin nicht unbeträchtliche Menge.

Bekanntlich legte man in früheren Zeiten dem Schwitzen bei den verschiedensten Krankheiten eine große therapeutische Bedeutung bei, während man die Schweißausscheidung heute mehr oder weniger für bedeutungslos hält und als das Wesentliche der Schwitzkuren die Erhöhung der Körpertemperatur ansieht. Diese Einstellung ist nicht richtig, denn mit dem Schweiß werden neben den verschiedensten anderen Stoffen auch giftige Stoffwechselprodukte ausgeschieden. Schon der Schweiß des Gesunden, in noch höherem Grade der des Kranken wirkt auf Tiere, in bestimmter Menge injiziert, toxisch bzw. tödlich. Die stellvertretende Wirkung der Schweißsekretion geht auch daraus hervor, daß bei dem mit Hyperthermie Behandelten die Harnmenge an den Behandlungstagen auf durchschnittlich 300 ccm vermindert ist.

Die Wirkung auf das Herz, die Gefäße und die anderen Organe. Wie bei jeder Übererwärmung steigt auch bei der Elektropyrexie die Pulszahl mit der Temperatur an und erreicht bei 39—40° C eine Frequenz von 120—130 Schlägen in der Minute. Pulszahlen über 140 sind nicht mehr als ungefährlich anzusehen und mahnen zur Vorsicht. Fühlt sich der Kranke nicht wohl, so ist die Temperatur herabzusetzen oder die Behandlung zu unterbrechen. Die Pulszahl fällt nach der Ausschaltung des Stromes in der Packung um etwa 20 Schläge, um dann nach der Entpackung rasch zur Norm zurückzukehren.

Der Blutdruck sinkt, nachdem er anfänglich bisweilen einen kurzen Anstieg zeigt, um 10—20 mm Quecksilber ab. Die Erwärmung ist von einer starken Hyperämie der Haut, insbesondere der des Gesichtes, begleitet. Der Grundumsatz steigt entsprechend der Erhöhung der Körperwärme an. Die Wirkungen auf das Blut und den Harn wurden eingehend untersucht, sie sind jedoch von keiner besonderen praktischen Bedeutung. Vielfach sind auch die Angaben der einzelnen Untersucher einander widersprechend.

Eine auffallende Tatsache soll hier nicht übersehen werden. Bisher ist es noch niemandem eingefallen, bei der Kurzwellenhyperthermie spezifisch elektrische Wirkungen zu entdecken. Das ist um so auffallender, als diese Wirkungen nach Ansicht der Athermiker ja schon in Erscheinung treten, bevor überhaupt noch eine Erwärmung bemerkbar ist. Sie müßten also bei einer so enormen Feldstärke, wie wir sie bei der Hyperthermie verwenden, sich in überzeugendster, wenn nicht in katastrophaler Weise geltend machen. Nichts von all dem ist der Fall. Oder sollten die spezifisch elektrischen Wirkungen um so schwächer werden, je stärker das Feld wird?

Hyperthermie und Fieber sind zwei Begriffe, die sich nicht vollkommen decken. Fieber nennen wir, wie bereits erwähnt, einen meist auf bakterieller Infektion beruhenden Erscheinungskomplex, bei dem die Temperaturerhöhung wohl das wichtigste, wenn auch nicht das einzige Symptom darstellt. Neben der Steigerung der Körperwärme sind es chemisch-toxische Vorgänge, die das Bild des Fiebers beherrschen. Ja, diese sind allem Anschein nach das Primäre, die Hyperthermie erst ihre Folge. Wir wissen, daß die verschiedensten chemischen Stoffe, die in die Blutbahn gelangen, eine Erhöhung der Körpertemperatur bewirken können. So vor allem blutfremdes Eiweiß, Abbauprodukte des eigenen Körpereiweißes, Terpentin, Ameisensäure und vieles andere. Dazu gehören auch die verschiedenen Stoffwechselprodukte der Bakterien. In allen diesen Fällen haben wir es mit einem chemischen Fieber zu tun im Gegensatz zu der physikalischen Hyperthermie durch Kurzwellen, heiße Bäder und andere thermische Mittel.

Die Erhöhung der Körperwärme im Fieber ist hauptsächlich zentralnervösen Ursprunges. Wir sind berechtigt, im Gehirn ein die Körperwärme regulierendes Zentrum anzunehmen, wenn wir seinen Sitz auch noch nicht mit Sicherheit kennen. Tiere, denen man das Großhirn exstirpiert oder das Halsmark durchschneidet, verlieren die Fähigkeit zu „fiebern". Umgekehrt gelingt es, bei Tieren durch den sogenannten Wärmestich eine stunden- und tagelang dauernde Hyperthermie zu erzeugen. Das geschieht in der Weise, daß man in der Mitte der Medianlinie eine Sonde von oben bis zur Schädelbasis einsticht.

Es wäre ein Irrtum zu glauben, daß wir es bei der physikalischen Hyperthermie etwa mit Kurzwellen mit einer rein passiven Aufheizung des Körpers zu tun hätten, bei der nervöse Vorgänge keine Rolle spielen. Dem widerspricht eine Reihe von experimentellen und klinischen Beobachtungen. So braucht es z. B., wie die Versuche von H. Schaefer und W. Schäfer zeigen, im Kondensatorfeld eine vielfach längere Zeit, um eine tote Ratte auf eine bestimmte Temperatur zu bringen als eine lebende. Wir würden eher das Gegenteil erwarten in der Voraussetzung, daß der lebende Organismus doch Einrichtungen besitzt, um eine ihm drohende Temperaturerhöhung abzuwehren. Ob die heftigen Bewegungen der lebenden Tiere im Kondensatorfeld ausreichen, um ihren ungleich rascheren Temperaturanstieg zu erklären, erscheint fraglich, denn wir wissen aus den Versuchen von Setzu, daß bei einem lebenden Hund, der festgebunden ist, ein Temperaturanstieg mit Diathermie viel langsamer zu erzielen ist, wenn man das Tier narkotisiert. Es scheint also auch hier ein nervöser Mechanismus im Spiel zu sein, dessen Ausschaltung oder Hemmung den Anstieg der Körperwärme verzögert.

Man ist heute allgemein der Anschauung, daß es viel leichter sei, einen menschlichen Körper mit einem Kurzwellenapparat großer Leistung aufzuheizen als mit einem heißen Bad, da die Hochfrequenz die Haut mit Leichtigkeit durchsetzt, während diese der geleiteten Wärme gegenüber einen Isolator darstellt. Auch diese Anschauung ist ein Irrtum, wie der Verfasser durch zahlreiche vergleichende Versuche an denselben Personen nachweisen konnte. Es gelingt mindestens ebenso leicht, einen Menschen mit Wasser als mit Kurzwellen aufzuheizen. Auch das ist überraschend für jeden, der nur physikalisch, aber nicht biologisch denkt. Es ist auch keineswegs physikalisch zu erklären, daß der Temperaturanstieg noch weiterläuft, wenn man den Strom ausschaltet.

Vorteile der physikalischen Hyperthermie. Diese hat gegenüber der chemischen, insbesondere aber der bakteriellen Fieberbehandlung zweifellose Vorteile, die sich kurz in folgenden Punkten zusammenfassen lassen: 1. Die genaue Beherrschung der Höhe und der Dauer des Temperaturanstieges, wodurch man es jederzeit in der Hand hat, die Temperatur sowohl der Art der Erkrankung wie der besonderen Reaktionsweise des Kranken weitgehend anzupassen. 2. Die Möglichkeit, die Temperatur bei Eintritt eines unvorhergesehenen Zwischenfalles, einer Herz- oder Gefäßschwäche, wieder rasch absinken zu lassen. 3. Das Fehlen der schädlichen toxischen Wirkungen des infektiösen Fiebers auf den Kreislauf und das Nervensystem, worauf es zurückzuführen ist, daß die Behandelten sich nach Abschluß der Elektropyrexie in kürzester Zeit erholen und wieder wohlfühlen. Der Einwand der Anhänger der Malariatherapie, daß gerade diese chemisch-toxische Komponente des Fiebers für die therapeutische Wirkung von Bedeutung sei, scheint nach den bisherigen klinischen Erfahrungen an zahlreichen Kranken nicht mehr haltbar zu sein.

Die therapeutischen Anzeigen der Kurzwellenhyperthermie.

Es kann nicht die Aufgabe dieses Buches sein, alle Anzeigen, die für diese Behandlungsmethode aufgestellt wurden, aufzuzählen. Wir begnügen uns darum, die wichtigsten derselben anzuführen und verweisen im übrigen auf die im Schriftenverzeichnis angegebenen Monographien von Neymann und Raab.

Die Krankheiten des Nervensystems.

Progressive Paralyse. Nachdem bereits Neymann und Osborne an Stelle der Malariatherapie die allgemeine Diathermie zur Erzeugung von „elektrischem Fieber" empfohlen hatten, wurden zuerst von Carpenter, dann von Carpenter und Page die Kurzwellen in gleicher Absicht verwendet. Diesen Autoren schlossen sich dann Hinsie, Halphen und Auclair, Raab u. a. an. Man ist heute in Amerika allgemein der Ansicht, daß die physikalische Hyperthermie aus den bereits früher angeführten Gründen der Malariatherapie überlegen sei.

In einer Zusammenstellung von Neymann (1938), die ungefähr 1000 Fälle umfaßt, wurden 27% Heilungen und 36% Besserungen erzielt, in deren Folge die Kranken aus der Anstaltspflege entlassen werden konnten, so daß sich die Behandlung in insgesamt 63% der Fälle wirksam erweist. Dem wird eine Statistik von Kraepelin über 3079 mit Malaria behandelten Paralytikern gegenübergestellt, die nur 43% Besserungen aufweist, wobei aber auch Kranke mitgezählt erscheinen, die noch weiter im Krankenhaus verbleiben mußten.

Nach Neymann erfordert die Behandlung der progressiven Paralyse Temperatursteigerungen bis 41° C, die durch acht Stunden aufrechterhalten werden müssen. Die Behandlungen werden zweimal in der Woche durchgeführt und stets mit einer spezifischen Chemotherapie verbunden. Neymann gibt auf der Höhe des Fiebers 1 g Tryparsemid intravenös. Auf diese Weise können 80—90% der frischen Fälle gebessert werden.

Syphilis. Diese bildet in ihrem frühen wie in ihren späteren Stadien eine Anzeige für die Elektropyrexie. Die Behandlungstechnik ist die gleiche wie die bei der progressiven Paralyse. Um einen Erfolg zu erzielen, ist auch hier die gleichzeitige Verabfolgung spezifisch-chemischer Mittel notwendig.

Kyrle kombinierte als erster die Salvarsanbehandlung mit einer Malariakur. Simpson, Neymann, Lawless und Osborne u. a. ersetzten dann die Malariatherapie durch die Kurzwellenhyperthermie.

Es sei daran erinnert, daß schon im 17. und 18. Jahrhundert die Syphilis mit heißen Bädern und intensiven Schwitzkuren behandelt wurde. Schamberg und Rule konnten bei Kaninchen durch die Anwendung von heißen Bädern die Impfung mit Syphilis unwirksam machen, nachdem schon vorher Weichbrodt und Jahnel gezeigt hatten, daß man bei Kaninchen den Schanker zur Abheilung und die Spirochäten zum Verschwinden bringen kann, wenn man die Tiere in einem Thermostaten wiederholt einer Temperatur von 40—41° C aussetzt.

Tabes dorsalis. Die Erfolge sind nicht so überzeugend wie bei der progressiven Paralyse. Das wird uns nicht überraschen, da wir ja wissen, daß auch die Malariatherapie hier nicht das gleiche leistet. In erster Linie sollen durch die Hyperthermie die lanzinierenden und krisenartigen Schmerzen gebessert, bisweilen auch die Ataxie vermindert werden. Dem Verfasser fehlen hierüber eigene Erfahrungen. Doch möchte er zur Vorsicht mahnen, da wir wissen, daß starke thermische Eingriffe bei Tabes nicht selten eine rapide Verschlimmerung zur Folge haben.

Die Zahl der bisher mit Diathermie und Kurzwellen behandelten Tabiker ist noch nicht sehr groß. Raab berichtet über 8 Kranke, von denen sechs gebessert wurden. Weitere Berichte stammen von Halphen und Auclair, Schamberg und Butterworth, Schliephake, Scholtz u. a.

Multiple Sklerose. Bei der Beurteilung der Erfolge muß berücksichtigt werden, daß gerade bei dieser Erkrankung weitgehende spontane Besserungen häufiger als bei irgendeinem anderen chronischen Nervenleiden eintreten. Ferner muß man wissen, daß bei der multiplen Sklerose oft schon ganz mäßige Durchwärmungen therapeutisch recht wirksam sind. Versagt jede andere Therapie, dann mag vielleicht eine intensive Hyperthermie gerechtfertigt erscheinen.

Neymann konnte durch Diathermie bei 23 Kranken 44% Besserungen erzielen, die einige Wochen bis zu 8 Monaten anhielten. Allerdings finden sich in seiner Statistik auch zwei Todesfälle, das sind 7%, die der Behandlung zur Last gelegt werden müssen! Schmidt und Weiß haben gleichfalls durch Diathermie in mehr als 100 Fällen wesentliche Besserungen erreicht. Dasselbe sahen auch Benedt und Austin. Von 19 Kranken mit multipler Sklerose, die Scholtz behandelte, wurden 15 teils erheblich, teils geringfügig gebessert, 4 konnten nicht beeinflußt werden. Nach Raab betragen die Heilungsaussichten — es sollte wohl heißen Besserungsaussichten — „noch immerhin unter 50%".

Poliomyelitis. Die Erfolge werden hier um so günstiger sein, je früher nach dem Eintritt der Lähmungen die Behandlung einsetzt. Die Erwartungen dürfen aber nicht zu hoch gestellt werden, denn auch die Hyperthermie ist nur ein Unterstützungsmittel der sonstigen gegen die Lähmungen gerichteten Therapie, wie die Übungsbehandlung, Massage, Elektrotherapie usw.

Über einen bemerkenswerten Erfolg berichten Réchou und Auclair. Letzterer teilt die Geschichte eines zehnjährigen Mädchens mit, das seit ihrem 18. Lebensmonat an beiden Beinen gelähmt war und nach einer zweimonatigen Behandlung fast ohne Krücken gehen konnte. Nach Colli werden nicht nur frische, sondern auch ältere Erkrankungen, bei denen eine Besserung kaum mehr zu erwarten ist, günstig beeinflußt. Es werden wöchentlich zwei Sitzungen verabfolgt, wobei eine Temperatur von 38,5—39° C 2—3 Stunden hindurch eingehalten wird. Nach 12 Sitzungen wird eine Pause von 40—50 Tagen eingeschoben und die Kur dann ein zweites, drittes, wenn nötig viertes Mal wiederholt. Die Behandlung, die auch von kleinen Kindern gut vertragen wird, regt die Eßlust an und fördert die Gewichtszunahme.

Parkinsonismus. Besserungen sind wohl nur bei noch nicht sehr vorgeschrittenen Erkrankungen zu erwarten. Doch ist auch hier Vorsicht geboten, da unter Umständen der Kranke durch einen allzu energischen Eingriff geschädigt werden kann.

Auclair konnte in 6 Fällen einen therapeutischen Erfolg verzeichnen. Die Starrheit der Muskulatur, das Zittern und die starke Ermüdbarkeit wurden gebessert, die Kranken wurden beweglicher und fühlten sich wohler. Gleich günstige Wirkungen berichtet Dausset, der jedoch betont, daß manche Fälle sich als sehr hartnäckig erweisen und eine große Zahl von Sitzungen notwendig machen. Neymann konnte 4 Kranke wesentlich bessern.

Chorea minor. Diese Erkrankung reagiert nach amerikanischen Autoren sehr gut auf die Elektropyrexie. Selbst eine Komplikation von Seite des Herzens soll keine absolute Gegenanzeige darstellen, sondern nur eine mildere Anwendung notwendig machen.

Neymann berichtete 1935 über 8 Kinder, die durch 2—6 Hyperthermien geheilt wurden. 1936 ergänzte er diesen Bericht durch weitere 8 Fälle von Chorea, bei denen die Zahl der Heilungen über 80% lag. Eine weitere Mitteilung stammt von Neymann, Blatt und Osborne, die bei 25 Kindern 22 Heilungen aufweisen konnten. Barnacle, Ebaugh und Ewalt beobachteten 45 Fälle, die, mit Temperaturen von 40,5° C 2 Stunden lang behandelt, in längstens 30 Tagen vollständig geheilt wurden.

Die Krankheiten der Bewegungsorgane.

Die sogenannten rheumatischen Erkrankungen der Gelenke, Muskeln und Nerven bilden neben der progressiven Paralyse die wichtigste Anzeige der Kurzwellenhyperthermie. Bei diesen Erkrankungen bildet ja seit jeher die Wärmebehandlung, angefangen von dem warmen Umschlag bis zur stundenlangen intensiven Schwitzkur, die Methode der Wahl.

An erster Stelle steht hier die Polyarthritis chronica progressiva, die sich, falls sie nicht gerade Temperatursteigerungen aufweist, für eine allgemeine Kurzwellenanwendung sehr gut eignet. Die Kranken fühlen meist schon nach wenigen Sitzungen eine Erleichterung der Schmerzen und eine Zunahme der Beweglichkeit. Auch die Arthritis

urica bildet ein sehr dankbares Behandlungsobjekt für Hyperthermie-
kuren, desgleichen die gonorrhoischen Gelenkentzündungen sowohl
monartikulärer wie polyartikulärer Art. Arthritiden auf tuberkulöser
Grundlage, der sogenannte Poncetsche Gelenkrheumatismus, reagieren
im allgemeinen auf Wärmeanwendungen schlecht. Bei der Arthrosis
deformans einzelner Gelenke ist von der Hyperthermie nicht viel zu
erwarten, doch erzielt man bei der Spondylarthrosis ebenso wie bei der
Bechterewschen Wirbelsäulenerkrankung nach den Erfahrungen des
Verfassers mit der Elektropyrexie oft ausgezeichnete Erfolge.

Weiterhin sprechen chronische Myalgien, Neuralgien und Neuritiden,
vor allem die Ischias, auf Kurzwellen sehr gut an. Im allgemeinen genügen für die aufgezählten Erkrankungen Temperaturerhöhungen auf
38,5—39° C, die man 1—2 Stunden lang festhält.

Die Krankheiten der Geschlechtsorgane.

Mit Rücksicht darauf, daß die Gonokokken in Kultur bereits bei
40—42° C absterben, bemüht man sich seit Jahrzehnten, sie auch im
lebenden Organismus durch Wärmeanwendungen abzutöten. Man hat
für diesen Zweck permanente Heißwasserspülungen der Urethra, Heiz-
sonden und andere Heizkörper, örtliche Diathermie u. dgl. verwendet.
Alles ohne durchgreifenden Erfolg wohl deshalb, weil die Gonokokken
im lebenden Körper sich doch ganz anders verhalten als in vitro. Später
hat man dann die Fieberbehandlung mit Vakzinen und Malariaimpfungen
versucht. An Stelle dieser tritt nunmehr die physikalische Hyperthermie
mit heißen Bädern, Heißluft, Glühlichtbädern, Diathermie und schließlich Kurzwellen.

Um eine Heilung zu erzielen, sind nach den Angaben amerikanischer
Ärzte Temperaturen von 41° C in der Dauer von wenigstens fünf Stunden
notwendig. Vielfach wird die Allgemeinbehandlung noch durch eine
örtliche Heizung von der Scheide, bei Männern vom Rektum aus mit
Hilfe von Spezialelektroden unterstützt, wobei Schleimhauttemperaturen
von 42—43° C angestrebt werden. Derartige Hyperthermien sollen bei
Frauen in durchschnittlich drei Sitzungen die gonorrhoische Infektion
heilen. Bei Männern, bei denen die Verhältnisse etwas ungünstiger liegen,
sind unter Umständen 6—8 Behandlungen nötig. Es kann kein Zweifel
bestehen, daß Aufheizungen der beschriebenen Art einen heroischen
Eingriff darstellen, der selbst bei jungen kräftigen Leuten nicht ungefährlich ist. Sein Gefahrenmoment ist dem einer mittelschweren Operation
gleichzusetzen.

Viele Autoren, wie Halphen und Auclair, Raab u. a., begnügen
sich daher mit intensiven lokalen Durchwärmungen des Beckens, wobei
die Temperatur in der Scheide bzw. im Mastdarm auf 41—42° C getrieben
wird. Zur Heilung sind Sitzungen in der Dauer von 8—10 Stunden
erforderlich. Auch hierbei steigt die allgemeine Temperatur meist über
39° C an.

Desjardins, Stuhler und Popp hatten bei der allgemeinen Kurzwellenanwendung in 90%, Trautmann, Stroupe und Develin in akuten Fällen

86,9%, in chronischen 70,5% Heilerfolge. Weitere Berichte stammen von Boak, Carpenter und Warren, sowie von Bierman und Horowitz, Gottesmann und Last.

Schließlich seien noch die Gegenanzeigen der Kurzwellenhyperthermie angeführt. Es sind dies: Hypertension, dekompensierte Herzfehler, Arteriosklerose, Emboliegefahr, Tuberkulose, Erkrankungen der Leber und Niere. Besonders gefährdet sind chronische Alkoholiker.

Quellennachweis.

Barnacle, Ebaugh a. Ewalt: Artificial fever treatment of Chorea. J. amer. med. Assoc. 106, 2046 (1936).

Bessemanns, A.: Heilwirkung der durch physikalische Mittel erzeugten antisyphilitischen Hyperthermie. Dtsch. med. Wschr. 1938, Nr. 35, 1250.

Bierman, W.: The therapeutic use of fever electrically induced. Internat. Clin. (Am.) 3, Ser. 42, 73 (1932). — Radiothermy (Fever induced by short radio waves. Arch. physic. Ther. (Am.) 13, 389 (1932).

Bierman a. Horowitz: General hyperthermia with heat localization by radiothermy in the treatment of pelvic inflammatory disease. N. Y. J. Med. 33, 218 (1933).

Carpenter a. Boak: The effect of heat produced by an ultrahigh frequency oscillator on experimental syphilis in rabbits. Amer. J. Syph. 14, 346 (1930).

Carpenter, C. M. a. A. B. Page: Production of fever in man by short radio waves. Sci. 71, 450 (1930).

Carpenter a. Warren: Artificially induced fever in the treatement of diseases. N. Y. J. Med. 23, 997 (1932).

Colli, A.: Die Marconi-Fiebertherapie der Poliomyelitis. Policlinico 1937, 2025.

Dausset, H.: Sur la thérapeutique par la d'Arsonvalisation à ondes courtes. Bull. Soc. franç. Électrothér. et Radiol. 1933, Nov.

Desjardins, Stuhler a. Popp: Fever therapy for gonococcic infections. J. amer. med. Assoc. 104, 873 (1935); 106, 690 (1936).

Gottesmann, S. u. E. Last: Wien. med. Wschr. 1937, Nr. 28 und 29.

Halphen et Auclair: Les ondes courtes en pyrétotherapie. Ann. Inst. Actinol., Par. 7, 199 (1932).

Hinsie, L. E.: Radiothermische Behandlung der progressiven Paralyse. Wien. klin. Wschr. 1931, Nr. 22.

Hippokrates: Epid. I, Sect. III; Epid. VI, Sect. VI, 5; Aphor. V, 70.

Marie et Medakovitsch: Le traitement de la paralyse générale par la haute fréquence à ondes courtes. Arch. internat. Neur. 52, 57 (1933).

Neymann, Cl.: Erzeugung künstlichen Fiebers und die Behandlung der Dementia paralytica mit diathermischen Strömen. Z. Neur. 132, 184 (1931). — Hyperpyrexia produced by physical agents. Principles and practice of physical therapy. Mock a. Coulter. Vol. I, Chap. 17, Second Edition. Hagerstown, Maryland: W. F. Prior a. Comp., 1936. — The effect of artificial fever on the clinical manifestations of syphilis and the treponema pallidum. Amer. J. Psychiatry 93, Nr. 3 (1936). — The treatement of syphilis with artificial fever. Amer. J. Syph. Nr. 1, 92 (1938). — Artificial fever produced by physical means, its development and application. Springfield, Illinois: Ch. C. Thomas, 1938.

Neymann, Cl. A., M. L. Blatt a. S. L. Osborne: The treatment of chorea minor by means electropyrexia. J. amer. med. Assoc. 107, 938 (1936).

Neymann, Cl. A., Th. K. Lawless a. S. L. Osborne: The treatment of early syphilis with electropyrexia. J. amer. med. Assoc. 107, 194 (1936).

Neymann, Cl. A. a. S. L. Osborne: Artificial fever produced by high frequency currents. Preliminary report. Illinois med. J. 56, 199 (1929). —

The treatment of dementia paralytica with hyperpyrexia produced by diathermy. J. amer. med. Assoc. 96, 7 (1931). — The physiology of electropyrexia. Amer. J. Syph. a. Neur. 18, 28 (1934). — The treatment of some multiple sclerose. J. nerv. Dis. (Am.) 79, 423 (1934).

Raab, E.: Künstliche Fiebererzeugung mit Kurzwellen. Leipzig: G. Thieme, 1939.

Réchou, Wangermez, Halphen, Auclair et Dausset: Les ondes courtes et ultracourtes en thérapeutique. Arch. Electr. méd. 41, 291 (1933).

Schamberg a. Butterworth: Diathermy in the treatment of general paralysis and in Wassermann fast syphilis. Amer. J. Syph. a. Neur. 16, 519 (1932).

Schamberg a. Rule: Studies of the therapeutic effect of fever in experimental rabbits syphilis. Arch. Derm. (Am.) 14, 243 (1926).

Schaefer, H. u. W. Schäfer: Zur Frage der Hyperthermiewirkung des Ultrakurzwellenfeldes. Klin. Wschr. 1937, Nr. 28, 999.

Schereschewsky, J. W.: Historische Skizze der Entwicklung der Kurzwellentherapie. Wien. med. Wschr. 1937, Nr. 28 und 29.

Schmitt, M., H. J. Holmquest a. J. G. Marshall: Fever therapy. A simplified technic for inducing fever by electromagnetic induction. Physiother. Rev. (Am.) 16, Nr. 3 (1936).

Scholtz, H. G.: Physikalische Hyperthermie durch Kurzwellen und heiße Bäder. Dtsch. med. Wschr. 1938, Nr. 36, 1290. — Kurzwellenhyperthermie. Hippokrates (D.) 1940, H. 5, 97.

Simpson: Artificial fever therapy of syphilis. J. amer. med. Assoc. 105, 2132 (1935).

Trautman, Stroupe a. Develin: Fever therapy in gonococcic infection. Amer. J. Syph. a. Neur. 22, 53 (1938).

Wagner-Jauregg, J.: Die Behandlung der progressiven Paralyse mit Kurzwellen-Hochfrequenzströmen. Wien. med. Wschr. 1932, Nr. 11. — Über die Behandlung der progressiven Paralyse mit Kurzwellen-Hochfrequenzströmen. Wien. med. Wschr. 1934, Nr. 11.

Weichbrodt u. Jahnel: Einfluß hoher Temperaturen auf die Spirochäten und Krankheitserscheinungen der Syphilis im Tierexperiment. Dtsch. med. Wschr. 1919, 483.

Bücher über Kurzwellentherapie.

Bierman, W.: The medical applications of the short wave current. Baltimore: W. Wood & Co., 1938.

Biophysikal. Ges. f. Kurzwellenforsch., Wien, Sitzungsber. 1934. 1935/36. Wien u. Leipzig: M. Perles.

Bordier, H. et I. Kofman: Néodiathermie a ondes courtes. Paris: J. B. Baillières & fils, 1936.

Cignolini, P.: Marconiterapia trattato sulle onde corte nella biologia e nelle applicazioni terapeutiche. Mailand: Hoepli, 1936.

Dänzer, H., H. E. Hollmann, B. Rajewsky, H. Schaefer u. E. Schliephake: Ultrakurzwellen. Erg. d. biophysikal. Forsch., Bd. 1. Leipzig: G. Thieme, 1938.

Fritsch, E. u. M. Schubart: Einführung in die Kurzwellentherapie, 2. Aufl. Berlin u. Wien: Urban & Schwarzenberg, 1938.

Holzer, W. u. E. Weißenberg: Grundriß der Kurzwellentherapie. Wien: W. Maudrich, 1935.

Kongreß für Kurzwellen, Wien, 1937. Wien: Br. Hollinek, 1937.

Leroy, R.: Documents pour l'emploi des ondes courtes. Noisy le Grand, 1936.

Liebesny, P.: Kurz- und Ultrakurzwellen. Wien: Urban & Schwarzenberg, 1935.

Lob, A.: Die Kurzwellenbehandlung in der Chirurgie. Stuttgart: F. Enke, 1936.

Raab, E.: Die Kurzwellen in der Medizin, 2. Aufl. Berlin: Radiontaverlag, 1935. — Kurzwellentherapie in der Praxis. Leipzig: G. Thieme, 1937. — Grundlagen der gynäkologischen Kurzwellentherapie. Stuttgart: F. Enke, 1938. — Künstliche Fiebererzeugung mit Kurzwellen. Leipzig: G. Thieme, 1939.

Saidman, J. et R. Cahen: Les ondes hertziennes courtes en thérapeutique. Paris: G. Doin & Co., 1931.

Saidman, J. et J. Meyer: Les ondes courtes en thérapeutique. Paris: G. Doin & Co., 1936.

Schliephake, E.: Kurzwellentherapie, 3. Aufl. Jena: G. Fischer, 1936. — Behandlung rheumatischer Erkrankungen mit Ultrakurzwellen. Dresden u. Leipzig: Th. Steinkopff, 1938.

Speeding, K. R.: Essentials of short wave therapy. Melbourne: W. Ramsay, 1938.

Wolf, H. F.: Short wave therapy and general electro-therapy. New York: Modern medical press, 1935.

Sachverzeichnis.